岭南建筑丛书　第二辑

围龙屋建筑形态的图像学研究

吴卫光　著

中国建筑工业出版社

图书在版编目（CIP）数据

围龙屋建筑形态的图像学研究/吴卫光著. —北京：中国建筑工业出版社，2010.12
（岭南建筑丛书　第二辑）
ISBN 978-7-112-12704-7

Ⅰ.①围…　Ⅱ.①吴…　Ⅲ.①客家-民居-研究-中国　Ⅳ.①TU241.5

中国版本图书馆CIP数据核字（2010）第229864号

责任编辑：唐　旭
责任设计：董建平
责任校对：马　赛　赵　颖

本书选题依托于吴庆洲教授主持的国家自然科学基金资助项目“中国古代城市规划、设计的哲理、学说及历史经验研究”，项目号：50678070

岭南建筑丛书　第二辑
围龙屋建筑形态的图像学研究
吴卫光　著

*

中国建筑工业出版社出版、发行（北京西郊百万庄）
各地新华书店、建筑书店经销
北京嘉泰利德公司制版
北京中科印刷有限公司印刷

*

开本：787×1092毫米　1/16　印张：$13^1/_2$　字数：336千字
2010年12月第一版　2010年12月第一次印刷
定价：42.00元
ISBN 978-7-112-12704-7
（19935）

总　序

“岭南建筑丛书”第一辑已于2005年出版，至今已有五年了。

随着我国国民经济持续不断的发展，广东和其他地区一样，克服各种困难，推动科学发展，促进社会和谐，在“建设文化强省”的号召、鼓舞下，岭南建筑创作正逐步走上新台阶。

五年来，岭南建筑创作的发展，有喜有忧，喜的是在建筑创作上百花齐放，作品众多，如广州亚运会的场馆、亚运村环境景观等，岭南地区城市面貌发生了巨大的变化，忧的是真正能够反映岭南特征和风貌的建筑创作及环境还是不够突出。

什么是岭南建筑的特征与风貌？很难全面下一个定义，或者给出一个标准。概括来说，创作作品中，建筑功能结构要求做到务实、经济，适应本地气候地理，节能节地节材，室内与室外结合，环境典雅、舒适宜人，以人为本并富有朝气，如果能达到这些要求或者部分满足，就可以有岭南建筑的韵味了。

优秀的建筑是时代的产物，是一个国家、一个民族、一个地区在该时代社会经济和文化的反映。建筑创作表现有国家、民族的特色，这是国家、民族尊严和独立的象征和表现，也是一个国家、民族在经济和文化上成熟和富强的标帜。

现代世界建筑发展，崇尚现代化、高科技。但是，在建筑创作方面，要不要有国家、民族特色还是国际化，长期来存在较大争论，此外，也有不少学者主张多元化。

国家由民族和地区组成，民族和地区建筑的特征明显，国家建筑的特征也就明显。岭南在我国南方地区，气候地理特殊，建筑风貌表现和其他地区不一样，很有特色。总结、传承和发扬岭南地区传统和近现代建筑创作特色和经验，有助于今天的新建筑创作，也更有利于创造我国现代化的新建筑特色。

岭南建筑创作人员的工作风格是宁愿实践操作、苦干实干，而不喜撰文总结、写作，这也是创作中提高不明显的原因之一。要想在创作上进一步获得提高，理论总结和探讨是有效的方法之一。

我们组织编写这套丛书的意图，就是希望在岭南建筑创作上进行总结探索，包含创作理念、创作方法、各种工艺手法、新技术、新材料等，从实践总结提高到理论，有系统、有条理、有理念的进行介绍交流，共同提高。

岭南建筑创作当前最需要的是总结提高，加强理论。我们欢迎广大岭南建筑创作实践的教学，科研和设计人员踊跃参加这个编写队伍，为弘扬传承岭南建筑文化、加速岭南建筑创作贡献自己的力量。

陆元鼎

于华南理工大学建筑学院

2010 年 10 月

前 言

自德国艺术史家阿比·瓦尔堡（Aby Warburg，1866—1929）在《意大利艺术与费拉拉无忧宫中的国际占星术》（1912）一文里提出图像学研究方法以来，图像学就一直在建筑学研究中运用于辨别作品的更深层意义或内容，即它的观念上的或象征的意义。本书运用图像学的原理，试图在文化、社会和历史的情境中探究围龙屋的建筑形态及装饰图像潜在的观念和思想。

在客家民居众多建筑类型中，围龙屋是较为典型的一种。毫无疑问，它是客家人宗族观念、神灵意识、生活方式甚至是整个族群文化面貌的一个反映。历来关于客家文化的研究，为我们深入理解围龙屋的成因及其在客家人日常生活与非日常生活中所起的作用，奠定了深厚的基础。就围龙屋的成熟形态而言，围龙屋通过将圆和方的形态分解成半圆及若干个方形元素，依照不同的功能要求组织而成，其组成部分一般包括由核心部分（堂屋）、延伸部分（横屋和围龙）、衍生部分（水池、化胎、风水林）和连接部分（坪、天井、天街、横厅），遵循“向心围合”的构图基本原则，以竖向和横向两个轴线方向组织发展，从而构成了一个反映严格的礼制观念与等级关系的建筑空间图像，客家人的日常生活、日常交往都在此展开。

就其物质性层面而言，本书基于田野的调研工作，对围龙屋的建筑构成要素，围龙屋的空间构成原理，围龙屋与日常生活，围龙屋建筑形态的发展与宗族的繁衍以及围龙屋建筑形态由于文化传播带来的风格变异等进行研究，说明围龙屋自身形态发展和风格演变的内在规律。在精神的层面上，围龙屋则更多依赖于建筑中功能性的和非功能性的构件，如风水、五行石、化胎、围龙和堂屋来实现客家人的神灵崇拜、祖先崇拜、生殖崇拜等精神需求以及泽被自身及子孙、宗族兴旺发达等愿望。当然，后者还更多地从可视化的建筑装饰图像中反映出来，在归纳围龙屋装饰特点的基础上可以发现，围龙屋的装饰构成往往通过谐音、类比、同构以及一些故事情节等方式，在屋脊、山墙、槅扇、水塘、柱式等建筑构件以及其他可能出现的地方组合出具有象征意义的图像，实现其纳吉祈福的愿望。

本书期望从人文学科的层面进一步阐释围龙屋建筑形态发展和风格演变的深层文化内涵，阐释表现在围龙屋建筑构成中的视觉象征符号，阐释在可视的建筑图像后面可悟的文化意义，为客家建筑和客家文化的研究添砖加瓦。

目　录

第一章　绪论

引　言

建筑形态的存在，往往在满足防护、居住等基本的功能之外，要去“表达意识形态的东西，一种世界观和特定的精神特质”。[①]在拉普卜特（Amos Rapoport）看来，甚至后者更为重要，他认为，人们需要通过“建筑对物质环境的控制，来实现内心的社会和宗教环境——那是一个文化意义上的理想家园”。[②]事实上，在现实生活中我们也不难发现，一定建筑形态的身上，总是被赋予了于建筑之外的社会文化的内容。这些观念性的内容，既可能体现在建筑的整体形态上，也可能更多地体现在具体的细节上。有的可能比较直接，有着较为明确的文化逻辑来指引我们去领会其中所负载着的意义；有的可能比较隐晦，需要我们通过各种方式去探寻其中的关联。

要追寻建筑形态超越于建筑物质功能之外的意义，固然需要哲学、历史学、社会学等学科的介入，但建筑形态首先是一种视觉形态的存在，在哲学、历史学、社会学之外，图像学研究无疑是一种更为确切的方法。因为，一方面图像学研究正是以追寻视觉形态的深层次意义作为其目的的，并且它已经提供了丰富的研究成果和可操作性的方法；另一方面，图像学本身也是对形式主义分析方法的一个反动，并非单纯的视觉形态分析，而是一种集中了多种学科来探究视觉形态意义的方法。

图像学[③]（Iconology）是从图像志（Iconography）发展出来的一种艺术史的研究方法。早在16世纪晚期，乔瓦尼·彼德罗·贝洛里（Giovanni Pietro Bellori）在他的《艺术家传》（1672年）一书中已经开始了图像志的研究。贝洛里在他的著作中经常描述一些图画，尝试辨认它们的主题，调查它们背后的文学渊源，并且最终还要探寻图画的深层意义。17、18世纪，图像志研究方法逐渐传播开来，尤其是在对古典文物的考古研究中，如莱辛（G.E.Lessing）在他的《古代艺术家如何塑造死神》中论述了“倒持火炬的丘比特”这一图像志的主题。到19世纪，有关中世纪图像志的学术研究主要在法国得到了发展，出现了许多相关的研究著作，如克罗尼耶（A. Crosnier）、迪德罗（A.N. Didron）和罗奥·德弗勒里（C. Rohault de Fleury）等人对基督教图像志进行了一系列有代表性的整体考察。20世纪初期，德国艺术史家阿比·瓦尔堡（Aby Warburg，1866—1929）及其追随者发展出了一种新的方法。在《意大利艺术与费拉拉无忧宫中的国际占星术》（*Italienische Kunst und Internationale Astrologie im Palazzo Schifanoia*

① 卡斯腾·哈里斯．建筑的伦理功能[M]．申嘉，陈朝晖译．北京：华夏出版社．2001：90

② 阿摩斯·拉普卜特．宅形与文化[M]．常青，徐菁，李颖春，张昕译．北京：中国建筑工业出版社，2007：59.

③ Iconography这一英文词的出现是在17世纪，它源于中古拉丁文iconographia和希腊文eikonographiā，意指描绘和计划。而Iconology一词是由艺术史家阿比·瓦尔堡（Aby Warburg,1866—1929）在1912年新造的德文词ikonologisch英译而来。虽然瓦尔堡这一新词同样有着古老的来源，但它的新词义并没有在日常的德文和意大利文中扎下根，英文iconology和法文iconologie则分别与iconography和iconographie释义大致相同。在艺术史专业辞典里，一般将汉译作“图像学”的iconology放在iconography（汉译作图像志）的词条中释义。

zu Ferrara,1912）一文里，他提出了图像学的概念。瓦尔堡认为，图像学在对作品的图像志分析的基础上，致力于辨别作品的更深层意义或内容，即它的观念上的或象征的意义。为达此目的，他认为有必要通过仔细审查商务文件、私人书信和日记，研究人文学者的论文、神话学、徽章、人种史、戏剧以及语言习惯，通过分析不同宗教、文学、哲学、政治和其他思想观念来解释艺术作品。显然，瓦尔堡大大扩展了艺术史的范围。图像学逐渐成为了一种研究艺术作品题材，对图像的主题、姿态、意义进行描述和分类的方法。

图像学研究最著名的人物是欧文·潘诺夫斯基（Erwin Panofsky，1892—1968），他的《图像学研究》（*Studies in Iconology*，1939）、《视觉艺术的含义》（*Meaning in the Visual Arts*，1955）对图像学研究有着深远的影响。潘诺夫斯基认为，图像学关心的是"与艺术作品的形式相对的作品的题材或意义"。①艺术作品的意义包括三个层次。为了解释这个问题，他举了一个例子，一个在大街上遇到的熟人脱帽向我致意。在第一个层面上，我能够确切地看到一个对象及其脱帽的动作，这一点可称之为事实性含义。对这一含义的领悟，就是把某些视觉形式与我们从实际经验中认识的对象等同起来，就是把它们关系中的变化与某些动作或事件简单地等同起来的结果。同时，从朋友的动作方式上，我可以察觉出他的情绪是好是坏，对我是冷淡、热情还是敌意，这些心理上的细微变化为脱帽的动作赋予了进一步的含义，可称之为表情性含义。对这一含义的理解，虽然不是通过简单认知而是通过移情作用领悟的，但都是依据实际经验，与我们日常生活所熟悉的对象与事件相关。这两点构成了第一层，即基本的或自然的含义。第二个层面，我把脱帽动作理解为致意敬礼，但澳大利亚的丛林居民，甚至古希腊人都不能体会到脱帽的这一层含义，因为它建立在某种习俗与文化传统之上，是一种从属性或约定俗成的含义。它不像基本或自然的含义,不是可以感觉到的,而是被人们有意识地赋予的。第三个层面，我能够从朋友脱帽这个动作上判断出他的个性以及国家、社会、教育和文化的背景。他也许并没有意识到他传达了所有这些信息，也许并不是有意从这一个手势中泄露出如此多关于他自己的信息，但这些信息还是被传达出来。这些被发掘出来的信息可以被称为内在的含义或内容。

上述分析从日常生活应用到艺术作品上，就能把艺术作品的题材与含义的解读落实到三个同样的层面上。第一层是"第一性的或自然的题材，又分为实际题材和表现性题材"②，在解读上可以把各种视觉元素所构成的形式看做是自然对象的再现，把它们的相互关系看作事件，把这样的表情性品质理解为一个姿势或姿态的令人动情的特点，或将其理解为一定的内心氛围。理解这个层面的意义，我们只需要具备一定的日常生活常识、实践经验就已经足够，并不需要文化、习俗和艺术史的知识。比如，我们可以轻易分辨出一幅画是风景画、肖像画还是静物画等，所见即所得，即使不同文化背景的人，也能获得相同的理解。这个层面是"前图像志"（preiconnographical）的层面。第二层是"第

① 潘诺夫斯基．图像志与图像学[A]．象征的图像——贡布里希图像学文集[C]．上海：上海书画出版社，1990：414.

② 潘诺夫斯基．图像志与图像学[A]．象征的图像——贡布里希图像学文集[C]．上海：上海书画出版社，1990：415.

二性的或约定俗成的题材"①，这些题材组成了图像、故事和寓意的世界，要理解这些，必须具备一定的文学、艺术和文化的知识，这些知识是他熟悉的特定的主题和概念，以至于可以轻易分辨出随意的一餐与"最后的晚餐"（The Last Supper）之间的区别。这一层是图像学真正开始起作用的地方，对这一层的分析被称为图像志分析。第三层是作品的"内含意义或内容"②，是作品更深层的意义，它揭示出了作品潜在的意义。比如莱奥纳尔多的湿壁画《最后的晚餐》，它的确表现了十三个人坐在餐桌前，再现了那个特定意义的"最后的晚餐"，但在潘诺夫斯基看来，除此之外，它还蕴涵着更多的东西，从中可以看出莱奥纳尔多的个性、意大利文艺复兴盛期的文明，或者是某种特定的宗教态度等。作品的构图特征、图像特征，都是后者的征象。因此，"要领会这种意义，就得对那些揭示了一个民族、一个时代、一个阶段、一种宗教或一种哲学信仰的基本态度的根本原理加以确定，这些原理体现于一个人的个性之中，并凝结于一件艺术品里。"③也许艺术家并没有有意地赋予其作品更多视觉形态以外的内涵，但客观上却提供了这样的信息。对这个层次的解释，必须具备对人类心灵的基本倾向的了解，控制其解释的是：对各种不同历史条件下通过特定主题和概念表现人类心灵基本倾向的方法的把握。

简而言之，图像学研究包括三个阶段：前图像志描述、图像志分析和图像学解释。前图像志描述仅限于通过线条、色彩和体积来再现物体和事件所构成的母题世界，可以根据我们的实际经验来确定。有的时候，实际经验并不能做出正确的描述与鉴定，往往需要考察不同历史环境中采用各种形式表现对象和事件的方式，来加以修正，使实际经验从属于风格史的矫正原则。图像志分析涉及图像故事和寓言世界，需要我们熟悉原典中记载的各种特定的主题和概念。为了保证图像志分析的正确无误，我们往往需要探究不同历史环境中艺术家使用物体和事件表现特定主题或概念的不同方式，即通过探究类型的历史，来补充和纠正原典知识。图像学解释涉及象征世界，依赖于我们的综合直觉能力，但必须通过洞察在不同历史环境中借助特定主题和概念表现人类心灵的一般倾向和主要倾向的方式即一般意义的文化象征史来矫正。于是，图像的功能表现为："一个图像可以再现一种事物，象征另一种事物，而表达其他事物，这三种不同的功能可以通过一个图像得以实现。例如，博施画中的一个图像，它再现的是一个破钵子，象征的是贪婪罪恶，却表现出艺术家的有意或无意识的性幻想。"④

可以看到，图像学是一种从综合而不是从分析中发展来的解释方法，是运用实际经验、原典知识、风格史、类型史、文化象征史等内容来对图像进行综合判断的一种方法。在潘诺夫斯基看来："凡是在不孤立地使用图像志，而是把它和某种别的方法，如历史学的、心理学的或批评论的方法结合起来以解释艺术中的难解之谜的地方，就应该复兴'图像学'这个词。"⑤这样，图像学很自然地引发了多种学科间的合作，从而真正深入到表现或隐藏在图像之中的象征意义、神秘意义等深层次的含义。

① 潘诺夫斯基．图像志与图像学 [A]．象征的图像——贡布里希图像学文集 [C]．上海：上海书画出版社，1990：415.

② 潘诺夫斯基．图像志与图像学 [A]．象征的图像——贡布里希图像学文集 [C]．上海：上海书画出版社，1990：416.

③ 潘诺夫斯基．图像志与图像学 [A]．象征的图像——贡布里希图像学文集 [C]．上海：上海书画出版社，1990：416.

④ 邵宏．美术史的观念 [M]．杭州：中国美术学院出版社，2003：233.

⑤ 潘诺夫斯基．图像志与图像学 [A]．象征的图像——贡布里希图像学文集 [C]．上海：上海书画出版社，1990：417.

潘诺夫斯基既提供了图像学研究的一般原则，也将其应用到了对文艺复兴时期艺术作品的分析之中，使图像学真正成为艺术史研究中一个占统治地位的分支。虽然后来有学者对潘诺夫斯基的图像学提出了诘问，如吉尔伯特（Creighton Gilbert）就认为图像学研究容易对一件作品解释过多，或者强迫将作品纳入先入为主的系统中，这的确指出了图像学研究一个难以解决的问题。然而，无论艺术创作是一种无意识的、非理性的活动，还是一种理性行为，即图像无论是暗示着还是隐藏着某种观念和思想，或者两者兼而有之，通过图像学的一步步分析，的确可以寻找到视觉形态以外的意义。即使真的陷入“过度阐释”，从接受美学的角度来看，接受者的参与其实也无可厚非。在这个意义上，图像学研究意味着一种通过分析图像的题材、主题，借助于文学、哲学、历史、艺术批评的文献等各种学科的支持来追寻图像超出于视觉形态以外的深层意义的方法。

在第二次世界大战期间，图像学研究已经延伸到建筑领域，建筑史的图像学研究作为艺术史研究的一个分支已经在当时的欧洲和美国确立下来。建筑史的图像学研究，主要涉及建筑史中的类型学、建筑观念史及象征意义等问题。像理查德·克劳泰默（Richard Krautheimer,1897—1994）在其《〈中世纪建筑图像学〉引论》（*Introduction to an "Iconography of Medieval Architecture"*,1942）一文中，已经开始研究“建筑物布局和起主导作用的局部的象征意义问题”。[①]克劳泰默的研究，为图像学在建筑研究中的运用提供了基础。后起者诸如欧文·拉文（Irving Lavin）的《上帝的居所》（*The House of the Lord*,1962）、安德烈·格拉巴（André Grabar, 1896—1990）的《纪念性教堂：对圣物崇拜与古代基督教艺术的研究》（*Martyrium:Recherches sur le culte des reliques et l'art chrétien antique*,1943-1946）、让·拉絮斯（Jean Lassus）的《叙利亚基督教堂》（*Les Sanctuaries chrétiens de la Syrie*，1947）、班德曼（Günter Bandmann，1917—1975）的《作为意义载体的中世纪建筑》（*Mittelaterliche Architektur als Bedeutungsträger*,1951）、卡尔·勒曼（Karl Lehmann，1894—1960）的《天堂的穹顶》（*The Dome of Heaven*,1945）、泽德尔迈尔（Hans Sedlmayr, 1896—1984）的《大教堂的兴起》（*Die Entstehung der Kathedrale*,1950）等，都已经在建筑中展开了图像学研究。

① 邵宏．美术史的观念［M］．杭州：中国美术学院出版社，2003：241．

对民居建筑形态的图像学研究，正如克劳泰默等先驱们所做的，目的在于破译和阐释隐藏在民居建筑形态背后更深层的观念和思想。首先要做的，是对民居建筑形态的一个类型学分析，寻找出既定地域或族群建筑的共性形态。显然，共性形态的身上，直接反映着该地域、族群人们共同的文化观念，因此，只要寻找到了给定的地域与族群的特点，就有了解读共性形态身上所隐藏的意义的可能。在确认了共性形态之后，下一步就是深入地分析这种形态的细部，解读更为深层的含义。建筑形态作为视觉形态的呈现，其细部首先包括建筑的结构元素和装饰图案，它们或者独立完成某种独特意义的传达，或者与其他细部组合共同构成一个意义载体。无论哪种情形，都需要找出视觉形态与意义之间的关联，才能获得对意义的把握。有的关联较为直接，表现为建筑结构元素、装饰图案以谐音、谐形或者简单的类比等方式直接显示出某种精神观念。更多的关联是间接的、隐晦的，需要借助于习俗与文化传统以及文学、艺术或其他思想典籍中的知识等。这一点，恰好就是图像学研究的核心，关联找到了，意义也自然显现出来了。在民间的习俗与文化传统中，纳吉是一个非常重要的内容，反映着人们对美好愿望的追求，如子孙繁盛、吉祥平安、健康长寿、功名利禄等。在民间，纳吉有着十分丰富的表现形式，有很多直接就被用到建筑结构元素、装饰图案上，有的则作了较大的改变，但通过追寻，仍然可以找到源头，从而找到视觉形态与意义之间的关联。文学、艺术或其他思想典籍，提供了大量的神话、故事、寓言以及文化观念，它们或者直接被物化为视觉形态作为建筑的装饰图案，或者作为文献帮助确定意义。从建筑结构元素、装饰图案追溯到纳吉观念，搜寻到的是建筑形态的象征意义。相对而言，以具体的建筑结构元素、装饰图案等视觉形态的呈现来象征美好的愿望，是显性的象征；而诸如依据阴阳五行、风水理论所选的建筑基址、造型等，则是在间接地促进纳吉观念的实现，因此是隐性的象征。建筑形态作为视觉形态的呈现，其细部还包括建筑的空间布局、空间功能划分，它们直接联系着现实生活，其精神意义显得更为隐蔽。不过，从神性空间的辟出、等级空间的区别以及其他空间功能的划分上，还是可以寻找到其中所暗示出的精神规范意义：宗法观念、家庭礼仪等。显然，这里更需要寻找建筑形态与其他文本的关联。

由于图像只是“在一个特定的情境中起着符号（Sign）的作用，并且只在这一情境中起作用”[①]，所以，正如贡布里希所指出的“图像学必须从研究习俗惯例开始，而不是从研究象征符号开始”[②]，对民居建筑形态的图像学研究，也就不能局限于对建筑图像的分析，而是既要侧重于将其还原到它原有的历史情境中进行考察，更要将其还原到具体的居民生活中去考察。历史情景的还原，更多的是从大的时代的角度，给定了特定的上下文，也就规定了建筑图像在确定时代的确切所指。生活的还原，更多的是从小的甚至比较琐碎的日常生活、非日常生活的角度，给定了特定地域、族群的生活环境与方式。毕竟，民居建筑是一个十足的生活空间。日常生活、非日常生活的展开，既是建筑形态所蕴涵精神观念的一个具体演绎，也是对建筑形态是否体现了这些观念的一个“检验”。显然，这两个还原，能够帮助我们进一步揭示建筑形态的本质意义。

① 贡布里希．象征的图像[M]．上海：上海书画出版社，1990：9.

② 贡布里希．象征的图像[M]．上海：上海书画出版社，1990：38.

第一节　学术回顾：从客家源流到客家建筑

一、关于客家源流的研究

（一）研究起因及过程

最早关于客家问题的研究，可追溯到 1808 年，其时执教于惠州丰湖书院的徐旭曾先生因当时博罗、东莞的土客械斗事件曾向门生讲述客家与汉族其他民系不同的缘由："今日之客人，其先乃宋之中原衣冠旧族，忠义之后也。自徽钦北狩，高宗南渡，故家世胄，先后由中州山左，越淮渡江而从之，寄居各地……所居既定，各就其地，各治其事，披荆斩棘，筑室垦田，种之植之，耕之获之，兴利除害，休养生息，曾几何时，遂别成一种风气矣。"[①] 该文虽短，仅一千余言，但论及客家源流、语言和风俗等诸多方面，开了客家研究之先河。不过因是一般讲述，缺乏理论研究的自觉意识，该文并未引起舆论界、学术界的重视和回响。学术界对客家问题的关注，始于两个重要的历史事件。其一是 1851 年的太平天国起义，太平天国起义历时 14 年，严重动摇了清朝政府的统治，其领导核心与基本力量是客家人；其二是 1856 年广东西路土客械斗事件，持续 12 年，械斗双方死伤失散人数超过 50 万。客家人作为一个独特的群体，因这两件大事引起了舆论界、学术界的广泛关注。作为一个独特的群体，客家人居处山地，较为封闭，文化习俗与广府汉人相差较大，因此不被世人所理解，加之因人口压力向山外发展涉及到与广府人争夺生存空间，当时的统治集团又对客家人实行歧视政策，致使土客矛盾进一步加剧。土著在对客家实施武器批判的同时，又对客家族属进行贬斥和文化批判，如称客家人为"客贼"，或者在"客"字前加反犬旁以示贬低之意（如《新会县志》、《四会县志》等所载），一些西方学者则称客家人"非粤种，亦非汉种"，甚至称客家为"野蛮的部落、退化的人民"，直至 1930 年，广东省建设厅出版的《建设周报》还称客家人"不甚开化"。这些言论，建立在对客家文化不理解和排斥的基础之上，理所当然地引起了广大客家人的不满。处于对以上观点的驳斥，消除世人对客家文化的误解，关于客家文化源流的研究成为了广大客家人的一种精神需要，理论意义上的客家研究，也正由此而肇始。出版于 1933 年的罗香林的《客家研究导论》，是其中一个典型的代表，从中可以看出其理论上的自觉意识。罗香林先生以正史结合客家族谱的治学方法，为其后的客家研究奠定了研究的方向，成为了当时研究客家最具权威性的著作。"如欲从事客家研究，应以该书为常识性的入门手册。"[②] 罗香林因此被尊为"客家学"的开创者。

① 刘佐泉．客家历史与传统文化 [M]．郑州：河南大学出版社，1991：98-100.

② 张卫东．王洪友．客家研究（第一集）[M]．上海：同济大学出版社，1989：210.

从徐旭曾到 1933 年罗香林的《客家研究导论》的出版，可以称为客家研究的第一个时期。这一时期的客家研究，主要源于外部因素的刺激，即客家群体以外的世人对客家人的不理解和轻侮，大量客籍人士因愤而撰文、著书，探讨客家源流，解释客家文化习俗，让世人了解"何为客家人"，争取平等的地位。在此期间，"客家源流研究会"、"客家源流调查会"之类的社团组织纷纷成立，旅居海外的客家人亦纷纷成立社团；一些正式的研究机构，如燕京大学国学研究所，也委派罗香林先生编辑《客家史料丛刊》及实地考察客家历史和文化；一些非客籍学者如顾颉刚、罗常培、章太炎等也进行或热心倡导客家研究。一时著述纷纷，仅大陆出版的客家研究著作就有 50 余部，可谓成果丰硕。从总体上来看，这一期间的客家研究，大体上勾勒出了客家的源流、系统、分布、语言特点及迁徙的原因与迁徙路线，为后来的研究打下坚实的基础，对消除历史误会、缓和土客矛盾、制止土客械斗、振奋客家精神、弘扬中华文化起了重要作用。但从另一方面来看，这一时期的客家研究，起因在于对外部刺激的“应战”，大多数研究者都是客籍人士，学术研究与理论建构的成分居少，情感的因素太浓。因此，这一时期的客家研究虽然著述颇丰，但真正有理论价值的并不太多。

也正是由于这时的研究应外部刺激而起，因此，一旦世人领略了客家人不可侮的抗争精神，认识到客家人也是汉族的一个支系，不复以歧视的眼光视之甚或以恶语相加，客家人正本溯源的精神需要得到了满足，亦即客家研究的初步任务已经完成，客家研究的劲头也就相应的松懈下来了。加之其后国内局势动荡，抗日战争、解放战争及建国后政治运动不断，缺乏应有的学术研究的氛围，自1933年至70年代末，大陆的客家研究遂滑入低谷，可称之为“沉寂期”。这一时期，既无民间社团又无官方组织从事客家研究，只有极少数学者在继续探索，发表过数量有限的论文，如何炯的《以梅县为代表的客家话与北京语的对应规律》、李映川的《梅县方言的一些词汇》、何耿丰的《广东东北部客家方言词汇点滴》等，除此之外，就是一些辞书收入的客家条目，显然也不可能有新的观点和新的内容。至于专著，更无一部问世，倒是中国香港、中国台湾和日本的客家研究不断有著述问世，如移居香港的罗香林的《客家源流考》、中国台湾的陈运抟的《客家人》、日本的中川学的《华人社会与客家史研究的现代课题》等，既拓宽了原有客家研究的范围，又对以前的研究进行了反思与检讨。可惜的是，对大陆没有产生什么影响。接二连三的政治运动使以前的研究成果遭到了忽视，加之缺乏新的研究，人们对客家问题产生了很多误会。例如，1957年科学出版社出版的中国科学院历史研究所和北京大学历史系合编的《中国史学论文索引》，把《粤西北部方言》、《述客家方言之研究者》等论文编排在“少数民族语言”类中，把《客家源流考》、《客家研究》等14篇专门研究客家的论文排在“少数民族史”类，朝鲜战争时，《人民日报》在报导天安门举行的“抗美援朝群众集会”消息中，就有“客家族代表×××讲了话”的提法。①

改革开放以后，大陆的客家研究重又升温，出现了新的研究热潮。研究机构和社团纷纷涌现，如上海华东师范大学客家研究中心、江西师范大学客家研究所、嘉应大学客家研究所、韶关大学客家研究所、北京客家联谊会、深圳中国客家研究会、梅州客家研究会等，集中了一大批从事客家研究的学者，组成了一个庞大的研究队伍。与此相应，这些研究机构和社团都创办了自己的研究刊物，如《客家研究》、《客家人》、《客家学研究》、《客家研究辑刊》等，为研究者提供了广阔的论述和交流的园地。各地在政府、社团的支持下，还多次举行客家研究学术研讨会和客家联谊会，仅1992年一年就举行了5次大型的研讨会，学术交流可谓空前活跃。在这种宽松、自由、活跃的研究氛围之下，客家研究取得了极为丰硕的成果。从学术论著的数量来看，据《客家风华》的作者统计，至1995年，公开发表的专著已近百部。②论文之多，已难以统计。从研究的领域来看，已经从客家的族属、方言、人物扩展到民性、经济、教育、民居、饮食、风俗、妇女等问题。这种繁荣的研究景象，无论是研究的广度还是深度，都是第一个时期无法

① 张卫东．王洪友．客家研究（第一集）[M]．上海：同济大学出版社，1989：199-200.

② 胡希张，莫日芬，董励，张维秋．客家风华 [M]．广州：广东人民出版社，1997：13.

企及的。创建“客家学”，把客家研究当作一个独立的学科，于是理所当然地提到了中国以至世界学术界的议事日程之上。客家学的创立，必然要对以前的客家研究作出理论上的清理与检讨，消除情感因素。如盲目扩大客家概念，先民迁徙越说越远，民系形成越说越前，客家血统越说越纯，客家名人越说越多等现象，诸如此类偏颇的观点，是第一个时期客家研究的主要缺陷，在新时期的客家研究热潮中也有表现得极为突出，需要加以纠正。从这个角度来说，改革开放以来的客家研究虽然硕果累累，但也存在不少问题，需要研究者付诸更多的努力。

（二）关于客家源流研究的各种观点

回顾自 19 世纪初至今的客家研究，可以发现，虽然研究的范围日益扩展，但最令研究者感兴趣、讨论更多的还是客家源流与客家方言的研究，其中客家源流研究又最为突出。徐旭曾开客家研究之先河，他所谓“今日之客人，其先乃宋之中原衣冠旧族，忠义之后也”[①]即是关于客家源流的最早论述。罗香林的《客家研究导论》也将客家源流作为主要内容。客家源流问题之所以重要，是因为它关乎客家的身份——“名”这个重大的问题，所谓“名不正则言不顺，言不顺则事不成”，关于客家的任何一个方面的问题都与之息息相关，当然最为广大客家研究者所关注。

① 刘佐泉．客家历史与传统文化 [M]．郑州：河南大学出版社，1991：98.

一百多年来的客家源流研究，著述丰富，大凡置喙者必提出不同于他人的看法，因此争论激烈。从争论的焦点来看，大致可以分为三“派”。

其一是“南迁”说。

“南迁”说认为客家的祖先是中原汉人，因战乱、天灾从北方辗转迁徙而来。徐旭曾所谓“今日之客人，其先乃宋之中原衣冠旧族，忠义之后也。自徽钦北狩，高宗南渡，故家世胄，先后由中州山左，越淮渡江而从之……”是“南迁”说的始作俑者。其后，罗香林在《客家研究导论》中运用大量的谱牒、史料，提出“五次大迁徙”说，详细论证了客家之源是“中原衣冠旧族”，使“南迁”说成为了客家源流研究的“正统”言论。之后相当长的一段时间内，众多关于客家源流的研究，或完全遵从罗香林的言论，或在其基础上稍作修补，如在迁徙的次数、时间、地域上提出相异的看法，但并不偏离“中原衣冠旧族”南迁的观点。“南迁”说将客家人的族归属于汉人，而且是“中原衣冠旧族”，罗香林言之凿凿，不由人不信。这对于取消世人对客家的误解、改变世人对客家的歧视起到了重要作用，广大客籍研究者仅从这一点也乐于认同此说。罗香林在“中原衣冠旧族”说的基础上，针对客家民系的形成，进一步提出了“纯粹自体”说，即在南迁汉人这个大的汉族群体中，“客家民系……保持了传统的语言和习俗，而与其四围的民系相较，则一者为个别混化，一者仍为纯粹自体，对照起来，便觉二者有点不同。”[②]这种言论将客家人推为“正统”汉人，一扫过去“非粤种、亦非汉种”因而屡受歧视不得不“自辩”的局面，使广大客家人沉浸在一种自豪的欣慰情感之中。处于这种自豪的心境中，一大批研究者从“血统论”的角度大步前进，竞相鼓吹，甚至将客家人视为中原优秀文化、高贵血统的“活化石”，前文所述的盲目扩大

② 罗香林．客家源流考 [M]．北京：中国华侨出版公司，1989：45.

客家概念，先民迁徙越说越远，民系形成越说越前，客家血统越说越纯，客家名人越说越多等现象日益严重。在此，严肃的学术研究已经蜕变为客家精神的宣传言论，研究者的结论越来越偏颇，越来越偏离学术研究的轨道。简言之，自豪心态的逐渐膨胀，致使客家研究主观臆断性强，情感色彩浓厚，科学性、理论性不够。严肃的学者对此大为不满，纷纷提出批评。批评从指出罗香林的缺陷开始。20 世纪 70 年代，日本的中川学，中国台湾的陈运抟相继指出了罗香林研究中的种族主义倾向，并对此作出了批判。罗香林的种族主义观念在理论上来源于美国学者韩廷敦（Ellsworth Hungtington，美国耶鲁大学教授，年代不详），韩廷敦在其《种族的品性》一书中曾说："客家人是十分纯粹的华人，他们可以说，完全没有和外族的血统发生过混合。"① 罗香林对此论述非常推崇，认为它"对于客家的现状和特性"，"深切著明"。② 他的"纯粹自体"说，也正是韩廷敦这番言论的一个翻版。其中到底有多大的科学含量，委实令人怀疑。陈华等人在 1997 年曾对广东省汉族广府、客家、潮汕三民系的体质进行测量，结果表明，客家人与百越民族的融合程度反比广府人、潮汕人要高。③ 科学的结论证明了罗香林的错误。其实，不经过科学手段的检测，也很容易发现罗香林的问题。是否存在纯粹的汉族血统？即使存在所谓纯粹的汉族血统，客家先民在迁徙动荡的境况之下，如何在长时期内保持自己纯正的血统？汉族一向视周边的少数民族为"胡"、"蛮"、"夷"，用一种鄙视的眼光看待他们的文化，固然不会主动与之通婚，也更不会轻易接受他们的文化，那么，客家文化中大量的非汉族文化的成分又从何得来？同为南迁汉人，为什么广府、潮汕等民系与南方的百越诸族有血缘上的混化，而唯独客家没有？这些问题，罗香林等人都没有提供令人满意的答案。针对这些问题，一些研究者从汉族自身的形成上来推测客家民系的形成，如吴炳奎认为："汉族本身就是由多种民族融合而成的。南下的汉族，在辗转迁入闽、粤、赣边区定居之后，又与当地的土著民族或先迁来的民族融合，从而融合成现在的客家汉族……在客家形成之后，又与满族、瑶族乃至国外的民族融合，直至现代，这种融合与被融合的情况仍在继续。我认为客家是多民族的融合体。"④ 这种从多民族（血缘）融合的角度来寻求客家族源的观点，代表着客家源流研究的一种新的方向，显示出研究者科学理论意识的加强。

① 转引自罗香林．客家源流考 [M]．北京：中国华侨出版公司，1989：105.

② 罗香林．客家源流考 [M]．北京：中国华侨出版公司，1989：2.

③ 黄淑娉．广东族群与区域文化研究 [M]．广州：广东高等教育出版社，1999：50-75.

④ 吴炳奎．客家源流新探．客家源流与分布 [M]．香港：香港天马图书有限公司，1994：62.

其二是"文化融合"说。

随着研究的深入，以罗香林为代表的"纯粹汉族血统"论的错误日益彰显，在坚持客家族源多元性的基础上，一种新的观点逐渐产生，它认为客家的形成不能从血缘上去探求，而应该从文化的角度去寻找原因。这种观点可以称之为"文化融合"说。

"文化融合"说认为客家是一个文化概念，而不是一个种族、血缘概念，因此，从血统上去研究客家源流就会陷入歧途，谢重光是其代表。在《客家源流新探》中，谢重光率先提出："'客家'是一个文化的概念，而不是一个种族的概念。因为种族的因素，即自北方南移的大量汉人固然是形成客家的一个因素，但单有南移的汉人还不能形成‘客家’，还有待这批南移汉人在某一特定的历史时期，迁入某一特定地区，以其人数的优势和经济、文化的优势，同化了当地原有居民，又吸收了原住居民固有文化中的有益成分，形成了一种新的文化——迥异于当地原住居民的旧文化，也不完全雷同于外来汉民原有文化的新型文化，那么这种新型文化的载体—— 一个新的民系，即客家民系才得以诞生。”[①] 他直接对罗香林等人的“血统论”提出了批评，也是从文化的角度探讨客家民系的形成，谢重光较多地关注到了畲、瑶等少数民族与客家先民之间的互动融合关系，并指出“这一过程不是单向的，而是双向的”。[②] 这就使客家文化中为什么包含大量非汉族文化因子得到了较为合理的解释。实际上，我们认识“客家”之时，首先是从其文化事项——客家方言、客家习俗、客家意识等来判定的，而不是一开始就去探测其血缘。正如同我们认识湖南人、江浙人、闽南人、广府人、潮汕人等一样，不是从生理上、血缘上加以区别，而主要是从语言、风俗习惯、认同感上加以分辨，从生理上、血缘上，实际上也无法区别。再扩大到汉族与其他民族的区别，如古人所谓“夏”、“夷”之别，也是从文化的角度来区分的。单纯从血统的角度来判定客家，近要询及父母、祖父母，远要询及曾祖、高祖，最终势必考寻其族谱，以族谱的记载作为标准，且不说族谱记载的真实性，如果完全按照这种方法来推断，翻检出客家的祖先，所谓“五百年前是一家”，那么，跟客家毫无关系的也会被划入客家人，而一旦出现父系、母系两方有一方为非客家人的情况，又以哪一方为依据？从文化的角度来判定，就避免了这些问题。以此来解释客家的形成，如吴泽所说：“既然是南迁的中原汉族，客家先民及其后裔在迁徙的过程中和在自己民系的形成和发展过程中，所遭遇的种种挑战自然不同于中原地区。一方面，客观的生活环境迫使他们对自身原有的心理素质要做些适当的调整，另一方面，迁徙过程中必然发生的与客居地土著、他族的相互影响、融合乃至争斗，也会以这样或那样的方式，改变着他们的心理因素。这样，在地理环境、历史传统、民族融合以及迁居地经济生活等诸多作用的交互影响下，南迁的中原汉族（客家先民）在心理素质方面，自然会有这样或那样的调整、改变和重新整合。一旦这种调整、改变和重新整合得以完成，客家民系也就最终形成了。”[③] 这样的说法显然更容易为人所接受。所以，很多研究者都高度评价了谢重光的观点。有研究者说：“只有把‘客家’当作一个文化概念，从文化视角来认识和把握‘客家’，这才是应取的科学的态度。”[④] “文化融合”说的确消除了客家研究中主观臆断性和情感性的一面，注重探寻客家先民与畲族、瑶族等原住闽、粤、赣边区的少数民族之间的冲突与融合，如谢重光在其新著《畲族与客家福佬关系史略》中，用大量的史料来论证畲族在客家形成过程中的作用[⑤]，使客家源流的研究建立在了一个令人可信的基础之上。然而，文化是一个大而笼统的概念，包括的范围太广，将客家源流的研究建立在这样一个概念的基础之上，固然消除了狭隘的种属之争，使客家研究进入了更为广阔的天地，但也因其范围太广，容易泛泛而谈，最需要解决的是研究如何深入的问题。这显然需要各个专业领域的专家、学者通力协作，

① 谢重光．客家源流新探[M]．福州：福建教育出版社，1995：12.

② 谢重光．畲族与客家福佬关系史略[M]．福州：福建人民出版社，2002：14.

③ 吴泽．建立客家学刍议[A]．上海：上海人民出版社，1990：7.

④ 罗勇．略论客家文化的形成及其多元因素[A]．赣南师范学院学报．1998，4：39.

⑤ 第三章标题为“唐宋时期畲族先民与客家先民的斗争与融合”，第五章标题为“畲族与客家民系的形成”，第六章标题为“元代畲族、客家、福佬的族群发展与互动关系”，第七章标题为“明清时期畲、客、福佬的消长”，第八章标题为“畲族与客家、福佬文化交融诸事象举证”。

将研究推向前进。客家学的研究必然要走向全面和深入，“文化融合”说正契合了这一方向，因而获得了越来越多研究者的赞同。

其三是“土著”说。

与“南迁”说、“文化融合”说不同的第三种观点是“土著”说。“土著”说的代表是房学嘉。1994 年，《客家源流探奥》出版，直接针对罗香林等的“南迁”说提出了完全相反的看法：“历史上并不存在客家人中原南迁史。历史上确曾有过一批批南迁客家地区的中原流人，但与当地人相比，其数量任何时候都属少数。客家共同体在形成的过程中，其主体应是生于斯长于斯的本地人。”[①] 房学嘉的观点可谓异军突起，对“南迁”说无异于当头一棒。支撑其观点最为有力的依据，是南迁汉人与本地土著数量多寡的比较，这也是历来研究者所不重视的一点。移民达不到一定的数量，不能形成一个稳定的社群，显然不能保全自己原有的文化，甚而为土著所同化（图 1-1）。

① 房学嘉．客家源流探奥[M]．广州：广东高等教育出版社，1994：3.

关于人数的问题，徐旭曾、罗香林都曾注意过，如徐旭曾曾提到“嘉应汀洲韶州之客人，尚有东晋后迁来者，但为数无多也”[②]，罗香林也曾指出：“客家先民最先移居广东东北部的，虽说有远在五代以前者，然那时人数无多，比之其他先居其地诸系外人群，众寡悬殊，不能保持一己特殊的属性，而成为一种新兴的民系。就是宋朝初年，移住那些地方的客民，也还是数目无多。南宋以后，客民向南迁徙的，始一天多似一天。”[③] 从他们的言论可以看出，他们显然都知道人数多寡的重要性，但都未进一步因此而展开论述。房学嘉抓住了这个关键的一点，他从大量的考古资料来寻找客地原住居民，虽然他未能考寻出其确切的数量（事实上也很难从现有的资料中总结出一个确切的数字），而是从客地未有大的战乱及越人在此安居乐业这样优越的社会环境来推测土著居民人口的大量繁衍，进而得出了“南迁客家地区的中原流人与当地人相比，其数量任何时候都属少数”的结论。吴松弟在 1995 年写的论文《客家南宋源流说》中，也曾说：“北方移民在人数上不占主体地位。”[④] 这个结论虽经推测而来，但比较可信。试想，如果南迁汉人占据大多数，又持以先进的文化，而且视“土著文化”为“蛮”，其结果只能是作为弱势群体的土著很快被同化，而互相融合的可能性很小。胡希张等人就此发表意见说，“南迁汉民与本地土著是两大族群，人数大概旗鼓相当，这样，才谁也‘吃’不了谁，才势必走互相融合的道路，在融合中造就了独特的客家民系。”[⑤]以此来看，房学嘉找到了一个较为合理的角度，给予土著（少数民族）以极大的关注，对罗香林的“南迁”说发起了有力的挑战，胆识可嘉，为促进客家研究的百花

② 徐旭曾．丰湖杂记．转引自刘佐泉．客家历史与传统文化[M]，郑州：河南大学出版社，1991：100.

③ 罗香林．客家源流考[M]．北京：中国华侨出版公司，1989：24.

④ 吴松弟．客家南宋源流说[A]．客家研究辑刊[C]，1998，1、2.

⑤ 胡希张，莫日芬，董励，张维秋．客家风华[M]．广州：广东人民出版社，1997：73.

图 1-1　兴宁永和乡板子岗出土的新石器时期陶罐（选自《兴宁县志》）

齐放作出了重要贡献。但可惜的是，房学嘉像罗香林一样，陷入了“血统论”的泥沼。虽然他的结论“既不完全是蛮，也不完全是汉”，看似“融合论”，但他也明确指出了客家是“古越族残存者后裔与秦统一中国以来来自中国北部及中部的中原流人互相混化而形成的共同体”[①]，但客家到底属于哪一个民族或民系，作者语焉不详，细究起来，可以说是一些西方传教士所谓“非粤种，亦非汉种”的一个翻版，而且，他将客家先民推到秦汉，也值得商榷。

① 房学嘉．客家源流探奥[M]．广州：广东高等教育出版社，1994：3.

相比而言，以上三“派”观点各有自己的侧重点，互有优劣，有的结论或有偏颇，但在整个客家研究的历史中仍然有着不可磨灭的作用，不可轻易忽视。其中，从文化的角度来探寻客家的源流，代表着一种新的方向，值得重视。无论如何，客家研究需要一种跨学科的综合研究，需要诸如人类学、民族学、历史学、民俗学等学科领域学者的共同努力。如前文所提到的陈华等人针对广东广府、潮汕、客家三民系所作的人体测量，就是运用人类学的方法，使客家的血缘研究获得了科学的支持。近年来，不断有运用 DNA 检测等科学方法来研究民族问题的著述问世，如赵桐茂等遗传学家所作的《中国人免疫球蛋白同种异型的研究：中华民族起源的一个假说》，经过调查我国 24 个民族、74 个群体的免疫球蛋白同种异型的 Gm、Km 分布，得出了中华民族分别起源于古代两个不同群体的假说，其界线大致在北纬 30°，南北汉人之间的差异甚至远远大于他们与生活区域较近的少数民族之间的差异。调查包括对梅县 92 个客家人的调查，与其他南方汉人相比，调查者并未从中发现他们之间的重大差异。如果再进一步比较同为调查对象的畲族及广府人，可以发现客家人的各项指数都与畲族更为接近。[②] 这种科学结论显然使研究者对客家的血缘（族源）产生了更为清晰的认识，消除了研究中的各种争议，使客家研究走向了深入。从这个遗传学的结论来看，客家人在血缘上更接近于畲族、瑶族等土著，这正印证了房学嘉的推测。但从文化特征来分析，客家人虽然也带有一些畲族、瑶族等土著文化的特征，但其主体因素仍然是汉族文化，正是从这个角度，客家被界定为汉族的一个支系。由此，可以得出一个简要的结论：客家在血统上具有较多的南方人的特征，而在文化上则属于汉族文化圈（图 1-2）。

② 赵桐茂，张工梁等．中国人免疫球蛋白同种异型的研究：中华民族起源的一个假说 [A]．遗传学报．1991，(2)．

图 1-2　兴宁新圩大村出土的春秋战国时期编钟　（选自《兴宁县志》）

二、关于客家居住建筑的研究

（一）研究阶段及其成果

一般将罗香林先生在 1933 年出版的《客家研究导论》视为确立系统研究客家历史及文化的标志性著作。对客家建筑的研究，罗香林同样是我们的先驱。在他之前，丰湖书院的徐旭曾、英国教士 George Cempbell 和美国耶鲁大学教授 Ellsworth Hungtington 等人的研究，多是对客家人的“源”、“流”进行考证及推论，而罗香林 1933 年出版的《客家研究导论》对客家文化的研究涉及到了历史、语言、民俗、宗教等各个领域。书中第五章“客家的文教（上）”中，就有不少的篇幅论述客家民居。13 年后，地理学家曾昭璇先生在“武昌亚新地学社”的《地学季刊》中发表了《客家屋式之研究》，这是目前我们能看到的新中国成立之前论述客家围屋的仅有的两部文献。

罗香林概括客家人：“经营屋宇，地必求其敞，房间必求其多，厅庭必求其大，墙壁务极整齐，其著名的，往往有钜至内容有房子四五百间，能住男女四五百人，求之其他各地，真不容易看见这类大屋。客人屋式，有围龙，棋盘，二字，四角楼，围楼，五栋，枕头杠，茶壶耳等名目，每式以正栋及横屋为主体。正栋或称正厅，制如宫殿，横屋如宫殿的庑。客人屋宇，多由创业的人一手经营，分给众多子孙，但无论分至如何繁细，其正厅仍属公有。”[①] 罗香林引用了兴宁罗氏宗族 1927 年秋排印的《兴宁东门罗氏族谱·礼俗·居中室》中关于建造围龙屋的基本要求，这是我们目前掌握的对围龙屋最早的文字描述：

屋之中有龙厅，（屋之后一层，自化胎前起，左右放间，渐次斜转，围至龙厅，或一层或二层，因地形而定，称曰围龙房屋），围龙房屋之中心一间，正对祖龛龙神龛者，为龙厅，其厅常为屋人所公有。化胎：龙厅以下，祖堂以上，填其地为斜坡形，意谓地势至此，变化而有胎息。上堂：其中设木龛以奉历代祖先神主，故通称祖堂，岁时具三牲，以祀祖，遇有吉凶事，以牲牢祀其先人，均在于此。中堂：较上下堂更为宽广，两边立柱以架巨木，曰官厅架，有六柱者，有八柱者，其柱昔多用木，近多以石为之，屋中人有大喜庆事，行礼宴客，均在于此。下堂：前为大门，为公共出入之地。天阶：上堂中堂及下堂之间，均有之，谓之天阶者，其上不覆瓦，能受天阳，而四周均为檐阶也。南北厅：两南北厅者，多在上天阶左右，四南北厅者，则上下天阶之左右，均有之，此亦为一屋公有之地。花厅：两花厅者，多在下堂房间相连之左右，四花厅者，中堂下堂之左右，均有之，此亦为屋人应酬宾客之所，故屋中房间可分为私有，而花厅必归于众，厅中有通透房间及卷屏与否，因屋制而定。门廊：户门内之廊。骑马廊：横屋与正堂屋之间，或围龙屋与横屋之间，上起横栋，其下为廊，俗呼为过道廊。后廊：后栋正屋与横屋最后二三间房位相对之处，上起横栋，其下为廊，俗呼为塞督廊。伸手廊：左右横屋各伸出二间或四间，其中安设斗门，俗呼其门廊曰伸手廊。正堂间：上中下三堂相连房屋，俗呼为正屋，或呼为正堂间。横屋间：有两层横屋者，

① 罗香林．客家研究导论[M]．上海：文艺出版社出版，1933：180.

曰内层横屋间，外层横屋间。围龙间：有两层围龙者，曰内层围龙间，外层围龙间。枕杠间：上堂后面一排横屋，呼为枕头杠，围龙屋鲜有为枕头杠者，惟棋盘屋，则多有之。老人间：凡男、妇年老病危，至弥留之际，其子孙即抬于是，以俟其终，此无特别建筑之房间，或以上堂正间为之，或以南北厅及其他一间为之。……浴室（与）厨房：初造时常以花厅附近，择其地，为特别之浴室，左右横屋之余内选出一二间为合适之厨房，及后丁口浩繁，各择便当房间为之，不能限于一处。角楼：于左右横屋之角，坚筑高楼，或二座，或四座，此为防匪劫掠而设，故上下均开炮眼，以便施攻击敌。楼棚：角楼之棚，不许私人住眷，及安放家私，以便有事时，众人得以登楼御敌。房棚：各房均以木板棚其上，以安置家私或稻谷及其他杂粮。屋以外有禾坪：大门户门以外，划地为长方形，砌以碎石，铺以灰沙，荡为平地，收获时，于此打稻晒谷，俗称禾坪。池塘：禾坪以外，划地若干亩，掘为深地，以供洗濯，并畜鱼类，俗呼为门口塘。[①]

1944年，曾昭璇发表的《客家屋式之研究》，当是国内最早研究客家围屋的专题论文，这篇专论从“形式”到“分布”，对客家围屋的“屋式”进行了分类和梳理。曾氏把客家围屋的“屋式”分为“标准屋式”和“变式”。“所谓标准屋式乃表示一公共形式，或一最多数之式样，作为一种家屋形式之代表。惟下述之标准屋式，其确定非由统计而得，而由意识上设定，即在本系住民心目中之家屋，应如是建筑，始为适合标准。”[②]而“变式”，指的是“粤北、粤中一带，虽有客民分布，但因其地理环境不良，垦殖历史又短，其家屋形态不能正常发展，且因环境不同，形式亦略有改变。”[③]

对客家围屋的研究，罗香林及曾昭璇两人的共同兴趣点在于“屋式”。“客人屋式，有围龙、棋盘、二字、四角楼、围楼、五栋、枕头杠、茶壶耳等名目，每式以正栋及横屋为主体。”“其著名的，往往有钜至内容有房子四五百间，能住男女四五百人，求之其他各地，真不易看见这类大屋。”“这是广东东江一带客人最普通的屋式，客家以外的地方，真不易看见这类大屋”。[④]罗香林把客家围屋的屋式分成了八种，而且强调“每式以正栋及横屋为主体”[⑤]作为客家围屋的基本特征。罗香林和曾昭璇先生所谓的“屋式”也就是我们通常说的“类型”。[⑥]罗香林将客家围屋归纳为“围龙、棋盘、二字、四角楼、围楼、五栋、枕头杠、茶壶耳”，基本上概括了客家围屋的基本类型。而曾昭璇论述的“标准屋式”，实际上指的仅是粤东地区的“围龙屋”一种，其“变式”也仅包括“粤北、粤中一带”的“苍式”、“伸手式”、“楼房”、“四点金”等。但值得注意的是，曾昭璇认为：“梅州围屋分布入闽（永定、闽清一带），更成‘围楼’，这是一种圆柱状‘围屋’，称为xx楼，高的有三四层，呈一圆形堡垒形态，但在粤境分布不广，仍然可见（如蕉岭）。”[⑦]按照曾氏的观点，福建永定一带的全封闭圆形围楼是粤东一带的围龙屋向东福建发展而形成的。这是曾氏在60多年前对“围屋屋式历史”的发展过程作出的大胆推断。遗憾的是，曾氏并没有展开他的研究，进一步说明客家围龙屋如何向东发展、变异，成为圆形围楼，而事实上，至今为止，尚未有任何学者

① 罗香林．客家研究导论[M]．上海：文艺出版社出版，1933：180-181.

② 曾昭璇．客家围屋“屋式”研究[A]．岭南史地与民俗．广州：广东人民出版社，1994：280.

③ 曾昭璇．客家围屋“屋式”研究[A]．岭南史地与民俗．广州：广东人民出版社，1994：296.

④ 罗香林．客家研究导论[M]．上海：文艺出版社出版，1933：180-181.

⑤ 罗香林．客家研究导论[M]．上海：文艺出版社出版，1933：180.

⑥ 民居类型可按建筑的平面形式、外形特征、结构方式或建筑以外的地理位置、气候等不同的依据来分。

⑦ 曾昭璇．客家围屋“屋式”研究[A]．岭南史地与民俗．广州：广东人民出版社，1994：296.

对这一个复杂的命题，即关于粤、闽、赣三省交界地区各类客家围屋之间的源与流或者是它们之间的关系作出论证。

新中国成立后，对客家建筑的研究有了新的发展。张步骞、朱鸣泉、胡占烈三人在1957年第四期的《南京工学院学报》上发表了《福建永定县客家住宅》，同年5月，刘敦桢教授在《中国住宅概说》中介绍了客家民居。刘敦桢主编的《中国古代建筑史》关于元、明、清时期住宅建筑里介绍了客家人"聚族而居"的"群体住宅"，指出："这种住宅的布局有两种形式。一种是大型院落式住宅，平面前方后圆，内部由中、左、右三部组成，院落重叠，屋宇参差。另一种为平面方形、矩形或圆形的砖楼与土楼……"[①]客家居住建筑第一次被载进了建筑史学的著作，刘敦桢描述的前一种建筑就是粤东"围龙屋"，后一种则是闽西的"土楼"，只因当时研究客家建筑的人数无几，研究亦不甚深入，刘敦桢亦未对这些民居冠以正式的建筑称谓，而仅用"一种是……"，"另一种为……"来描述之。

① 刘敦桢．中国古代建筑史 [M]．北京：中国建筑工业出版社，1984：326-330.

对客家围屋的研究热潮始于20世纪80年代，原因有二：一是学术界对客家民系的历史及其文化研究的升温；二是建筑界对中国传统民居研究的展开及其深入。

首先，80年代之后国内的客家热包括了成立各种各样的研究机构、民间团体，创办各类杂志，出版专著和举行学术研讨会等，研究的领域从过去的族属、语言、历史等方面扩展到了教育、经济、民性、饮食、民俗、妇女等各个方面，客家建筑必然成为重要的研究内容，这恰好与建筑界对地方性建筑的研究接上了轨。其次是国内对民居建筑研究的重视。中国幅员辽阔，有着非常丰富的建筑文化遗产，但中国建筑史的研究一直较集中地反映在宫殿、陵寝、寺庙等为少数人服务的大型宫廷建筑及宗教建筑上，而数量庞大、分散在全国不同地区、形式多样、特点鲜明、世代相传、代表不同文化的民居建筑一直未引起学界足够的关注。在20世纪30年代，中国建筑史的前辈龙庆忠先生，根据河南、山西、陕西的田野考古资料，对窑洞这一北方传统居住形式进行了考察研究，在《中国营造学社汇刊》中发表了论文《穴居杂考》。40年代，建筑史学家刘敦桢教授考察研究了我国云南、四川、西康等西南地区的古建筑及民居建筑，发表了《西南古建筑调查概况》。新中国成立之后，民居建筑才作为一个类别进入了中国古建筑研究的范畴，引起了我国建筑学界的重视。1957年，刘敦桢教授出版了《中国住宅概说》，这是第一部关于我国传统民居的专著。建筑史学家刘致平教授在50年代出版了《中国建筑类型及结构》，并将其40年代考察研究四川等地的传统建筑及对我国各地民居进行的大量研究考证的成果汇集于其后出版的《中国居住建筑简史》中。80年代，我国对民居的研究迈上了新的台阶。一是民居研究的人员已由少数老一辈专家发展到了包括老、中、青年的教师、学者、研究生等构成的专门队伍；二是研究方法突破了仅限于建筑学的局限，内容涉及到聚落、建筑、营造技术、材料工艺、历史、文化、美学等；三是举行经常性的国际、国内民居学术研讨会，不断出版和发表研究专著及论文。[②]可见，客家民居建筑研究的深入和发展离不开建筑界对全国各地区各民族居住建筑研究这一大的学术背景。

② 陆元鼎．中国民居建筑 [M]．广州：华南理工大学出版社，2003.

按陆元鼎先生的归纳，民居建筑研究的范围及对象基本包括：院落式民居、窑洞民居、山地民居、客家民居、干阑式民居、碉房民居、游牧式民居、高台民居。[①] 中国地域辽阔，历史悠久，在漫长的历史发展过程中，因地理、气候、文化、社会环境不同而逐步形成、衍变出了复杂多样的民居建筑形式，这种传统的民居建筑生动地反映了人与建筑与自然之间的关系。

① 陆元鼎．民居史论与文化 [C]．广州：华南理工大学出版社，1995.

在研究方法上，罗香林等老一辈学者对客家建筑的研究较多运用历史学的方法，徘徊于史料和谱牒的考证，而 80 年代之后的民居建筑研究则更多地基于学术界对客家历史、文化研究的新成果，利用建筑学的方法，对客家围屋作测绘调查，研究现存在广东、福建、江西等地的各种类型的客家民居。研究的重点集中在诸如平面形式及类型，材料与构造，技术与方法以及外部形态及内部空间分析等方面，如 90 年代，路秉杰教授率同济大学建筑城市规划学院师生对江西、福建和广东的客家民居进行的一系列测绘，为客家民居研究做了深厚的基础性工作。1983 年，《建筑师》杂志第 16 期发表了高鈐明等人的论文《福建民居掠影》，其中介绍了永定的客家土楼。第二年，黄汉民在《建筑师》杂志第 19 期发表了论文《福建民居的传统特色与地方风格》，介绍了福建客家方楼、圆楼及五凤楼的典型实例，并首次介绍了南靖土楼，包括闽南土楼和客家土楼。黄汉民先生对福建“土楼”的研究成果，引发了客家民居研究的热潮。华南理工大学的陆元鼎教授于 1990 年出版的《广东民居》，以广东地域分布的地方建筑作为研究对象，对广东各种有代表性的民居建筑形式作了整理、分类、分析。陆元鼎对广东民居建筑的研究，奠定了广东民居分类研究的基本方法。在陆元鼎教授指导下，潘安博士的《客家民系与客家聚居建筑》，余英博士的《中国东南系建筑区系类型研究》，戴志坚博士的《闽海民系民居建筑与文化研究》等，将民居建筑的研究置于更大的文化背景下，通过区、系、类型的文化渊源和传播及对南越各地的民居进行比较和归纳，为客家居住建筑文化的研究提供了更多的途径和方法。

梅州嘉应学院客家文化研究所，在房学嘉先生的带领下，一批孜孜不倦的学者为客家文化的研究辛勤耕耘。研究所主办的《客家研究辑刊》是客家文化研究成果的大全。特别是 2002 年由花城出版社出版的“客家学丛书”，以客家地域文化与宗族发展脉络作为基础，以人类学的研究方法，对粤东各地客家的社会、族群、宗族、信仰和民俗进行了深入的田野调查，研究成果很有价值。

《建筑哲理、意匠与文化》和《中国客家建筑文化》（上、下两册）是吾师吴庆洲先生近年的研究成果。《中国客家建筑文化》（上、下两册），无论是从客家文化与中国传统文化的关系，从客家中心腹地的建筑以及建筑文化的传播方面看，还是对客家建筑的类型、风格、装饰和对客家的风水传统、民间习俗及建筑技术等方面看，无疑是目前我国对客家建筑及建筑文化研究最全面、最深入的文献著作，尤其是材料的翔实和研究的深度为后人的研究提供了难得的范本。

（二）对存在问题的思考

诚然，对客家建筑的研究已经取得了可喜成果，但毋庸讳言，从总体上来看，目前的研究还存在一些问题。

1. 缺乏学科之间的交叉互动，对客家民居的研究基本上仍然局限于建筑学和历史学领域。建筑是人类的文化现象之一，就其外在的形态，在拉普卜特（Amos Rapoport）看来，也“是一系列‘社会文化因素’（Socio-cultural factors）作用的产物，而且，这一‘社会文化因素’的内涵须从最广义的角度去理解”。[①] 因此，建筑史论的研究应该结合其他学科的研究。关于客家文化的研究，尤其是近 20 多年来，理论研究的自觉性逐步与实证考察的客观性相结合，越来越朝着多学科、多元化的方向发展。历史学、民族学、民俗学、人类学、遗传学、语言学、社会学、艺术学等科学相继以不同的方法，从不同的视角切入客家文化的研究，这些研究方法、研究成果都可以成为建筑史研究的有力支撑。吸收其他学科的研究方法和借助其他学科的研究成果，将为客家民居的研究开拓更为宽广的空间。

① 阿摩斯·拉普卜特．宅形与文化 [M]．常青，徐菁，李颖春，张昕译，北京：中国建筑工业出版社，2007：46.

2. 缺乏对客家民居的各种类型作“单项”的专门研究。从近年来的研究可以看到，客家民居各种不同的“宅形”（House form）被淹没在了“客家民居”、“客家围屋”或是“客家土楼”等这些大的概念中。如果我们有意识地将目前对历史居住建筑的研究，尤其是关于客家民居中的某两个类型进行深入的比较，如圆形围楼与围龙屋之间，不难发现，我们的研究多少有点概念化。研究者所选择的建筑案例以及描述方式基本上是大同小异的，而且研究成果和结论往往比较一致，尽管圆形围楼与围龙屋之间有着极大的差异性。这种雷同一方面表明研究者所选择的对象都是一些众所熟知的建筑个体，另一方面也表明，各种各样的学科名目针对相似的研究对象只是提供了一种术语选择的情境，于学科的性质及其研究对象并无太大的改变，因此也就不可能出现新的研究成果。例如，“注重建筑的防御性”是对客家民居研究得出的一般性结论，但并不意味着客家民居的每一种类型都毫不例外地具有极强的防御功能，至少围龙屋这个在粤东客家围屋中占有绝对数量优势的建筑类型就并没有考虑建筑的防御功能。因此，研究者不能带着对客家围屋既有的一般性结论去“套用”所有的个案，而是要力图从每一个个案中得出相应的结论，在不同的围屋类型之间比较和揭示它们的共性与个性。

3. 缺乏“历史情境还原”的研究意识。客家民居是粤东、闽西和赣南三省交会地区，在特定的社会制度、宗族观念约束下，为满足生产劳动以及日常生活等基本功能而交织形成的复杂系统，经历了几百年的历史发展。我们今天所能面对的仅仅是在昔日的社会生活情境下产生的建筑空间，而客家民居研究的方法和途径正是基于这个历史的居住“器物”展开的。如果采取“静态的”、“照相式”的研究方法，我们将“无法获得聚落主体（即人）的社会生活与空间的对应关系，它更多地强调了研究对象的‘器物层’的一面，而忽略了作为空间主体的人的生活”，正所谓“民居研究不能只研究‘居’，而忽略‘民’”[②]，将民居还原到原有的历史情境中进行考察，还原到具体的日常生活中去考察，实现这两个还原，才能够帮助我们进一步揭示客家建筑形态的本质意义。

② 李东，许铁铖．空间、制度、文化与历史叙述——新人文视野下传统聚落与民居建筑研究 [A]．建筑师．2005，6.

第二节 本课题的研究方法

一、图像学

图像学本是从图像志发展出来的一种艺术史的研究方法。在传统的艺术史研究中，图像志关心的是“与艺术作品的形式相对的作品的题材或意义”。在瓦尔堡、潘诺夫斯基等艺术史家的努力下，图像学逐渐成为一种不同于图像志的新的方法。它研究艺术作品题材，对图像的主题、姿态、意义进行描述和分类，致力于追寻艺术作品更深层的意义或内容，即它的观念上的或象征的意义。潘诺夫斯基认为，这个追寻的过程可分为三个阶段：前图像志描述、图像志分析和图像学解释。前图像志描述：根据我们的实际经验和风格史来描述与鉴定线条、色彩和体积所再现的物体和事件。图像志分析：根据原典知识与类型史来分析所描述与鉴定的再现物体、事件所表达出的故事、寓意等特定的主题与概念。图像学解释：依赖于我们的综合直觉能力以及一般意义的文化象征史，来解释图像的象征意义。

从总体上来讲，图像学是一种从综合而不是从分析中发展来的解释方法，是运用实际经验、原典知识、风格史、类型史、文化象征史等内容，通过分析图像的题材、主题，借助于文学、哲学、历史、社会学、艺术批评的文献等各种学科的支持来对图像进行综合判断，追寻图像超出于视觉形态以外的深层意义的方法。

二、田野调查

我们很难找到历史上关于客家建筑的文献，更加无法得到任何图像方面的资料，弥补的办法只能是深入田野的调研。田野调查（Fieldwork）的方法是英国功能学派人类学代表马林诺夫斯基主张和创立的。对于客家民居的田野调查，重要的手段是参与、观察、测绘和深层次的访谈，不仅要描述所调查研究的建筑，还要调查居住其中的人，了解和分析他们的日常生活与建筑之间的关系，关注他们的思想和观念。

1. 整体考察客家建筑。在本书写作之前和写作期间的几年时间里，笔者对粤东、粤北、深圳、潮汕的数百座围屋建筑进行了实地调研，通过拍照、测绘等手段记录和比较了客家民居的基本状态。

2. 有目标的重点研究。本课题重点集中在粤东围龙屋的研究上，重点测绘了30多座围屋建筑，绘制了一批与本书写作相关的分析草图及测绘图。

3. 关注围屋内客家人的日常生活。通过观察和体验他们的日常生活，得到围屋内部宗族成员“分家析产”后的小家庭生活及宗族内部的住房分配原则和布局。

4. 访问围屋内的长者。在田野调查过程中，围屋内的长者提供了很多关于围屋的背景资料，如族谱、祖辈留下的“诰封”、祖辈官式着装的画像、畲族人的各类“图腾画卷”等[①]，而且通过他们的口述，我们了解到了很多关于宗族的脉络，了解到了围屋中的祭祀和仪式，了解到了围龙屋内的日常生活以及围屋各部分的

① 由于客家各宗族庞大，每个围屋都只保留本房派的宗族支脉谱系资料。围屋内的住民所出示的祖辈的“诰封”和画像，很多是赝品。从清末民初开始，很多宗族为了显示祖辈的荣耀，通过各种渠道得到这些“实物”以“证明”祖辈的身份，类似的做法一直延续至今日。畲族人的图腾画有很多也是近二十年所作，原因是，大部分在客家地区的畲族人在新中国成立后逐渐自我认同归为汉族，直至我国改革开放，在各方面增加了对少数民族的优待政策，畲族人又重新恢复了身份。

功能和相关的象征意义。

三、 “深描”（Thick Description）

克利福特·格尔兹（Clifford Geertz）在他的《文化的解释》（*The Interpretation of Cultures*,1973）一书中，主张人类学的描述不能停留于“制度性素材的堆砌”，而应该构成一种“深描”（Thick Description），目的是“理解他人的理解”，超脱于“生硬的事实”之上，追求对被研究者的观念世界、观察者自身的观念世界与观察者“告知”的对象——读者的观念世界的沟通及其所要阐明的意义（Meaning）。[①] 格尔兹认为：“一种文化的符号学观念（Semiotic Concept of Culture）尤其适合这个目的。作为可解释性符号（Signs），我将忽略地方用法，称之为‘符号’（Symbols）的交融体系，文化不是一种力量，不是造成社会事件、行动、制度或过程的原因，它是一种使这些社会现象可以在其中得到清晰描述即深描的脉络。”[②] 格尔兹的理论是要对“异文化”中深潜的象征、联想与意义进行探究。他将文化视为文本加以解读，其研究的方法与目的和图像学在很多方面具有内在的一致性。格尔兹文化理论中的“深描”，对于探知潜隐在文化表面现象背后的“意义”，是必不可少的解释方法。

本文在图像学分析研究的框架下，希望以更加细致的观察方法和解释方法对围龙屋功能性的和非功能性的构成元素给予描述，并且将它们置于历史的情境中观察，着力追寻这些元素及其之间的关系中所潜藏的文化意义。为了能够实现“深描”的目的，本文把观察对象的视点从一般的远、中镜头，调整为中、近的镜头，甚至不排除“特写”的观察方法，目的是探究在可视的图像后面那些可感悟的、被人遗忘或即将被人遗忘的“意图”。[③]

① 克利福特·格尔兹．文化的解释[M]．纳日碧力戈等译．上海：上海人民出版社，1999：9.

② 克利福特·格尔兹．文化的解释[M]．纳日碧力戈等译．上海：上海人民出版社，1999：16.

③ “意图”对于图像学的研究具有两个理解的层面：一个是“原义”（meaning），指的是作品“当时”所指；另一个层面则是对“原义”的解释（significance）。建筑形式和建筑装饰可以理解为是对某些原典（text）的解释，由于理解的不同（与地域、时代有关）可能导致形式的不同，因此相同的原典演绎出来的形式可能是多样的，加上由于文字和图像之间的错位可能出现误读。

第三节　本课题研究的意义

本课题依托于吴庆洲教授主持的国家自然科学基金资助项目“中国古代城市规划、设计的哲理、学说及历史经验研究”（项目号：50678070），并按照该项目的理论体系开展各项研究工作。本课题的研究意义可以大致归纳为以下几个方面：

第一，充实了客家民居建筑研究的成果。本课题选择了围龙屋这一在客家民居中有重要代表性的建筑类型作专题深入的研究，在比较充分的田野工作的基础上，深入分析了围龙屋的建筑构成要素、围龙屋的空间构成原理、建筑与日常生活、围屋与宗族的发展以及围龙屋建筑形态由于文化传播带来的风格变异等内容，以此说明围龙屋自身形态发展和风格演变的内在规律，说明围龙屋与其他客家围屋之间的关系。这些研究的史料和基础性的素材，充实和丰富了围龙屋和客家围屋的研究成果，并且为本选题的进一步研究提供了基础性的参考。

第二，开拓了新的研究途径，以不同的研究方法切入民居建筑历史的研究。研究围龙屋自身形态发展和风格演变的内在规律，更重要的是要探究这种发展和演变的深层文化内涵。本课题在前人所做的大量研究的基础上，试图以图像学的研究方法探讨隐藏在可视的建筑图像后面可悟的文化意义。克利福特·格尔兹在他的《文化的解释》指出："从历史沿袭下来的体现于象征符号中的意义模式，是由象征符号体系表达的传承概念体系，人们以此达到沟通、延存和发展他们对生活的知识和态度。"[①] 传统民居中许多形式上的、装饰上的、功能上的构件，在过往的研究中被忽略，或轻描淡写地带过，而它们恰恰可能是体现客家文化、体现客家人内心最深处的意识的象征。建筑中的任何现象、符号都具有其恰当的、明确的意义，尝试揭示隐藏在建筑现象之外的观念意识、文化意义，作为一种方法，将有利于民居研究的深入。

① 克利福特·格尔兹．文化的解释 [M]．纳日碧力戈等译．上海：上海人民出版社，1999：103.

第三，运用艺术史的研究方法对客家围屋的建筑装饰图像作文本意义的解读。围龙屋的装饰图像在历史中形成了特定的象征意义，无论在题材上（如人物、动物、植物或其他器物），或是在形式上（如具有文学性情节的绘画、雕刻或是抽象的几何纹样），隐藏在装饰图像中的内容，尽管可能是我们熟悉的事物，但往往不能直接从装饰所再现的图像中阅读出来，这些复杂意义依附的题材，需要阐释与追寻。本文力图在文化、社会和历史的情境中阐释客家建筑及装饰图像潜在的观念和思想，从人文学科的广泛层面上去进一步理解围龙屋建筑装饰中隐藏在视觉象征符号下的深层意义。如果我们把建筑学看做是视觉艺术的范畴，运用艺术史的研究方法于建筑的图像分析，无疑具有一定的研究意义和学术价值。

本章小结

去追寻围龙屋这种特殊建筑形态背后所蕴藏的社会文化意义，图像学研究不啻是一种较为确切的方法。图像学的方法就是运用实际经验、原典知识、风格史、类型史、文化象征史等内容，通过分析图像的题材、主题，借助于文学、哲学、历史、社会学、艺术批评的文献等各种学科的支持，对图像进行综合判断，追寻图像超出于视觉形态以外的深层意义。艺术史家潘诺夫斯基不仅提供了一般的研究原则，将图像学研究分为前图像志描述、图像志分析、图像学解释三个阶段，同时提供出了对具体艺术作品的分析方法。在其影响下，图像学研究很快渗入了建筑史研究领域，涉及到了建筑史中的类型学、建筑观念史及象征意义等问题。这些研究无疑为本课题的研究提供了直接的借鉴。

不过，要深入到围龙屋这一具体的建筑形态当中，还必须首先了解客家文化的一些相关问题。

客家居住建筑的研究，始于客家源流问题的研究。自 1808 年，惠州丰湖书院的徐旭曾先生讲述客家与汉族其他民系不同的缘由，一百多年来的客家源流的研究，著述丰富，争论激烈，尤其是中国进入改革开放的历史时期之后，对客家文化的研究有了重大的进展。从争论的焦点来看，大致可以分为"南迁"说、"文化融合"说和"土著"说。罗香林先生 1933 年出版的《客家研究导论》不仅确立了系统研究客家历史和文化的方法及成果，同时也是研究客家建筑最早的文献。80年代之后，客家民居建筑的研究进入了一个新的阶段，基于学术界对客家历史、文化研究的新成果，民居建筑历史的研究利用了历史学和建筑学的方法研究现存在广东、福建、江西等地的各种类型的客家民居。研究的重点集中在诸如平面形式及类型，材料与构造，技术与方法以及外部形态及内部空间分析等方面，取得了丰硕的成果。但是，还存在一些研究的不足，如缺乏学科之间的交叉互动，研究的方法基本上还是徘徊在建筑学和历史学的方法论上，缺乏对客家民居的各种类型作“单项”的专门研究和缺乏“历史情境还原”的研究意识等。

客家作为一个独特的族群，是南迁汉人与当地土著进行文化融合的结果。土汉两大族群同居一地，冲突与交流势难避免，但正是在冲突与交流之中，土汉文化的融合才一步步走向深入，也使得客家文化中既有中原文化的基因，也呈现出独特的面貌。

本文尝试以图像学的研究方法、田野工作的方法和“深描”（Thick Description）的分析方法，从人文学科的广泛层面上去进一步理解围龙屋建筑图像和装饰图像中，隐藏在视觉象征符号下的深层意义。

第二章　客家宗族结构与客家聚落形态

图 2-1　甲骨、金文中的“㫃”（族）字（选自余健《堪舆考源》）

张光直先生认为，在夏、商、周三个王朝，中国除了父系氏族外没有其他类型的氏族。在中国早期，这类氏族可能百十成群，凡氏族成员，都具有共同特征、共同名称和拥有一个族徽（图腾），互相之间不能通婚，而且氏族中的成员都将其世系追溯到传说中的同一位父氏祖先。虽然远古亲属的真实状况往往已不可能由谱系来证明，但每一个氏族都宣称自己为某神的后裔。“我们可以断言：尽管古代中国的数百个父系氏族都有自己的祖先诞生的神话，但只有少数几个侥幸保存下来，并且都属于那些建立起统治王朝和其他政治实体的氏族。”[①]（图 2-1）在夏、商、周，“古代中国的政治景观中，分布着各成百上千个为不同氏族和宗族所占据的城邑，它们按照亲族关系和居民互动模式在政治分层系统中彼此联结在一起。”[②] 随着氏族支系的增多，以血缘为纽带的姓氏部落，由于各种原因整合进入了包括国家形式在内的新的社会组织形式[③]，正如梁启超先生所说：“中国古代的政治是家族本位的政治。”[④] 宗法宗族制度这种以家长制为核心、以血缘关系为纽带的特殊社会体制，深深扎根于中国几千年的政治体制之中，构成了传统社会正统价值体系、政治制度的基础。因此，宗族制度支配着中国古代社会生活的方方面面，深刻影响着古代社会人们的生活方式和思维意识。直到今天，尤其是在广大的农村地区，仍然存在着广泛的影响。宗族制外在的突出表现即是聚族而居、累世同居，并因此而大举建祠堂、修族谱、置尝田，客家地区的族群聚落以及现存各种类型的客家围屋，其聚居形态和建筑形制集中地反映了中国古代宗族文化的发展及形式。

① 张光直．美术、神话与祭祀 [M]．沈阳：辽宁教育出版社，2002：1.
② 同上，第 18 页。
③ 在中国古代，成姓的方式大概可分为：以国为姓；以官为姓；以邑为姓；以宗为姓等。
④ 梁启超．先秦政治思想史 [M]．北京：中华书局、上海书店，1986：40.

第一节　宗法宗族制的发展

一般认为，宗族制度的起源可以追溯到原始社会晚期的父系氏族时期。[⑤] 但从以血缘关系建立社会群体的角度来看，还可以追溯到更早。最初的人类，迫于生存、安全的需要而自发组织起群居生活（动物也是如此），然后慢慢过渡到氏族社会，不管是母系氏族，还是其后的父系氏族，都是以血缘关系为纽带建立起来的社会群体。虽然母系氏族还未有宗族意识，但以血缘建立社会群体已经成为一种自觉的观念，这一点直接为父系氏族所继承。父系氏族的前期，如恩格斯所

⑤ 郑定，马建兴．论宗族制度与中国传统法律文化 [J]．法学家．2002,2.

提到的前南斯拉夫的扎德鲁加（Zadruga）家庭公社，以同一个男性的血缘关系建立群体，祭祀共同的父系祖先，但父权还没有确立起来，首领有义务而无独断权，亦无特权。[①] 这种形态的氏族团体，即是学者们常称的“民主型的家族公社”。其后，氏族内父权制确立起来，族长成为至尊的显贵，形成了对整个集团的统治，“父权型”家族公社于是形成，这正是后世宗族制的雏形（图 2-2）。

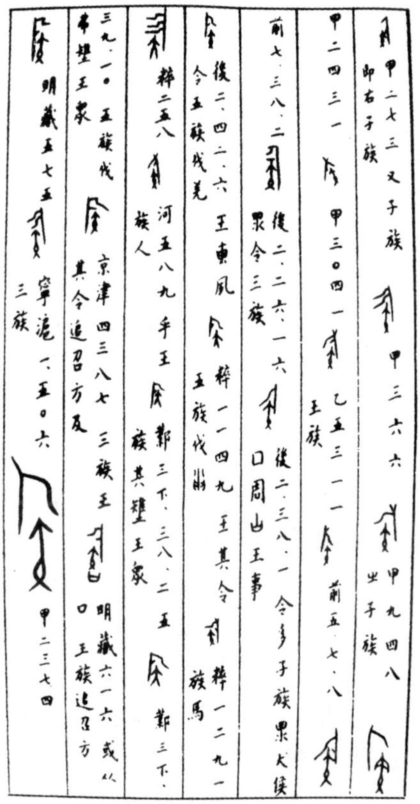

图 2-2　商代卜辞中的“族”字　（选自张光直《美术、神话与祭祀》）

中国在西周时期，已经建立起了一套完整的宗法制度，所谓“天子有田以处其子孙，诸侯有国以处其子孙，大夫有采以处其子孙，是谓制度”（《礼记·礼运》）。这种土地分封制使各级贵族领主得以直接控制农民和农业生产，保证了对农民劳役租的剥削，在此之上建立起了大宗小宗的分封世袭的政治体制。西周最高统治者自称天子，王位是嫡长子孙进相继承，称为天下的大宗，是整个统治家族的最高家长，也是天下的共同政治统帅。天子的诸次子、庶子分封为诸侯，诸侯对天子为小宗，在本国为大宗，诸侯职位由嫡长子孙进相继承。诸侯的诸次子、庶子分封为卿大夫，卿大夫对诸侯为小宗，在本家为大宗，其职位也由嫡长子孙进相继承。由卿大夫到士，其大宗小宗的继承关系如前同。这样，大宗率小宗，小宗率群弟，自天子—诸侯—卿大夫—士，层层依附，形成了以大套小、重重叠叠的大家族体系，成为了一个严密的金字塔形的家国一体的政权组织形式。在伦理上则表现为对孝悌的重视，一方面作为社会习俗加以提倡，同时在法律上作出规定。孝道的提倡成为全族团结之道、自卫之道，显然可以更好地维系家国一体的宗法制度。

春秋战国时期，王权衰落，各诸侯国互相兼并，宗法制遭到严重破坏。对此，顾炎武曾说“秦用商君之法，富民有子则分居，贫民有子则出赘，由是其流及上，虽王公大人，亦莫知有敬宗之道。”尤其是秦始皇统一天下之后，“废封建置郡县”，从中央到地方建立起了一套完整的官僚政治和机构，国家政权从宗法制度中独立了出来，因此，在封建领主制基础上建立起来的宗法制遭到否弃，但宗法制下以血缘为纽带的宗族关系并未消失，而是沉潜到社会的深层，在社会生活中继续发挥作用。其原因在于：①在农业文明社会中，政权的维系依赖于对地权的占有，农民必须依附于土地才能生存，在这种封闭型的小农经济的制约下，以血缘关系组建起来的宗族关系很难解体。在封建领主制转为封建地主制之后，虽然整个政

① 恩格斯．家庭、私有制和国家的起源 [M]．马克思恩格斯选集．北京：人民出版社，1972：54.

治体制发生了巨大的改变，土地关系也随之发生了变化，但农民对土地的依附关系并未从根本上发生改变，因此，在原来以大宗小宗为表现形式的宗法制解体之后，新的以门阀地主为表现形式的宗族制很快就在东汉末崛起了。②孔子在“礼崩乐坏”的情况下坚持“克己复礼”，对西周宗法制作了进一步的改善。西周形成的宗法制可以简化为：王族→血缘差等序列和神族论证→宗主（君）→行礼制→君主（宗），孔子将之改造为：士→仁→内圣→礼→外王。[①] 孔子的“仁”虽然给必然性的赤裸裸的血缘差等序列戴上了温和的面纱，但他仍然强调亲亲、尊尊合一的宗法精神，使仁成为血缘差等序列的一个道德抽象，家族血缘的核心观念仍然未变。在汉武帝“罢黜百家，独尊儒术”之后漫长的封建社会中，儒家学说与宗族制结合在一起，成为了中国传统文化的核心。简言之，正是由于小农经济占统治地位，加上儒家学说的提倡，使带有原始色彩的宗法制在春秋战国遭到否弃之后，进而发展为宗法家族制。其实在西方，差不多与春秋战国同时，原始氏族以血缘为纽带的人身依附关系也遭到了破坏，但与孔子不同的是，古希腊的梭伦、柏拉图等人在对新的社会群体的设计中都对此作出了肯定，并不希望恢复旧有的制度，其后古罗马的政治家也继承了他们的思想，于是，“旧的血缘亲族集团也就日益遭到排斥，氏族制度遭到新的失败”。[②] 当然，其根本的原因在于“古老的氏族制度无力反对货币的胜利进军”，由于商品的交换，“各氏族和胞族的成员相互杂居，已经一代比一代厉害”，“居民现在依其职业分成了相当稳定的集团,其中每个集团都有好多新的共同利益”。[③] 这一点正是不同于中国小农经济之处，也使中国的封建制不同于欧洲的封建制，而深深打上宗族制的烙印。

① 浦永春．从家族的观点看 [J]．浙江大学学报．1997：2.

② 恩格斯．家庭、私有制和国家的起源 [M]．马克思恩格斯选集．北京：人民出版社，1972：112.

③ 恩格斯．家庭、私有制和国家的起源 [M]．马克思恩格斯选集．北京：人民出版社，1972：109.

秦始皇“废封建置郡县”，使分封世袭的土地制度遭到了彻底的打击，土地关系得到了明显的松动，一些富有的地主因此可以广置田产，形成门阀地主，所谓“豪人货殖，馆舍布于郡县，田亩连于方国”（仲长统，《昌言》），说的正是这种情况。东汉开始建制，这种门阀地主即占统治地位，以至于“选士而论族姓阀阅”（仲长统，《昌言》）。至曹魏制定九品中正制，对此加以肯定并形成制度，使门阀地主的子弟可以世代为官，“公门有公，卿门有卿”（《晋书·文苑·王沈传》），“上品无寒门，下品无势族”（《晋书·刘毅传》）。至此，宗法制变为世族宗族制。世族地主占有大量土地，所谓“膏田遍野，奴婢成群”，他们互相通婚，巩固自己的势力，新的王朝兴起，也必须仰仗他们的支持，北方的一些强宗大姓历数朝而不衰。隋唐以降，废九品中正制，兴科举，剥夺了世族地主的部分特权，世族权势衰落，但因继续占有大量土地，仍然不失为“强家”，初唐之时，甚至拒绝与皇族通婚以保持其门第的高贵。经过唐太宗、高宗及武周相继采取的抑制政策，旧世族权势才进一步衰落，庶族地主渐渐取代其地位。宋代，大量的庶族人士通过科举进入仕途，不再受到门第的制约，遂“不复以世族为事”，世族地主终于退出历史舞台（《云麓漫抄》）。门第等级的世族宗族制过渡到了一般庶民类型的宗族制。

世族宗族制与领主宗法制颇为相似，比如，二者都是子以父贵，世代享有特权，各世族之间虽无大宗小宗的等级关系，但其门第观念也是等级森严。及至庶族宗族制，族姓之间的等级关系逐渐削弱，孙不再以祖贵，而是表现为以财富论高低，如陆峻记载说，秀州之崇德“非王公贵人之膏腴，即富室豪民之所兼并也”（陆峻，《崇福田记》），可见，一般的庶民地主与王公贵人之间显然已经没有等级上的差别，其原因在于地权分配的不同。世族地主世代为官，土地所有权相对稳定，而一旦去势，子孙不能继承祖父之业，世家大门相继衰落，加以科举取士使新的庶族地主不断增加，地权变动因而较为频繁，如张载所载，一些寒士虽然能够“一旦崛起于贫贱之中，以至公相”，但其盛况也“只能为三四十年之计，身既死而族散”，生前所聚的土地财产“未几荡尽，则家遂不存”。一句话，宦室兴废无常，“无百年之家”（张载，《张子全书》），一变过去世代相承之风，当然也就不会再以族姓门第分等级。

世族宗族制向庶族宗族制的转变，是宗族制发展过程中的一个重大的变化。但由于中国仍然处于自然经济的社会，庶族宗族制与世族宗族制及宗法制之间并无根本的差别，在强调同宗血缘关系、父权与族权统治等方面都一脉相承。历代统治者虽对一些强宗大姓心存忌惮，但都大力倡导宗族制，借此维护封建伦常关系和封建秩序。宋儒张载说得非常明白：“管摄天下之心，收宗族，厚风俗，使人不忘本，须是明谱世系与立宗子法，宗法不立，则人不知统系来处。”（张载，《张子全书》）他以立宗法来“管摄天下之心”，显然是要宗法宗族制为政治服务，所谓“君君、臣臣、父父、子子”，“修身，齐家，治国平天下”，家与国也总是联系在一起。因此，统治者特别强调家庭伦理中“孝悌”的作用。宋儒朱熹明确地说：“孝为百行之源。”（朱熹，《朱子语录》）由孝可以到睦，“入事父兄，出事长上，敦厚亲族，和睦乡邻。”（朱熹，《朱子大全文集》）这正如《礼记·大传》所说：“人道，亲亲也，亲亲故尊祖，尊祖故敬宗，敬宗故收族。”孝一开始就并不局限于“亲亲”的范围，而是扩大到了整个宗族乃至国家（所谓“事君不忠，非孝也”）。西周宗法制之下，诸侯之尊天子，族人之祗事其宗子，天子之抚诸侯，宗子之收恤族人，讲信修睦，同族相亲，整个结构犹如一个父慈子孝、融融和和的大家庭。这就奠定了后世对孝、睦及宗族观念的理解。

第二节　客家族群宗族观念的表现形式

一、建祠堂

宗法宗族制“敬宗收族”的观念来源于祖先崇拜（图2-3）。在周王朝，祭祀祖先是一项重大的政治活动，但设立宗庙祭祖却是君主贵族的特权。其中，允立庙数的多少又与立庙者的等级身份成正比，例如，《礼记·王制》载：“天子七庙三昭三穆，与大祖之庙而七。诸侯五庙，二昭二穆，与大祖之庙而五。大夫三庙一昭一穆，与大祖之庙而三。士一庙。”“庶人无庙，可立影堂”（朱熹，《朱文

图 2-3 丰顺徐氏宗族祭祖活动(2007 年 11 月 13 日)(左)
图 2-4 福建上杭李氏大宗祠“火德公”神位(右)

正家书》),所谓“立影堂”,即在住房正厅之左设龛供族,也就是只能“祭于寝”。秦朝甚至规定,除天子之外,任何人不得建宗庙,但汉以后,因宦室“仕止不常,庙数不可为定制”(《邱文庄公集》),士大夫也和庶人一样“祭于寝”。所以,朱熹在他所制定的《家礼》中说:“君子将建室,先立祠堂于正寝之东,为四龛,以奉先世神主。”并非“君子”的一般贫民,既没有资格也没有能力(财力)单设祠堂,因此,至宋一代,宗祠家庙尚不普遍。朱熹等宋代理学家制定的这种家礼祠堂制度,设“四龛”,即供奉高、曾、祖、考四代先主的神位,也就是说,一到祭祖的时候,即使不累世同居,同一高祖门下的四代子孙都要到祠堂集中,参加祭拜活动。因此,祠堂既是祭祀先祖之处,也是族人聚会之所,通过祭祖活动,不仅可以追思先祖的功德,同时也加强了族人之间的联系。所谓“慎终追远,民德归厚矣”,正是孔子所希望的,清初屈大均对此说得非常明确:“族乱故宜重祠,有祠而子孙以为归一家以为根本,仁孝之道繇是而生。”(道光《海南县志》)统治者当然乐于看到这种现象,于是,宋代关于祠堂只祭四代的规制并未得到严格执行。其实,民间很多累世同居的大家族很多都超过四世,有的甚至多达二十余世,只祭四代的规制显然难以符合他们的意愿,而且,民间普遍聚族而居,有的宗族虽有财力却无资格建祠,即使有祠堂,祭祖却要分开进行,情感上也很难接受。因此,“民多违制”。[①] 到明朝嘉靖年间,鉴于建祠上违制现象的普遍,礼部尚书夏言上书要求改制,得到了嘉靖皇帝的许可。从此,不仅一般庶民之家可以自行建祠,而且祭祖也不再限于四代,而是可以追至数十世的远祖。规制一变,建祠之风蔚然,嘉靖朝“许民间皆得联宗立庙,于是宗祠遍天下”。[②] 追祭十世、数十世以前的远祖,可以把同一州县甚至由此远迁其他州县的族人都纳入同一宗祠,如著名的陈家祠,就是广东省七十二县陈姓的合族宗祠。这对于加强族人之间的联系,显然可以起到更大的作用(图 2-4)。

依照宋代的规制,如朱熹所说“君子将建室,先立祠堂于正寝之东”,祠堂虽然是单独设立的,但与住宅相连,可谓仍然是“祭于寝”。自嘉靖改制,政府不再对建祠立庙指手画脚之后,民众往往在住宅之外单建祠堂,特别是一些大型的合族宗祠,如上文提到的陈家祠,都与住宅相隔甚远。一些乡村,也往往在村中某处单独建祠,而且,无论是祠堂的外观还是内部结构,都与普通住宅有了很

① 李文治、江太新. 中国宗法宗族制和族田义庄[M]. 北京:社会科学文献出版社,2000:65.
② 李文治、江太新. 中国宗法宗族制和族田义庄[M]. 北京:社会科学文献出版社,2000:67.

大的不同，渐渐成为一种建筑形制。有清一代，大量的祠堂建筑独立于民宅之外，从一些崇尚古制人士的不满情绪，如清人陆耀曾说“若今世之祠堂，既不与寝相连……此又何必仿乎”(陆耀,《祠堂示长子》), 可以看出这种建祠趋势的强盛。现在存留下来的祠堂建筑，大多都与民宅不同，也都有意与民宅相隔开。但是，在客家人生活区内，祠堂建筑都隶属于客家大屋。何以客家祠堂与住宅相连，其普遍的程度并不限于一州一县，而与其他甚至比邻的汉族民系在住宅之外另建祠堂的风气相背呢？其中的原因颇值得琢磨。如果是因为陆耀等人的批评而恢复古制，那么，又怎么只限于客家生活区呢？况且也不太可能覆盖整个客家生活区内的闽、粤、赣以及其他省份。不是恢复古制，那么，较为可靠的原因应该是宋代古制并未因明朝嘉靖改制而引起变化。如果此说成立，则可由此推测出客家人当在宋代已经形成一个统一、稳定的群体。有不少研究者认为，客家民系形成于宋代，如陈运栋说：“客家民系于宋末成为一种新兴的体系。”① 与此推测倒是较为符合。但是，如果考虑到客家人在山区处于防御他族或盗寇的需要，也有可能是因此对单建祠堂之风进行了因地制宜的改造，这样，似乎前面的推测又难以成立。看来，客家形成的确切时间还有待新的考究。但不管怎样，从祠堂的建筑形制这种可以触摸的文化形态上，多多少少还是透露出了一些信息。

图 2-5　梅县三角地梁氏义孚堂祖祠

① 陈运栋．客家人[M]．台北：东门出版社，1992：10

客家围屋的重要特征之一就是“宅祠合一”，几乎每一个围屋内都有祠堂（图 2-5）。祠堂是宗族组织的核心，它既是供奉祖先的神主牌位并定期举行集体祭祖活动的场所，是祭祖的圣地，同时也是宗族内部议事、执法和举行各种喜庆、治丧活动的场所。在祠堂举行的祭祖活动极为正规，也较有规律，一般分春秋两祭，由族长主持，聚地域之内同宗族人于一地，声势浩大，无论巨族寒族，都非常重视，都按照一套严格的程式来进行，竭力使祭祖仪式的气氛显得隆重而热烈，以显示宗族实力的强大。祠祭之时，正是整个宗族的聚会之时，不仅同一地域内聚族而居的同宗族之人同聚祠内，跨地域的同姓宗族也往往进行联合祭拜，使不同地域内的同宗族人聚于一处。在祭祖隆重仪式的感召之下，在仪式之后族人共宴的欢乐气氛之中，族人互认血脉相连、血缘相通，彼此加深了对宗族的感情，同宗同祖的观念渗透到了每一位族人的意识之中，敬宗收族的效果及其影响的范围远远超过了各小家庭在厅堂里所进行的家祭。可以说，祠堂是宗族权力与血缘关系的象征，是宗族组织发展的一个重要标志。对于每一个宗族而言，祠堂的神圣与庄严都是不言而喻的。

二、修族谱

族谱的产生最早可追溯到夏朝，夏王朝确立了王位世袭制，为了明晰王族世系和子孙的继位，于是产生了记述王族世系的“家谱”[①]（图 2-6）。到周朝，形成了完整的宗法制后，家谱得到了迅速的发展。中央王朝和各诸侯国都设有掌管谱牒的职官，甚至还出现了一批谱学著作如《世本》等。修谱的目的非常明确，即“定世袭辨昭穆”，使每个人都明白自己在宗法体系中所处的位置，从而防止大宗小宗制出现紊乱。秦汉以降，宗法制变为世族宗族制，门第等级森严。尤其是曹魏定九品中正制后，选拔官吏都取世家大族，族谱的作用正好成为了区别门第、分别士族、庶族的依据。官府专设“谱局”，诏令人专职修家谱。对此，唐人柳芳有记载：“魏氏立九品，置中正，尊世胄，卑寒士，权归右姓已。其州中大中正、主簿、郡中正功曹，皆取著姓士族为之，以定门胄，品藻人物。晋宋因之，始尚姓已。然其别贵贱，分世庶，不可易也。于是有司选举，必稽谱籍，而考其真伪。故官有世胄，谱有世官，贾氏王氏谱学出焉。由是有谱局，令史职皆具。”（《唐书》）贾氏即东晋贾弼，在东晋政府的支持下，撰定《百家谱》，将 18 州 116 郡大族都网罗其中。官修族谱于斯为甚。隋唐废九品中正制度，兴科举，族谱不再作为选拔官吏的标准，但由于门阀观念依然较为强盛，新的庶族地主往往以攀附旧的世族为荣，族谱仍然可以作为婚配的依据，因此，修谱之风有增无减。唐太宗亲命修《氏族志》，将新的庶族官吏升为士族，纳入门第户中。在皇朝官修谱牒的影响下，社会上开始流行私修族谱之风，哪怕是那些百代无闻之族，也竭力追求本系，妄承先哲，借此提高门第。到了宋代，大量庶民通过科举进入仕途，不再以门第论高低，以族谱选官和婚配的作用逐渐消失，讲究谱牒已经没有多大意义，国家因此不再设掌管谱牒的官职。张载、朱熹等宋代理学家转而大力提倡通过修族谱来“敬宗收族”，如张载说：“管摄天下之心，收宗族，厚风俗，使人不忘本，须是明谱世系与立宗子法，宗法不立，则人不知统系来处。”目的非常明确。于是，私修族谱之风日盛，在著名文学家欧阳修、苏洵主持为本族修族谱之后，许多士大夫纷纷仿效，并渐渐传到一般庶民之家。至此，修谱渐渐成为了社会上的一种风气，至今也并未失去其影响，历史上留下的族谱是十分珍贵的历史文献（图 2-7）。但在实际的研究中，我们发现，族谱都不同程度地宣扬了封建礼教和忠君思想，包含了狭隘的族姓小集团意识，特别是引帝王为祖，攀名人作宗，有攀缘高门，自夸自大的嫌疑，还有乱封本姓前辈的官阶爵禄以为夸耀，甚至不惜改变历史的真实性。

图 2-6　兴宁曾氏族谱

① 国家档案局、教育部、文化部三家会签了国档会字（1984）7 号《关于协助编好〈中国家谱综合目录〉的通知》。1984 年，国家档案局发文指出：“家谱是记载同宗共祖的血缘集团世系物和事迹等方面情况的历史书籍，它与方志、正史构成了中华民族历史大厦的三大支柱，是我国珍贵文化遗产的一部分。家谱记载着大量有关人文学、社会学、经济学、民族学、教育学人物传记以及地方史的资料，对开展学术研究有重要价值。同时对海内外华人寻根认祖、增强民族凝聚力也有重要意义。”

客家学者房学嘉先生关于宗族的祖源的理论很有创建性，他指出，许多宗族的祖源，并不是血缘集团，而是文化上的共同体。梅县松口李氏宗族，宗族图谱仅可推溯到二世的李贤德，但因李珠为中原正统传人的代称，为了认同于正统文化，为了增强在地域社会中的竞争力，李氏竟请出一位在闽、粤地区受尊崇且神化了的人物李珠为其始祖，而真正的始祖李贤德，因其子孙出自功利的考虑，反而屈居为二世。因此，民间宗族崇拜的创基祖神与宗族并不一定是血缘上的认同，而是在特定历史背景之下形成的宗姓文化共同体的盟主。族人通过年复一年的集体祭拜活动，进一步显示宗族内部的凝聚力，确认盟主在宗族的地位，加强宗族内部的联盟。

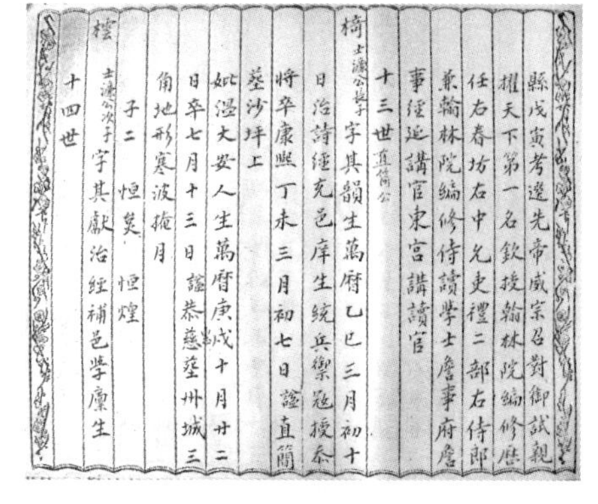
縣戊寅考選先帝威宗召對御試親
擢天下第一名欽授翰林院編修歷
任右春坊右中允吏禮二部右侍郎
兼翰林院編修侍讀學士詹事府詹
事經延講官東宮講讀官
十三世 直脩公
椅 士濂公長子 字其韶生萬曆乙巳三月初十
日治詩經充邑庠生統兵禦寇授奉
將卒康熙丁未三月初七日謚直簡
塟沙坪上
妣溫大安人生萬曆庚戌十月廿二
日卒七月十三日謚恭慈塟州城三
角地形寒波掩月
子二 恒炱 恒煌
檀 士濂公次子 字其獻治經補邑學廩生
十四世

图 2-7 梅县松口李氏族谱

三、置族田

客家人称族田为“尝田”。族田的来源可以追溯到周王朝的公田，但在后世宗法制发生变化之后，族田除了用于支付族人共同活动如祭祖的费用之外，渐渐扩大到赈济族人、奖励节义、资助读书等方面。世传宋代范仲淹首开置义田之风，目的在于“济养族众”，使“族之人日有食，岁有衣，嫁娶凶葬皆有赡”（范仲淹，《范文正公集》），这正如清人张永铨所说，“后世宗法不行”，于是“为义田以济之”（《皇朝经世文编》），从经济上收恤族人，显然比建祠、修谱等情理手段更为奏效。范仲淹首创义田之后，就像欧阳修、苏洵首开为本族修谱一样，一时成为士大夫效仿的榜样，宋代官僚富室争相买田建庄赡族，如北宋做过参知政事的潍州吴奎，在潍州北海建义庄“以赒族党朋友”，做过右司郎中的李师中，在故乡楚丘“买田数千亩”，“给宗族贫乏者”[①]等。族田义庄纷纷出现，与建祠堂、修族谱等情理手段相结合，成为了收恤族人进而维护封建统治秩序的强有力的手段。有明一代，族田的数量迅速增长，据李文治、江太新考证，宋元两代约 400 年间，仅 70 多宗，而明朝 276 年间，就多达 200 宗左右[②]，清代则达 431 宗。[③]置族田之风的强盛，一方面依赖于传统敬宗收族的观念，但更重要的是得益于历代统治者的提倡。如宋代已经明令族田禁止典卖，明律一方面对典卖族田的不孝子孙处以刑罚：“向发边卫永远充军”（《明律》），另一方面则对族田在赋役上给予优待。这样，族田的规模越来越大，如范仲淹所置的义田只有 1000 亩，到南宋时增加到了 3168 亩，到清道光年间增加到了 8000 亩之多，以后甚至增加到了 20000 亩以上。[④]不管族田的规模是大是小，对于族人来讲，它都是一笔额外的经济收入，在小农经济占主导地位的中国，农民收入远非丰厚，这笔收入无疑是精神上一个极大的安慰，能够促使族人安于、乐于成为宗族的一员，宗族的凝聚力大为加强，聚族而居的风气也因之越来越盛。虽然，族田是以土地出租、剥削他姓族人的面

① 李文治，江太新．中国宗法宗族制和族田义庄 [M]．北京：社会科学文献出版社，2000：46-47.

② 李文治，江太新．中国宗法宗族制和族田义庄 [M]．北京：社会科学文献出版社，2000：74.

③ 李文治，江太新．中国宗法宗族制和族田义庄 [M]．北京：社会科学文献出版社，2000：188.

④ 李文治，江太新．中国宗法宗族制和族田义庄 [M]．北京：社会科学文献出版社，2000：185.

目出现，统治者对族田的提倡也是出于维护其统治秩序的目的，如族田对统治者所倡导的所谓节义行为的奖励，实际上是从经济上鼓励民众在言行上遵循统治秩序，但族田确实给大量的贫民提供了经济上的援助，对稳定社会秩序起到了一定的作用，尤其是资助族人读书应试，使大量贫民子弟能够享受受教育的权力，其积极的作用也不可忽视。

客家尝田的来源包括提留、派捐、劝捐等多种方式。客家人在家庭分家析产之时，往往提留一部分田产作为尝田，作为预留的祭资。随着时代的发展，人口的不断繁殖及其不可避免的分家析产，尝田得以不断累积，这种提留田产的方式也渐渐成为客家人尝田增殖的一种制度。另一种方式是带有强制性的派捐，举凡族人经商致富或是学优入仕，都须捐献一定的田产或用以置田产的金银，有的宗族甚至规定“添子”亦须捐钱。当然，有一些族人拥有较多的资产，主动捐献，有的数量很大，受到族人的称赞，宗族组织因此往往鼓励族人义捐，在族内大肆宣扬，并给予其在祭祖时一定的特权。

尝田是宗族的共有财产，往往采取本族人优先承租的原则出租给佃户耕种，有的则由族人分种，或由族人轮流耕种，收上来的租即用于祭祖、建祠、修谱、再置族田等宗族活动。较具规模的宗族，其宗族事务颇为繁多。对于客家人而言，首要的问题是生存与发展，因此而引起的与外族的械斗、诉讼等大大小小的纠纷不断，客家山区环境恶劣，山路崎岖，需要兴修水利、筑路、建桥等来改善发展条件，上述祭祖、建祠、修谱等一系列大型的祭祀活动，接济族众，兴学助考等，其费用都从族产支出。这样繁多的宗族事务，没有族产作为其经济后盾，显然是不可能的。

尝屋尝田的设置是宗族组织控制族众有效的手段之一，对加强族众同宗同祖的血缘宗亲意识发挥着极为重要的作用。客家民系虽然屡屡迁徙，族裔遍及海内外，支房分散，但一到祭祖之日，各地族裔纷纷赶回祖居地参加宗族祭祖活动，拜会宗亲，联络感情，并没有因为外迁而使宗族组织松散，反而加强了宗族的实力。究其原因，正与尝屋尝田的广泛设置息息相关。上引“凡宗族离散，皆由不设义田宗祠之故”[①]并非虚语，尤其对于客家民系而言，较为准确地反映了其宗族社会的一个重要特征。

① 孔永松，李小平．客家宗族社会 [M]．福州：福建教育出版社，1997：83.

第三节　客家族群的宗族观念与聚居形态

一、聚族而居与客家聚落的形成

《白虎通》对宗族的解释是：“宗者何谓也？宗者尊也。为先祖主者，宗人之所尊也。礼曰：宗人将有事；族人皆侍。古代所以必有宗何也？所以长和睦也。大宗能率小宗，小宗能率群弟。通其有无，所以纪理族人者也。”“族者何也？族者凑也，聚也，谓因爱相流凑也，上凑高祖，下凑玄孙，一家有吉。自家聚之，合而为亲，生相亲爱，死相哀痛，有合聚之道，故谓之族。”(《白虎通》) 孝、睦的观念显然也被包括其中，是对上述《礼记》的“敬宗收族”观念的一个延伸。值得指出的是，这里已经流露出“累世同居”、“聚族而居”的强烈意识，所谓“上凑高祖，下凑玄孙，一家有吉”，正是对庞大家族式家庭的提倡。东汉的门阀地主直接受到这种思想的影响，累世同居、聚族而居，于是形成了“强宗大姓”(但要达到累世同居的规模，显然时间还可以追溯到更早)。于是汉末以降，累世同居的大家庭一代一代不断涌现。如南阳湖阳(今河南唐河县)人樊重，“三世共财，子孙朝夕礼敬，常若公家”(《后汉书·樊宏传》)；北海(今山东昌乐县)人孙宾硕，“阖门百口”(《三国志·魏志·阎温传》)；北魏范阳涿(今河北涿县)人卢度世，“父母亡，然同居共财，自祖至孙，家内百口”(《魏书·卢玄传》附)；恒农华阴(今陕西华阴县)人杨播，“一家之内，男女百口，缌服同爨，庭无间言”(《魏书·杨播传》)；北魏东部小黄县(今河南开封东)人董氏兄弟，“三世同居，闺门有礼”(《魏书·孝感传》)；河东蒲坂(今山西永济县)人石文德，“五世同居，闺门雍睦”(《魏书·节义传》)；博陵安平(今河北安平县)人李几，“七世共居同财，家有二十二房，一百九十八口，长幼济济，风礼著闻，至于作役，卑幼竞进”(《魏书·节义传》)等。及至唐宋及明清，这样的例子更是不胜枚举。累世同居之风是宗族制的一个典型的体现形式。与此相应的是聚族而居，如北魏河东薛氏“世为强族，同姓有三千家”(《宋书·薛安都传》)，聚居绛郡，赵郡李显甫，“集诸李数千家，于殷州西山开李鱼川，方五六十里居之”(《北史·李灵传》)，北齐时，“瀛冀诸刘，清河张宋，并州王氏，濮阳侯族，一宗将近万室，烟火连接，比屋而居”(《通典·食货典·田制》)。在整个封建社会，聚族而居的观念影响十分深远，直到现在，广大农村地区的村落绝大部分仍然是由同姓村民组成，村落的名称如“李家村”、“王家庄”之类也是由族姓区分而来。

为适应合门百口、数世同居的需要，必须建造相应的“大宅”，如“北海大姓公孙舟造起大宅”，“郭详为太尉长史，起大宅在高陵城西”(《太平御览》)。大宅的规模不可能很小，如上文提到的汉代“三世共财”的南阳樊重，其“所起庐舍，皆有重堂高阁”(《后汉书·樊宏传》)。又如杨播一家有“尊卑百口”，其居住的大宅“厅堂间，往往帏幔隔障”(《魏书·杨播传》)，规模不可谓小。据新近考古发现，如河北安平出土的东汉熹平五年墓室壁画所画的庭院图，“房屋栉比，层层进深”[①]，“庭院深邃广阔，重叠错落。整组建筑，四面由房屋合拢成大四合院，其内又分割成许多小四合院。中心院有堂、厢、廊庑和通往各处的甬道。”[②]从中可以看到当时大宅的巨大规模，如果没有聚族而居、累世同居的观念，兄弟分财异居，一家的人口保持在五口左右，显然没有必要建这种大宅。现存的一些大型住宅，尤其是本书所要研究的普遍存在于客家生活区的大型民居建筑，为我们提供了一个可以触摸的文化形态，从中可以推测古代社会家族之庞大、宗族观念之强盛。

历代统治者出于利用宗族制来维护封建统治秩序的需要，都对累世同居之

① 河北省博物馆文物管理处．河北省出土文物选集[M]．北京：文物出版社，1980：52.

② 中国美术全集编辑委员会．中国美术全集·绘画编[M]．墓室壁画．北京：文物出版社，1989：8.

风大加提倡。各级地方官吏对所辖境内的累世同居的家族，往往上书请求“旌表”。如宋大中祥符（1008 ~ 1016 年）年间，兖州判王钦若上报：曲阜东野官乾封、窦益同居五六世，素“有节行”；改制节度使易起上报：陕州张化基、闫用和、杨忠义，“聚族累世，孝悌可称”。皇帝则皆“降表褒美，各优赐粟帛”。[①] 统治者的奖励更是滋长了聚族累世之风，有的家族如宋代河东县姚孝子甚至同居二十余世（邵伯温，《河南邵氏闻见前录》），真是奇迹。但是，事实上，这种被称作“义门”的理想家庭除了皇族和豪门大户外，普通民众显然不可企及。据清人赵翼记载，这样的家族并不太多。“南史十三人，北史十二人，唐书三十八人，五代二人，宋史五十人，元史五人，明史二十六人。”[②] 其中，以宋代为最，当是得力于宋代理学家们的竭力倡导，但也只在五十之数。据说，乾隆皇帝当年下江南，闻知海盐一陈姓家族同居已历十世，家口数百人，便亲自登门，赐匾“百忍堂”。[③]“百忍”两字透露出了累世同居之不易。“其原因除了寿命太短，无法活到多代同居的年龄和因贫穷，缺乏维持大家族的财富而本能地具有一种脱离大家族的离心倾向之外，家族内部关系复杂，矛盾突出亦是其重要缘由。”[④] 在累世同居之风最盛的宋代，甚至还有影响到聚族而居的现象：“今尔百姓，多逆人理，苟有忿怒，不能自胜，则执持棒杖，恣相殴击，岂择族长。”[⑤] 历朝历代，兄弟分财异居甚至争夺遗产的大量事实，也使统治者对宗法血缘关系的松懈保持警惕。

① 李文治，江太新．中国宗法宗族制和族田义庄[M]．北京：社会科学文献出版社，2000：36.

② 赵翼．累世同居．北京：商务印书馆，1957：853.

③ 转引自梁景和．中国传统家族文化的特征[J]．松辽学刊社科版，1997，4

④ 梁景和．中国传统家族文化的特征[J]．松辽学刊社科版，1997，4

⑤ 李文治，江太新．中国宗法宗族制和族田义庄[M]．北京：社会科学文献出版社，2000：18-19

“聚落”在中国古代指的是有别于邑、都的乡村自然聚居点。“聚落”一词约起源于秦、汉时期。《史记·五帝本纪》中记载：“一年而所居而成聚，二年成邑，三年成都。”“聚，谓村落也。”《汉书·沟志》中还有记载：“或久无害，稍筑室宅，逐成聚落。”可见，“聚”是指自然聚集而聚的行为方式及聚居的规模，“落”是指乡村聚居组织的基本细胞，如房屋和家户。我们可以将“村落”看做是一个占有特定时间和空间范围的聚居概念，但是，“时间和空间实际上是社会的时间和空间，如果不和社会现象结合起来，时间和空间就是没有意义的。”[⑥] 显然，时间和空间是我们认识客家聚居村落由血缘过度为地缘的两个重要参照坐标。客家聚居村落，首先是由具有共同血缘关系的群体为了生存、生产、生活，在历史过程中逐步发展形成的一种社会形态，共同血缘群体的社会形态就是宗族，即以家庭为圆心，在历史过程中逐渐向外扩展的同心圆式层累性结构形式。因此，宗族与村落、历史与地域对于聚落而言是不可分离的统一体。一个家族的围屋，一个单姓的宗族自然村，数个同姓自然村组成的聚落，构筑了客家人生产和生活的空间。尽管历朝因人为更改的行政区域划分将这一聚居空间形态分开，但宗族之间、村落之间的血缘群体关系不会因地域界限而变更，因为他们对“地域”有着文化上共识。正如费孝通在《乡土中国》中指出：“因为血缘是稳定的力量。在稳定的社会中，地缘不过是血缘的投影，不分离的。‘生于斯、死于斯’，把人和地的因缘固定了”，“地域上的靠近可以说是血缘上亲疏的一种反映。区位是社会化了的空间。血缘和地缘的合一是社会的原始状态。”[⑦]

⑥ 张光直．考古学——关于其若干基本概念和理论的再思考[M]．沈阳：辽宁教育出版社，2002：25.

⑦ 费孝通．乡土中国[M]．北京：生活·读书·新知三联书店，1985：72，73.

客家族群的宗族结构与江浙、中原相比，具有明显的持久性、强固性和精致性、典型性。江浙地区的家族制由于商品经济的发达，自明代中后期开始，由盛而衰日趋瓦解，“不是作为一个严整的实体拥有土地的实际所有权和支配权”。[①] 粤东客家宗族则普遍是在明代形成，至清代发展至鼎盛阶段。“在客家地区，单姓或双姓的村落占绝大多数……五个以上姓氏的村落，只占其中的少数，单姓或双姓的村落，占总数的70%以上，三姓以上、五姓以下的村落约占15%，剩下的不到5%为五姓以上、七姓以下的村落，至于十多姓或数十姓以上的村落，则一例也没有发现。”[②] 聚落人口的单姓化是自然村落与血缘家族高度统一的表现，是客家地区家族社会组织产生、持久和强盛的重要前提。所以，莫里斯·弗里德曼在《中国东南的宗族组织》中已经注意到：“在福建和广东两省，宗族和村落明显地重叠在一起，以致许多村落只有单个宗族。”“许多村落完全由单姓人群居住，或者占绝大部分。”“至少有10000人几乎全都来源于同一祖先。”[③] 这充分展现了客家人在这块远次于珠江三角洲、韩江三角洲的穷僻山村的土地上开基创业，历经几百年艰苦勤劳，繁衍延续、不断壮大的历史。同宗族的家庭聚居在一个大围屋、一个自然村或多个自然村构成的聚落，是客家人宗族聚居的重要形式，展现了客家聚居村落在特定的时间和空间中形成的人文景观。尽管广东的其他族群亦同样以宗族为基础聚居，但在特定的时间和空间里，客家人生活的自然环境及特有的文化心理结构使得“聚族而居”作为客家人的聚落特征时更为突出。如粤东大埔的湖寮、茶阳和高陂等村镇，基本上是以单姓宗族聚居为基础，依山脉、湖泊及河道等自然环境，在历史中形成以宗族聚居为主体的客家聚落（图2-8～图2-10）。

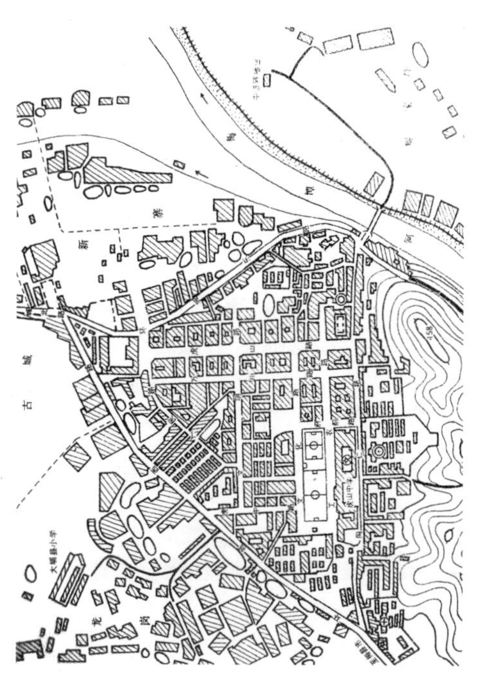

图2-8　大埔湖寮聚落形态（选自《广东省大埔县地名志》）

① 房学嘉、宋德剑、周建新、肖文评．客家文化导论[M]．广州：花城出版社，2002：156.

② 房学嘉、宋德剑、周建新、肖文评．客家文化导论[M]．广州：花城出版社，2002：156-157.

③ 莫里斯·弗里德曼．中国东南的宗族组织[M]．刘晓春译．上海：上海人民出版社，2000：1-3.

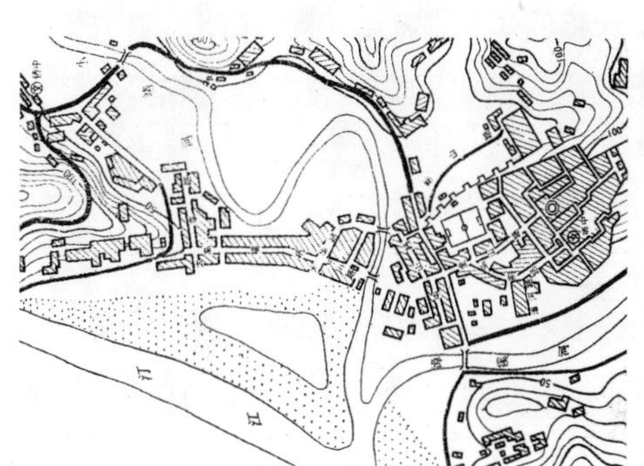

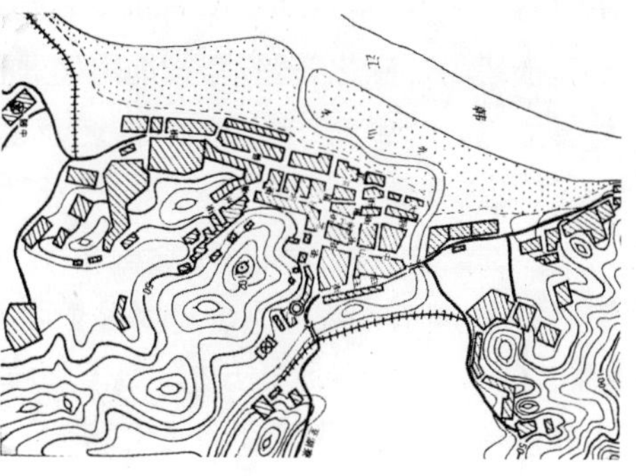

图2-9　大埔茶阳聚落形态（选自《广东省大埔县地名志》）（左）

图2-10　大埔高陂聚落形态（选自《广东省大埔县地名志》）（右）

据吴松弟的移民史研究，对从唐至清历代209个客家家族的祖先迁入广东客居地的时间及数量进行调查分析，其中有206个从外省迁入，时间大部分是在宋元之间，而且这些家族分布的地域也较集中，仅粤东梅县、蕉岭、平远、兴宁、五华、龙川、大埔等县占39个。① 可以设想，随着大批移民的到来，原先居住在粤、闽、赣边界山区的畲、瑶等少数民族及更早前定居于此地的北方汉人（客家先民？）与新迁入的移民的人数比例逐渐发生了变化。随着移民人口的增加，使得耕地面积本来就奇缺的山区环境压力日益加重。(《太平寰宇记》载，梅州户，主一千二百一，客三百六十七，而《元丰九域志》载，梅州主五千八百二十四，客六千五百四十八，宋初至元丰不及百年而客户顿增数倍，而较之于主（户），且浮（高）出十之一二矣）。关于客家民系与少数民族之间的冲突、争霸，在粤、闽、赣许多地方志中均有记载，如“其后屡经丧乱，主愈强，至元初大抵无虑皆客，元史所载，亦不分主客”（光绪，《嘉应州志》）。另有，“元至正十一年，辛卯，畲寇陈满等啸聚梅塘，攻陷城邑。二十年庚子，招讨陈梅据城，克梅塘寨，寇遂熄。”其最终结果是，畲、瑶等少数民族一部分迁至闽南、闽东、闽北，甚至达湖南、湖北，一部分则与汉人融合，互相同化与被同化，人口与耕地之间的矛盾、民族之间的矛盾，使得这些以家族的方式迁徙的移民不得不以血缘的方式聚居在一起，利用血缘共同体的亲和力来集聚已经获得的资源，将山、林、水、土资源以宗族共同拥有，加上随迁徙而来的优势文化扩大生存空间，一步步地反客为主，中原汉文化与当地少数民族文化交融形成客家文化，进而成为独立的族群。②

作为因迁徙而形成的族群，客家人更注重“根”的意识，以家族这一具有共同血缘关系的基本单位繁衍发展的自然村落，成为客家人“扎根”的标志，成为客家人在新的栖息地自我保护、安居乐业的唯一可以依赖的力量。从家庭—家族—宗族—村落，家族聚居的自然村落经过世代聚居—折居—聚居，重复循环，逐步形成地域性的客家宗族聚落生长方式。宗族与村落重叠，虽盘根错节、结构庞大，但却脉络清晰。因此，从血缘化走向地域化，是客家聚落形成的决定性因素。粤东大埔县百侯镇现有16个行政划分村，其中15个村有杨姓人，可见，杨氏在百侯曾经是占主导的大姓宗族。关于大埔县百侯镇杨氏宗族的历史，“据杨佐君《大埔杨氏始祖四十一郎公人名辨》载，大埔北塘、百侯杨氏渊源，据现存清康熙三十八年（1699年）族谱记载，始祖四十一郎公，先世江西，避宋兵之势而徙居闽汀宁化石壁村③，而后始迁于粤潮大埔永安维新甲大靖下北塘松林下肇基立业。④ 四十一郎迁大埔西河下北塘开基后，建祠‘受枯堂’，妻余氏，生一子，留居北塘；继而四十一郎公经清远都百侯铁炉坝为铁匠，观看地形善美，又娶妾沈氏，在百侯侯南开创基业。四十一郎公之父七郎及母罗氏，均葬宁化石壁。”⑤ 按族谱记载，四十一郎公于明初迁徙至大埔，至今已传至二十六世（至2003年），有六百多年历史。杨氏宗族内关于杨氏开基祖在西河和百侯创业的故事充满传奇。⑥ 从族谱的系表分析看，西河、百侯的杨姓人家几乎都是四十一郎

① 吴松弟．中国移民史[M]．福州：福建人民出版社，1997：188.

② 司徒尚纪．岭南历史人文地理——广府、客家、福佬民系比较研究[M]．广州：中山大学出版社，2001．
谢重光．客家形成发展史纲[M]．广州：华南理工大学出版社，2001.

③ 在客家诸多姓氏族谱中，可看到几乎所有的宗族，其祖辈均徙自“汀江宁化石壁”。汀江有闽西客家的母亲河之称，是福建第四大河，全长285公里，由北至南流经长汀、上杭、永定至广东省大埔县三河坝与梅县的梅江汇合为韩江，流入南海。宁化石壁有客家人的摇篮之称。南宋有一诗人写有《过汀州》，诗句中描写汀州“地势西连广，方音北异闽”。汀州人方言与福建各地不同，风俗类似中原地区，因为历史上闽境内不少中原大族移民是经宁化石壁而后成为客家人，这些中原大家族汉人，出身名门，具有中原正统的传统文化及门第观念，凭他们的郡望、门第比其先或后入闽的其他移民更优越，在政治、经济等方面都有更高的社会地位。因此很多移民无论来自何方，经何处迁徙，甚至当地土著都通过修改族谱，均称本宗本族为经宁化石壁迁徙至闽的中原大族。

④ 广东省大埔县沿革复杂：民国统属广东省政府大埔县之前，清代为广东省潮州府大埔县；明代成化十四年统属广东省潮州府饶平县，嘉靖五年，折饶平峦州、清远两都重置县，改名大埔。故此称“粤潮大埔”。

⑤ 黄志环．大埔县姓氏录．大埔县地方志丛书．

⑥ 所有的宗族都以很多神奇的色彩来渲染其上祖。

公的后世。现存百侯南村的杨氏最早的祖屋“受枯堂”（图 2-11、图 2-12）、杨氏太史第、杨氏家祠、还有西河下北塘的杨氏外史第（图 2-13）、青云世第（图 2-14）、杨氏宗祠（图 2-15、图 2-16）及邻村黄砂的杨氏宗祠，这些从明代以来杨氏宗族各房派建造的围屋，记录了杨氏宗族发展的脉络和壮大的过程。另一方面，从早期最简陋的“受枯堂”到外史第和青云世第，还可以看出围屋从最简易的堂屋向围龙屋衍变的过程（图 2-17、图 2-18）。作为一个手艺人（铁匠），杨氏开基祖四十一郎公从福建迁徙大埔，经西河到百侯谋生，因百侯更适合他的事业发展，故在那兴建屋宇、娶妾繁衍。百侯客家聚落建立在山间的梅潭河两岸，“梅潭河自东部入境，至西部出口流入同仁甲，横贯全甲划为溪南（侯南），溪北（侯北）两部”。①一河两岸“溪北”是肖姓宗族的村落，“溪南”是杨姓宗族的村落。

① 广东省大埔县地名委员会．广东省大埔县地名志．广州：广东省地图出版社，1987，12：37.

图 2-11　大埔西河下北塘杨氏受枯堂　祖堂（左）
图 2-12　大埔西河下北塘杨氏受枯堂　始太祖牌位（右）

图 2-13　大埔西河下北塘杨氏外史第

图 2-14　大埔西河下北塘杨氏青云世第图（左）
图 2-15　大埔西河下北塘杨氏宗祠（右）

可见，当年因为杨氏宗族已在河的南岸安基立业，繁衍后代，人丁兴旺，其他姓氏（如肖氏）只能在河北发展，形成两大宗族聚落。

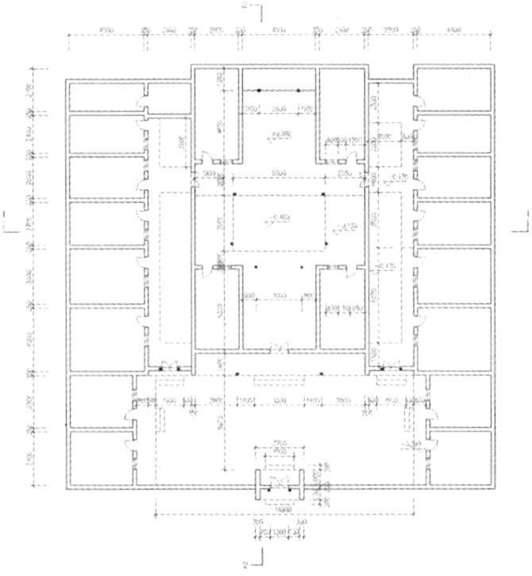

图 2-16　大埔西河下北塘杨氏宗祠祖堂

平面图

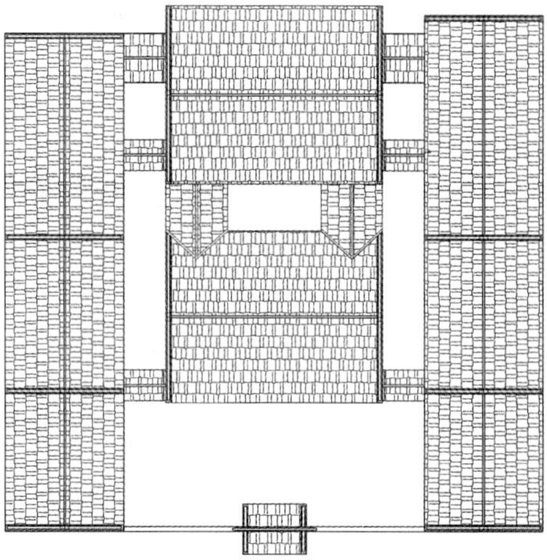

屋顶平面图

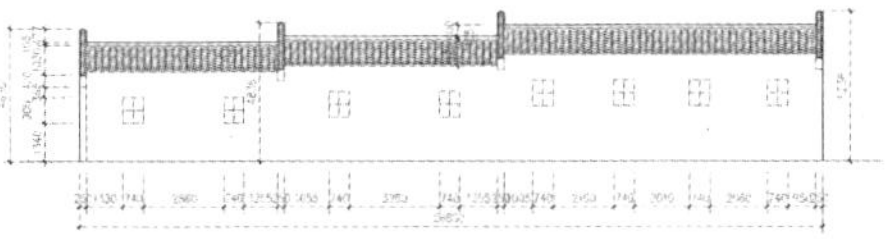

东立面图

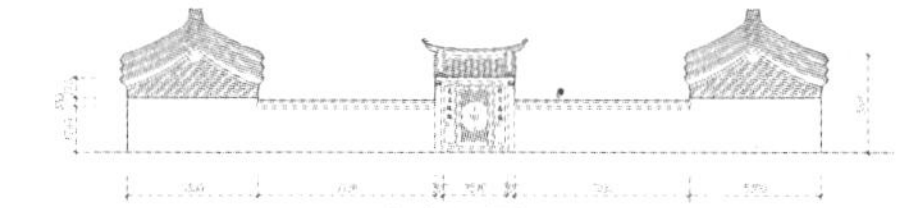

南向立面图

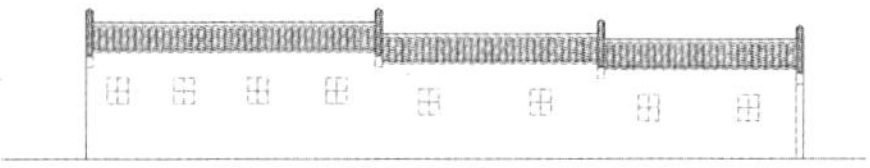

西立面图

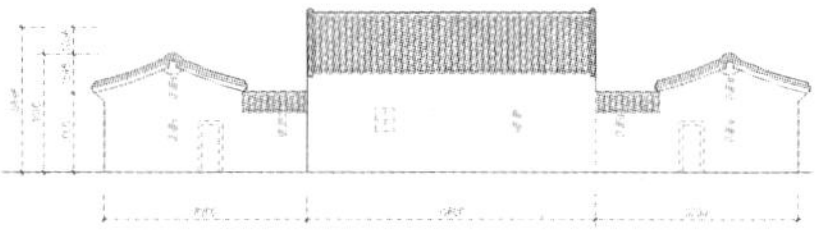

北向立面图

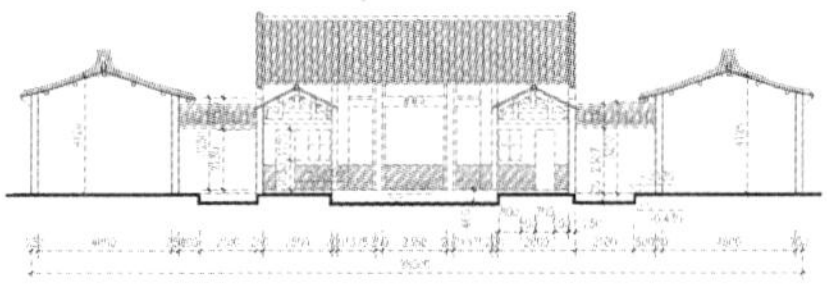

1-1剖面图

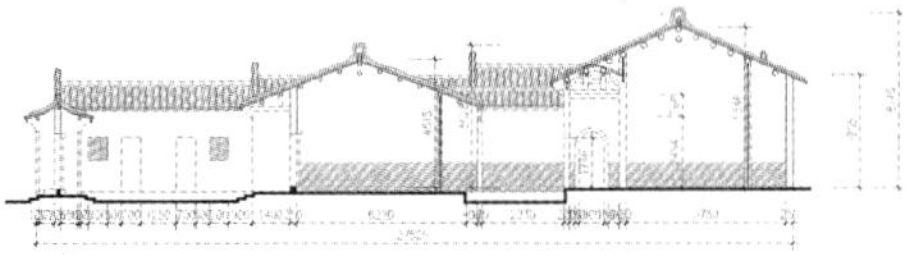

遮檐板
彩带
青砖
逐级递减
墙剖面
大门正立面

2-2剖面图

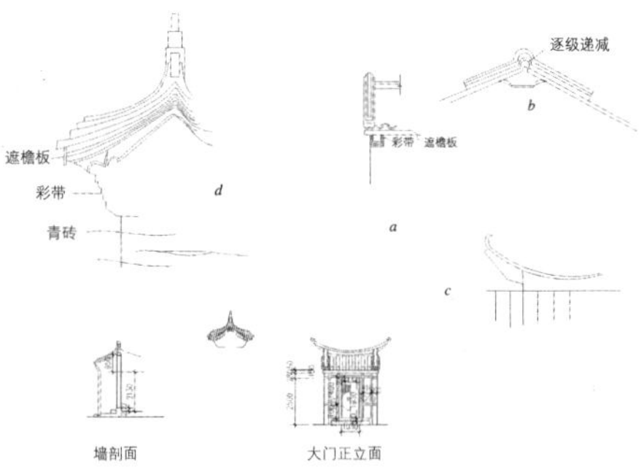

大样图

图 2-17　大埔西河下北塘外史第

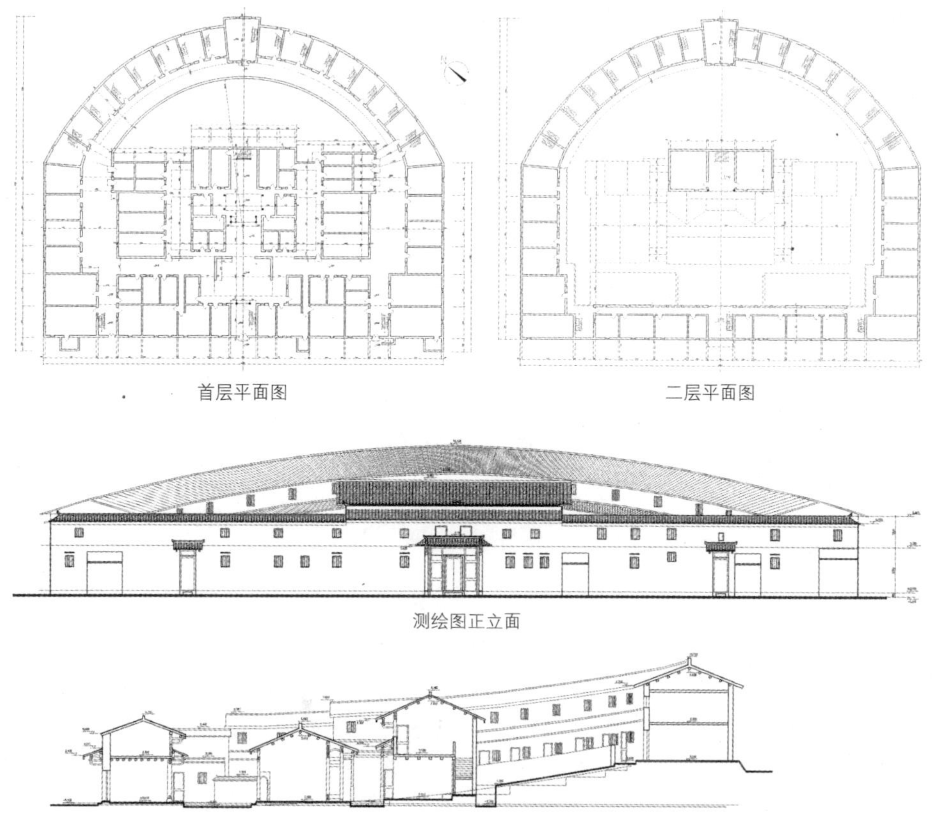

图 2-18　大埔西河下北塘青云世第

二、析居而聚与宗族的扩张

客家人的聚居地基本上是落后山区，山区是客家人的大本营。粤、赣、闽交界区域自古有“八山一水一分田”之说，粤东、粤北、闽西地理呈北高南低，赣南则南高北低，三地相连处是至高地，折射出粤东的顶山山脉、阴那山脉、凤凰山脉、释迦山脉，闽西的玳瑁山脉、彩眉山脉、博平岭山脉、松毛岭山脉和赣南的五岭及罗霄山脉。山脉之间形成的大小盆地便是客家人的聚居地。在被中原文化融合之前及之后的相当长时期内，粤、闽、赣边界山区这些地区的文化经济相当落后，根本无法与北方和江淮地区相比，而且这些地区居住着苗、瑶、僚、峒、畲（宋之后）等“土著”，山区本来已经是“无平原广陌，其田多在山谷间，高者恒苦旱，下者恒苦涝”，加之“凡膏腴之地，先为土著占据，故客家所居地多涝瘠”（光绪《嘉应州志》）。面对山多田少的农业环境，面对有限的经济资源，面对与土著间的冲突等制约生产力发展的不利因素，客家人不仅要建立具有血缘的家族共同体，而且还必须争取更多的资源，拓展更大的生存空间，才能保证宗族繁衍扩大。

客家人是一支由于迁徙而形成的族群，由于人口的迅速增加，累世同居的大家庭不易建立，即使有少数建立起数代累世同居、共财共灶的大家庭，也很快因为人口的压力而出现各种矛盾。因此，客家人没有形成四代、五代同居共灶的大家庭，而是由多个小家庭分门立户，相对聚居，组成大家族小家庭的宗族结构。究其原因，乃是因为客家山区土地的贫瘠，造成了客家宗族的不断裂变，致使累世同居的大家庭较少出现。累世同居需要建造大规模的建筑屋制，以客家社会的小家庭结构，本非一定要建造象“围屋”一类的大型聚居建筑，但由于客家民系迁徙频繁，迁徙过程中遍布危险，寻求同宗血亲的帮助是他们最为自然的选择，因此他们对宗族组织的依赖比起其他民系来更为强烈，聚族而居的需要也更为迫切。加上客家山区大大小小的盆地的分布也适宜于一村一姓的开发，这就为客家人普遍聚族而居造就了比其他民系更为有利的条件。现今客家地区广泛存在的大型聚居建筑，正是适应于这一点而建造的。应该说，累世同居作为宗族制的一个突出的表现形式，对重视宗族观念的客家人还是有着很深的影响的。客家“围屋”等大型的聚居建筑，在规模上与累世同居的大型建筑非常相似，现今很多学者都极为正确地指出了围屋与中原大宅之间的相承关系，也证明了这一点。①

① 如北京师范大学黎虎教授的《客家聚族而居与魏晋北朝中原大家族制度——客家居处方式探源之一》等论文，参见《北京师范大学学报》1995 年第 5 期。

一直以来，学界都是以“聚族而居”一词概括客家族群的聚居形态，其实这并不够准确，至少是不全面的。以“析居而聚”这一新的概念来补充描述“聚族而居”的客家聚落可能更加合适。所谓“析居而聚”，是粤东客家族群另一种聚居的形式，是客家人的宗族发展形式及为了适应于客家山区环境而形成的新的聚落样式。在客家社会，人丁兴旺之家，但凡诸子长大成人，都必然会分家析产，使个体外出垦殖，让家族向外扩张。在土地贫瘠、自然条件较为恶劣的客家山区，因人口膨胀而带来的生存空间的争夺非常激烈，在械斗中获胜自然可以暂时缓解本族的一时之急，但对于整个客家民系而言，只有外迁寻找新的开垦空间才是唯一的出路。所以，“僅守田园，终非长策”，汉族“安土”的意识在此遇到了挑战，合适的调整便是外迁。一般来讲，宗族间每隔三代便会产生人地矛盾，这时，即令是较大的家庭也往往会动员其一个或多个成员外迁他乡，形成大家族小家庭的格局。闽粤赣边界地区是客家人的大本营，在经历了长期的土客之间的冲突之后，这一片地区终于成为了客家人较为安定的聚居区。虽然土地贫瘠，仍不失为客家人的一块乐土。在相对安定的生存环境里，面对宗族内部人口的增加，各聚居于大围屋的家族，一般仅留家族中的一至两房在开基祖祖屋发展，其他兄弟则“冲出”围屋，在祖屋的附近或更远的地方再建大屋。有些大的家族，兄弟各建大屋，在几平方公里甚至更大范围内，都有同一血缘的后代各建的大型围屋。表面上，家族是“分家”了，家族的各房成员不在一个围屋聚居，但开基祖的祖屋永远是后世人维系宗族意识和宗族活动的“中心”，如每年“祭祖”的仪式就是一定要回到开基祖的祖屋举行。因此，客家宗族内部的析居方式按宗族间各房派的发展方向形成，而析居后的各房派祭祖的方式恰恰相反，形成了一套按辈分逐级往上拜祭的客家祭祖模式（图 2-19）。所以，在祖居地内，宗族虽然采取“析居而聚”的聚居方式，一个较具规模的家族仍然存在，或是同姓村落，或是分散的若干个同姓村落，在一个相对的区域内建立了以血缘关系为主线的宗族网络。无论宗族成员迁徙到何处，开基祖的围屋建筑永远是宗族的核心建筑和拜祭的场所。无论宗

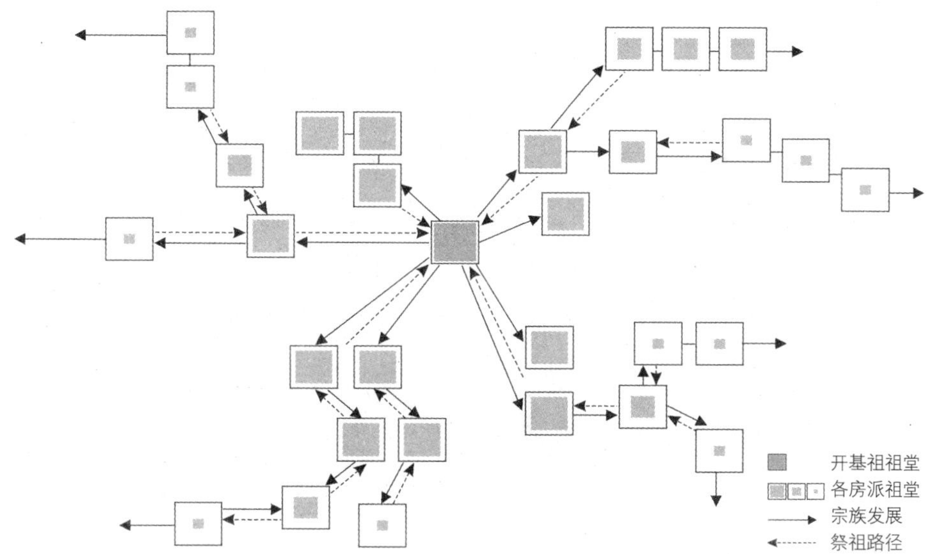

图 2-19　宗族繁衍中祖堂的等级与祭祖的路线

族后代的经济状况富有还是贫穷，祖屋的修缮费用全靠宗族内的各支房集资（图 2-20 ～图 2-22）。析居不仅没有削弱宗族的力量，反而消除了宗族内部因发展扩大的膨胀带来的矛盾冲突，并因支房的外殖使宗族的势力得以扩展到更广大的地域空间。

现拟选择梅县松口的一个李姓宗族发展及围屋的建造作为脉络来分析，说明宗族壮大发展后的分化与建筑的关系。松口位于梅县的东北部，东邻大埔县，北邻蕉岭县和福建，镇内有松江自西向东流过，上游逆水通往兴宁、五华，下游顺水流向潮州、汕头。镇内另有发源于福建上杭等县的松源河汇至松江，松口镇为闽粤商业交流水路通道之一。据房学嘉的《粤东古镇松口的社会变迁》描述：从

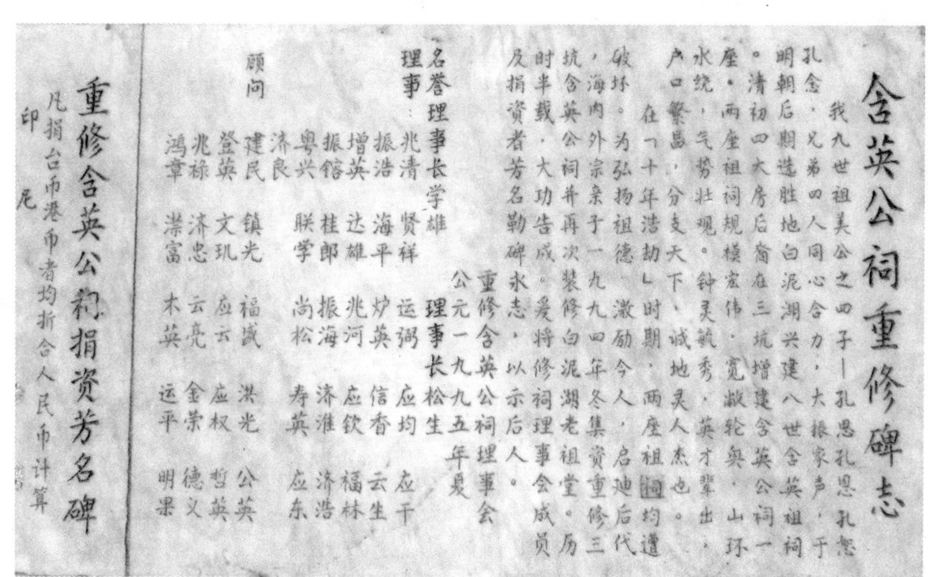

图 2-20　祖堂修缮捐资立碑　蕉岭文福白湖村大夫第

图 2-21　祖堂修缮捐资立碑　梅县松口下梁村梁家围

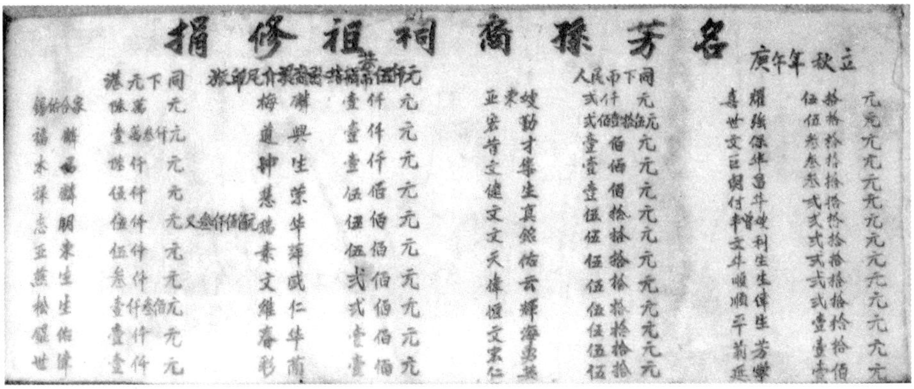

图 2-22　祖堂修缮捐资立碑　大埔湖寮龙岗黄氏中宪第

宋代开拓至元末明初，民间官府的文书中记载松口的地方社会与历史的资料逐渐丰富，说明之前已有大量先民在松口繁衍生息，明末开始有大量的宗族迁入，松口已是人口过万的宗族社会。[①]

李氏宗族曾是松口大宗族，据李秉濒的《松口李氏家谱》记载：李氏宗族于元大德年间自福建上杭至松口创基。在明代基本稳定发展，至第四世代起，松口李氏宗族开始分房派扩展，第五世仲穆房派聚居在盘龙里、河塘里、光德里等地，第五世仲庸房派聚居在洋坑、盘龙、大金坑林及松东的桃皮坑等地，松口镇李氏宗族都是五世仲穆、仲唐西大房派的后裔。

从松口李氏家谱记录，李氏宗族从二世李贤德于元代大德年间始在松口定居创业，至今已历经几百年左右。如果说五世之前的历史尤其是关于一世“珠”、二世“贤德”的记载，未必准确可信，那么，五世源的记载基本是成立的。在几百年间，松口李氏宗族发展繁盛，不仅经济雄厚，科举业也得到了发展。至清雍正初的 1723 年为止，李氏宗族已先后有 48 人在科举上获得成功。松口李氏宗族在明清两朝出任文职者多达 123 人，武职者 13 人。[②] 其中，十二世裔孙明代李士淳为万历己酉（1609 年）科举人，崇祯成衣（1628 年）科进士，钦点翰林；

① 房学嘉．粤东古镇松口的社会变迁 [M]．广州：花城出版社，2002：6-12.

② 房学嘉．粤东古镇松口的社会变迁 [M]．广州：花城出版社，2002：54-55.

十九世裔孙清代李光彦为道光辛已(1821 年)科举人,辛丑(1841 年) 科进士，钦点翰林。现在，松口光德里还保存着前李士淳创办的“二何书院”建筑 (图 2-23)。

图 2-23 梅县松口二何书院

李士淳的兄弟李濂之子李椅于明末在松口下唐村开基，建造大型围龙屋“世德堂”，建造年代约在明万历年间。史料记载李士淳为“万历三十七年己酉科解元，中戊辰进士”，曾于明万历年间在松江兴建“文昌阁”及“元魁塔”，其子建世德堂亦当在此时前后。世德堂坐东北朝西南，基本形制为三堂四横的围龙屋类型，前方后圆，中轴线左右对称，中轴线上的核心部分为规整的三堂屋，围龙与堂屋之间的化胎特别宽厚，最宽处达 28 米。从建筑规划的完整性和内部结构的合理性，看得出世德堂是一次设计一次建造完成的(图 2-24)。与其他围龙屋相比较，世德堂有如下几个方面的特征:

1. 世德堂中轴对称，大门朝向西北，前低后高，世德堂的围龙后面与源远楼的屋背只有一小路相隔，源远楼的朝向与之相反，面朝松源河，两座大屋周围有茂密的竹林，自然环境优美。源远楼的主人是世德堂开基祖李椅之孙、十四世恒煌之子沛臣，隔代两位主人的大屋朝向相反，一个是面山背水，一个是背山面水，其中的风水奥秘有待深入研究。世德堂比其他围龙屋更注重防御性，首先整个围龙屋由厚实的夯筑高墙包围，周边共设有十个碉楼，正面四个，围龙与横屋交接处左右对称各一个，围屋半圆中设四个。其次，建筑正立面加设了一排房子，即进入下堂之前必经一条通道和天井。大门门口比外地面标高多出 1 米多 (图 2-25)。

2. 世德堂屋前设有“门口圹”，目前我们尚无法确定这是原设计建造的布局还是后人改造的结果。

3. 在两围和两横之间，构成单元式的组合空间。测绘的平面图上显示，堂屋两边的横屋进深与最外围的围龙一致，横屋的进深墙面与围屋的进深墙面相互吻合，世德堂的单元式就像是在两围龙之间和两横屋之间的首层天街上方加屋顶，构成带天井的单元式组合，然后按需要分配内部的房间。因为，在两层围龙

图 2-24 梅县松口世德堂全景

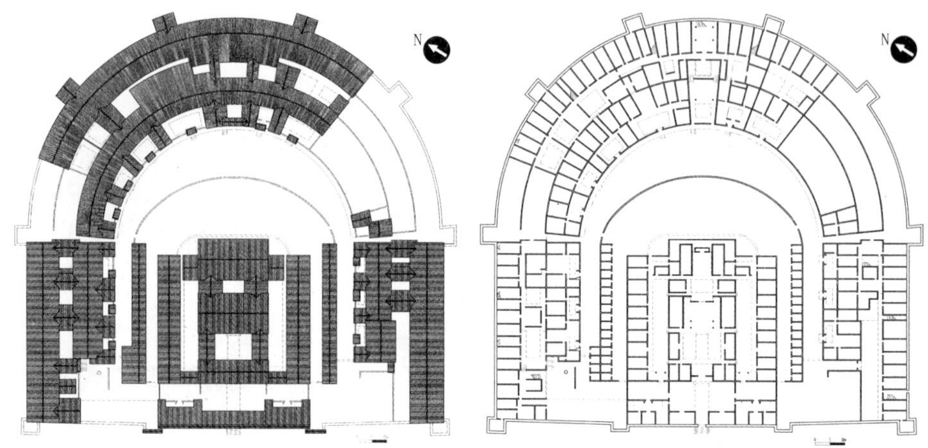

图 2-25　梅县松口世德堂屋面图（左）
图 2-26　梅县松口世德堂平面图（右）

之间和两排横屋之间仍然是通廊的，所以世德堂并不是实际意义上的单元式（图 2-26）。

4. 将围龙屋中轴线上，位于化胎之上的龙厅位置设为“锦屏楼”（图 2-27），“锦屏楼”是世德堂的制高点，是一个小型的，前窄后宽的三堂屋制，这在围龙屋中罕见（图 2-28）。

松口李氏宗族的李椅派是继李士淳之后当时松口经济实力最雄厚的宗族，家业兴旺、世代相传。对于李氏这样一个名门大族，围龙屋的建筑不仅是家族需要，也是宗族发展的责任。世德堂的平面布局与李椅的宗族地位相一致，充分显示出这座宗族聚居大屋是经过精心策划，按照某种“原则”来设计的：第一，世德堂将围屋与围屋之间、横屋与横屋之间以天井或房间相连，构成独立单元组合的形式，每个单元有各自的堂室门户、有厨灶，能满足和对开独立的家庭。横屋与围屋共组成了 17 个相对独立的单元，希望子孙繁衍，世代同堂。第二，世德堂的建筑布局可以分成两大部分，一是与三堂屋和靠近的横屋组成的核心部分，二是外横屋与围屋连成的部分。17 个单元的大门向心朝着祖堂。第三，每个单元之间并不是绝对隔断，从目前使用的情况看，单元的“界定” 仅仅是一门之隔，形同虚设，而且门的位置并不规则，设在哪里似乎是视使用情况而定。隔而不断，既分又合，明分实合。可见，世德堂的设计“原则”就是宗族的意识原则，祈望聚族而居子孙满堂。

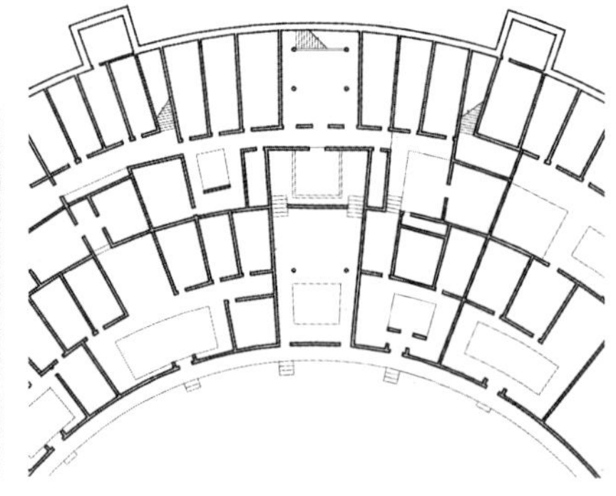

图 2-27　梅县松口世德堂锦屏楼门楼（左）
图 2-28　梅县松口世德堂锦屏楼平面图（右）

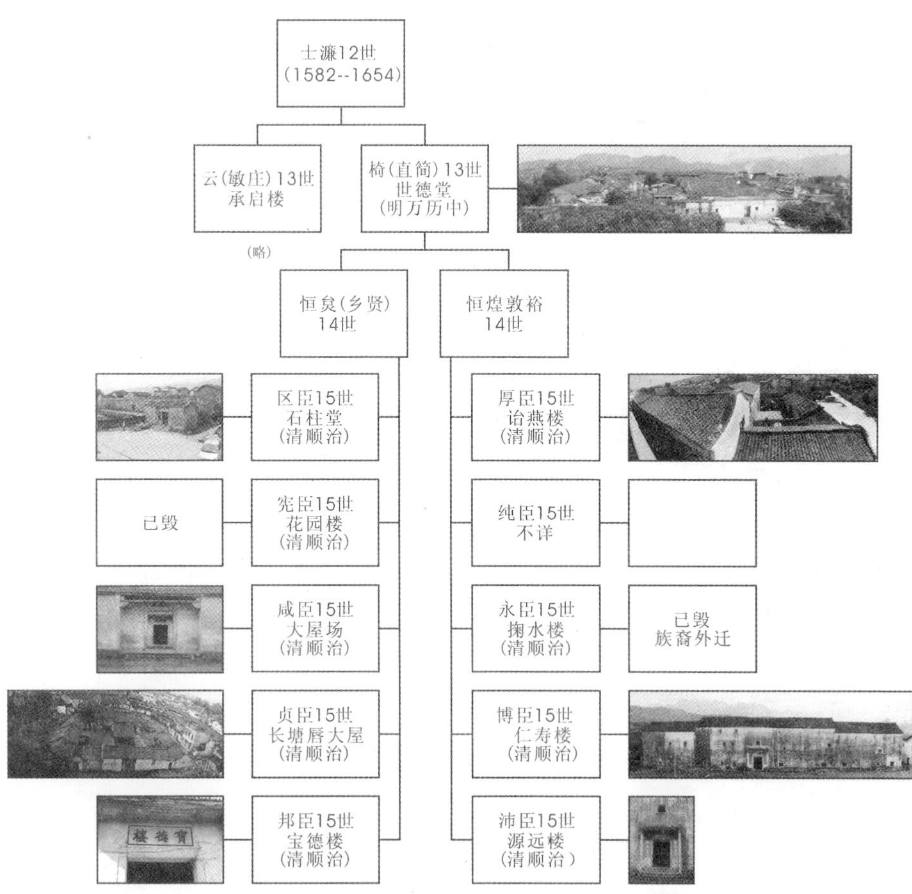

图 2-29　梅县松口李氏宗族士濂房派李椅支房派谱系与 10 座围屋关系图

李氏宗族第十三世李椅，在“世德堂”开基后，共生两子：恒奂（乡贤）和恒煌（敦裕），两房分别各生五子，李椅共有十个孙子，分为十个房派，其中恒奂派有区臣、宪臣，咸臣、贞臣和邦臣，恒煌派有厚臣、纯臣、永臣、博臣和沛臣。为了满足宗族的扩张，李氏宗族于清顺治年间始，在松口镇为十五世孙裔分别兴建了十座大屋（图 2-29）。李氏自“世德堂”开基之后，第三代开始析居，十个后裔在松口周边开基立业，其中十五世永臣族裔又外殖寻求发展。十座大屋现存七座，从对十座大屋现存的七个大屋来看，建筑的规模并不一致，如“长塘唇”和“大屋场”两个大屋的建筑面积明显大于其他围屋（图 2-30、图 2-31），七座

图 2-30　梅县松口长塘唇李屋

图 2-31　梅县松口大屋场全景图

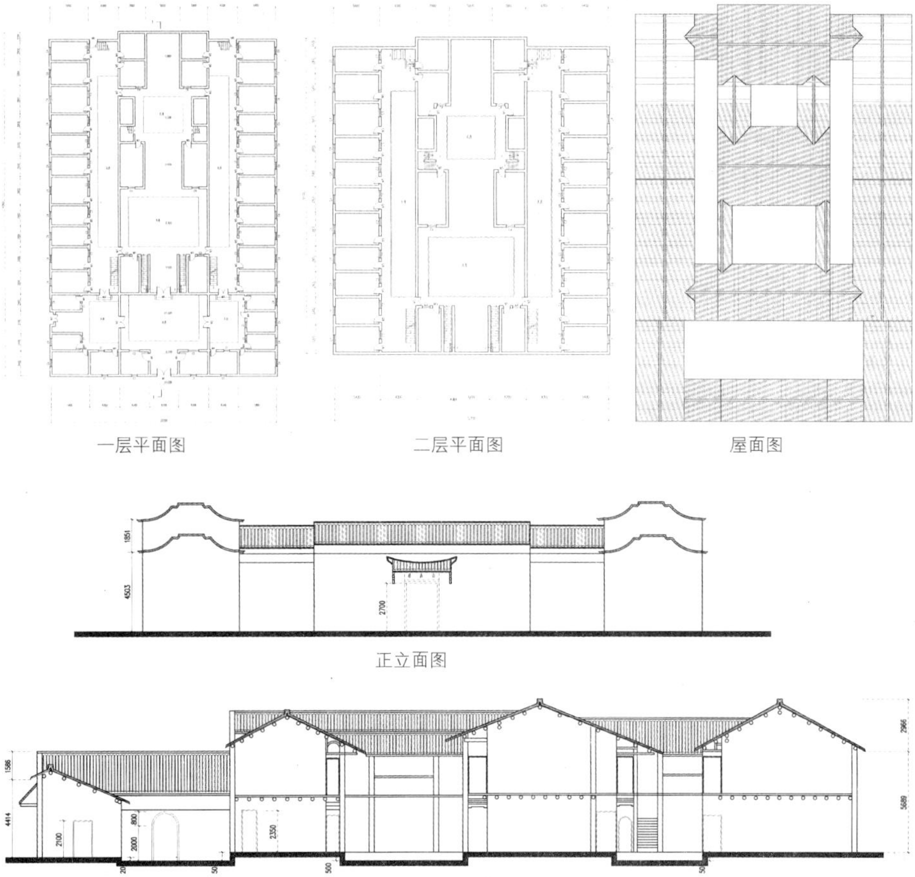

一层平面图　　二层平面图　　屋面图

正立面图

剖面图

图 2-32　梅县松口诒燕楼

围屋的形制也不一样,“长塘唇”为围龙屋,“诒燕楼”是堂横屋(图 2-32),而“仁寿楼”则是五凤楼(图 2-33)。李椅作为建设者对其中围屋样式的选择有什么“原则”或“意识”,这有待作进一步的研究。另外,第十五世各房的发展也不平衡,如区臣房派,在“石柱堂”开基后,家族兴旺发展,从清代的雍正、乾隆年间开始继续建造各种形制的围龙屋(图 2-34),而其他各房并没有留下后代聚居的大型屋宅。

全景图

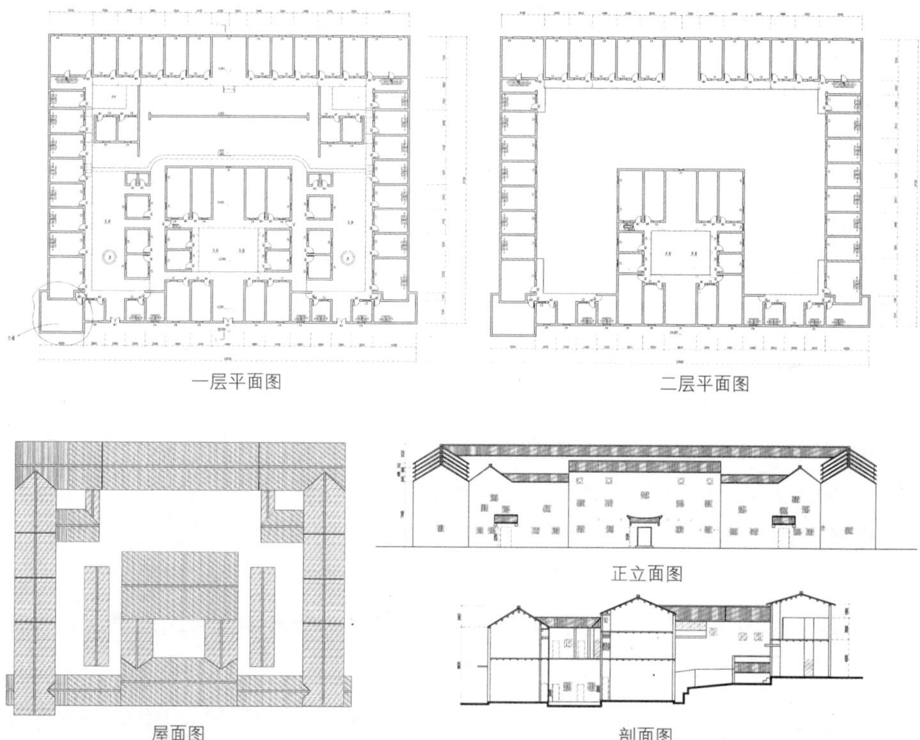

一层平面图

二层平面图

屋面图

正立面图

剖面图

图 2-33　梅县松口仁寿楼

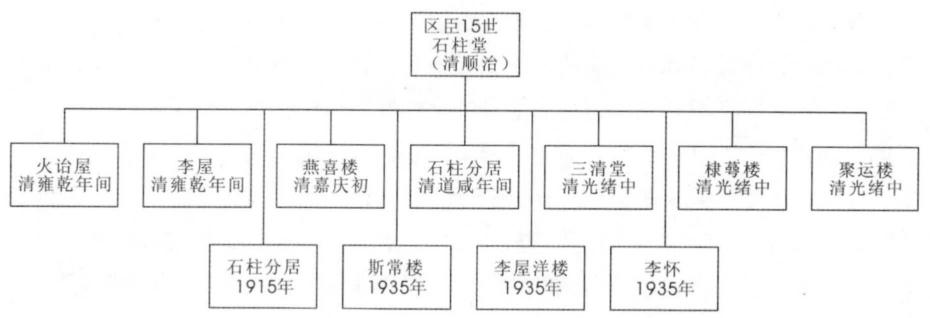

图 2-34　梅县松口李氏宗族士濂房派第十五世区臣在石柱堂开基，后代相继在当地建造的围屋

析居而聚的聚居方式在小农经济占主导地位的客家社会里，这种大家族小家庭的格局，对于发挥小家庭生产的积极性起着非常重要的作用。大家庭的维系本就不易，小家庭又避免了大家庭各成员之间的利益冲突，如婆媳、妯娌等并无血缘关系的成员之间的矛盾等，因此能够维持家庭内部的团结。对于宗族组织而言，也不会因家庭的分裂而导致组织的松散，家庭裂变析产之时，宗族组织会提留一部分产业作为族产，因此，每一个家庭财产的细化都会导致族产的增长，而族产经济的膨胀反过来又会使宗族组织有更有利的方式加强对族众的控制。据法国社会学家孔德的研究，整体中各个组成部分越是独立和分开，整体的级别就越高；反之，整体中各个组成部分越是不能分离，一旦分离，整体就不复存在，整体的级别就越低。[①] 在客家这个特殊的社会里，迁徙、分离是家常便饭，如果因分离就使整体不复存在，那么其整个族群早就消失无存了。艰苦的环境造就了客家人坚韧顽强的拼搏精神，不仅小家庭，单个的客家人，其独立生存的能力也令人赞叹不已。但更令人赞叹的是，这种独立的精神并未影响到他们对其宗族的认同感，相反，独立生存与发展、在外垦殖的不易使他们更加依赖宗族的力量，比如祭祀祖先等族内的各种宗族集体活动，貌似分立的各个小家庭实际上又同宗族结成一体了。客家以小家庭聚居一屋，类似于累世同居，在其他民系中并不多见，正是这种密切联系的一个突出表现。这样构成的宗族整体，其凝聚力显然更强，亦即孔德所说的级别更高。

① 孔永松、李小平．客家宗族社会[M]．福州：福建教育出版社，1997：42.

一般来讲，同一祖先下三代左右的各房子孙，同聚一屋的各个小家庭的血缘关系是相当亲密的。大型围屋建筑中，各个建筑空间的布局与分配都极为讲究，公私分明。尤其值得注意的是厨房，一座建筑之中，有着众多的厨房，因为客家人“分炊分灶”是析家的主要标志，但这并不说明是完全的“分家”，除各自的住房、厨房、杂间外，其他建筑部分和重要的农具等仍然宗族拥有，大家和睦相安。这样的宗族内部关系极为清晰地表明各个家庭的独立，与累世同居的大型建筑有着明显的区别，真正体现出了析居而聚的特征。

三、宗族的分化与迁徙

清代之后，粤东、闽西客家人开始大量外迁，主要朝北、西、南三个方向进行。宗族分化和向外迁徙，往往会将原住地的客家建筑类型和风格带到新的居住地。

向北，是由于明末清初粤东、闽西客家聚居区人口过剩，赣南却因战乱和灾荒人口锐减，于是，粤东、闽西的客家人纷纷北迁，致使赣南出现“新客”多于“老客”的局面：“据赣南各县地名普查的资料粗略分析估算，现今赣南的闽粤入迁客民后裔所占的人口比例大体是：寻乌、安远、全南、定南、龙南、信丰、南康、大余、上犹、崇义等县约占70% ~ 90%；赣县、兴国、于都、会昌、瑞金等县约占50% ~ 70%；宁都、石城较少，约占20% ~ 30％。”[②] 在其他地区，“新客”也为数不少：“吉安地区遂川、井冈山、宁冈等县约占40%；宜春地区的万载、铜鼓、萍乡等县约占30% ~ 60%；九江地区的修水约占20%；上饶地区的玉山、

② 罗勇．略论明末清初闽粤客家的倒迁入赣[M]．客家学研究．上海：上海人民出版社，1993：66.

广丰等县约占 20% ~ 30%。”[①] 一部分客家人甚至继续北进，“广东东江和北江的客家，这时期（清初）也有逾岭而移居于湖南宜章、汝城、郴县及浏阳、平江等县的。”[②]

向西，广东境内的迁徙主要有三次。一次在明末清初，因抗清兵败而被迫迁向香山县（今中山市）、花县、恩平、开平、鹤山等县。第二次是在清康熙时期，因迁海复界，客家人多向沿海地区迁徙，“沿海地多宽矿，粤吏遂奏请移民垦辟以实之。于是惠潮嘉及闽赣人民，挈家徙垦于广州府属之新宁，肇庆府属之鹤山、高明、开平、恩平、阳春、阳江等州县，多与土著杂居。”[③] 第三次是在清同治年间，因广东西路土客械斗事件，地方政府募款鼓励客家人迁徙他乡，如高州、雷州，尤以信宜、徐闻两县最多。客家人西迁的目的地还包括往广西和四川。向广西，一是在明末清初之时，广西招人垦殖，一部分客家人迁入武宣、马平（今柳州）、桂平、南平、陆川、贵县、藤县等地。其后在清同治年间，因土客械斗事件，也有大批客家人迁入广西东部的钦州、廉州等地。向四川，主要集中于“湖广填四川”的大规模移民运动之时，“今日四川东自涪陵、重庆、经荣昌、隆昌、泸县、内江、资中，西至成都、华阳、新都、广汉、新繁、灌县，其间居民，大率皆属康熙末年（1711 ~ 1722 年）自广东惠州、嘉应州及江西赣南等地搬去的客家。”[④] 与之同时，也有少量客家人迁入贵州、湖北等地。

向南，主要集中于海南岛、香港、澳门、台湾、海外。有明之时，已有客家人从高州、化州渡海去海南岛，鸦片战争后也有不少客家人南渡，土客械斗事件及太平天国起义失败之后，更有大批客家人渡海谋生。在 300 多年以前，香港已有“客家村”存在，清初迁海复界之时，客家人大批迁入港澳地区。鸦片战争后，港澳为英、葡强租，因其开埠建设，极需大量劳力，广东客家人又大量涌入。香港至今仍然保存着客家围屋，建筑的风格与东江流域有相同的文化渊源。[⑤]

客家人大批东渡台湾始于清康熙年间，初因清廷严格限制赴台人数，尤其严禁粤中潮州、惠州人渡台，人数不甚多，主要为嘉应州人，伺清廷放宽海禁，去台客家人渐众，不少闽西汀洲籍客家人也随之渡台谋生，如在台湾的六堆等地，甚至有几乎与梅县客家围龙屋一样的建筑。[⑥] 清初开始，粤东、闽西的客家人渐渐向南洋移殖，清中叶至清末，客家人成批涌入南洋和美洲。

除此有史料记载的较大规模的移民外，零星的单家独户的移民，更是不可胜计。这种频繁的迁徙，在国内其他汉族民系中是绝无仅有的。因此，客家民系的宗族分化远较其他民系剧烈。

向外迁徙使客家人的家族成员不断突破原有生存空间，直接打破了原来聚族而居的聚落样式，形成家族支房的外殖。如四川奉节的《刘氏家族族谱》记载说：“十八世祖秀标公、妣萧孺人……公十四岁时，因家计窘迫，公母彭孺人谓公曰：‘吾土田所产，举家难赖，汝次兄已往川省，汝亦可自出营生，第留汝弟秀林在家可也。’公初不忍承命，彭孺人曰：‘母命也，切勿违。’公不得已，辞亲入川。”而其祖又是“从福建宁化县石壁洞迁居广东”的，（广东）一世祖刘巨涟“创业

① 万方珍．清前期江西棚民的入籍及土客籍的融合和矛盾 [J]．江西大学学报，1985，2.

② 罗香林．客家源流考 [M]．北京：中国华侨出版公司，1989：32.

③ 赖际熙．赤溪县志．卷 1.

④ 罗香林．客家源流考 [M]．北京：中国华侨出版公司，1989：30.

⑤ 吴庆洲．中国客家建筑 [M]．武汉：湖北教育出版社，2008：497-521.

⑥ 同上，第 530-553 页．

于嘉应州兴宁县南厢”[①]，至秀标之时，已经传至十八世。可以想见，兴宁南厢已经有一支刘氏家族，而秀标入川，又衍化出了奉节刘氏家族。客家人每一次迁徙，都意味着一个家族的外殖，蕴涵着一个新的家族的兴起。类似的事例实在太多。如漳州府南靖梅林的简氏，开基祖简德润传下八房子孙，后多渡台谋生，仅七房、八房两房派下子孙去台者就达 200 多人之众，几世流传，致使简姓成为台湾著姓，人口约 17 万。“他们成百上千户地联宗聚居于一乡一村，一镇一街，如南投县草屯镇有 1300 户，南投镇有 1000 户，桃园县大溪镇有 600 户。”[②] 从中可见，客家人的宗族分化，随着迁徙次数的频繁，其分化的程度也在不断地加剧。

① 奉节. 刘氏族谱 [M]. 客家宗族社会. 福州：福建教育出版社，1997：115.

② 孔永松、李小平. 客家宗族社会 [M]. 福州：福建教育出版社，1997：117.

宗族分化和向外迁徙，往往会将原住地的客家建筑类型和风格带到新的居住地。 赣南与粤北、粤中、粤东地区的方形围楼，它们在建筑风格上的关联与变异，显然与历史上客家人迁徙相关。清康熙时期的迁海复界，粤东客家人西迁，使兴宁、梅县的围龙屋建筑样式向西传播，在东江流域衍变为新的围龙屋建筑形态。

本章小结

宗法宗族制度这种以家长制为核心、以血缘关系为纽带的特殊社会体制，深深扎根于中国几千年的政治体制之中，深刻影响着古代社会人们的生活方式和思维意识。宗族制度的起源可以追溯到原始社会晚期的父系氏族时期，“父权型”家族公社就是后世宗族制的雏形。中国在西周时期已经建立起了一套完整的宗法制度，在土地分封制的基础上建立起了大宗小宗的分封世袭的政治体制。春秋战国时期，王权衰落，各诸侯国互相兼并，宗法制遭到严重破坏，但宗法制下以血缘为纽带的宗族关系并未消失，而是沉潜到社会的深层，在社会生活中继续发挥作用。

宗法宗族观念对客家人的生活方式、聚落的形成、建筑形态的选择都有着根本性的影响。在“建祠堂”、“修族谱”、“置族田”等方面，客家人也像其他汉族民系一样表现出了极大的热情，但也表现出了自身的特色，比如其他民系往往在住宅之外独立建祠堂，特别是一些大型的合族宗祠。但是，客家围屋的重要特征之一却是“宅祠合一”，几乎每一个围屋内都有祠堂。在宗族观念的影响下，客家聚居村落往往由具有共同血缘关系的群体为了生存、生产、生活，在历史过程中逐步发展形成。同宗族的家庭聚居在一个大围屋，一个自然村或多个自然村构成的聚落，是客家人宗族聚居的重要形式。但由于人口的增长与土地的贫乏，客家人不得不采用“析居而聚”的聚居形式，这是客家人为了适应于客家山区环境而形成的新的聚落模式，同时，也以外殖的方式向外转移人口的压力。清代之后，客家人开始大量外迁，主要朝北、西、南三个方向进行。向外迁徙使客家人的家族成员不断突破原有生存空间，直接打破了原来聚族而居的聚落样式，形成家族支房的外殖，也因此会将原住地的客家建筑类型和风格带到新的居住地，当然，也会因为与当地族群的文化融合而产生建筑风格变异。

第三章　围龙屋建筑形态的风格变异

第一节　客家居住建筑的类型及分布

一、粤东客家居住建筑的基本类型

广东不仅客家人总人口最多，客家民居的类型也最为丰富多样。客家民居的各种类型主要集中在粤东的客家族群聚居地，粤东客家居住建筑的基本类型有杠屋、堂屋（堂横屋）、围龙屋、围楼（方楼、圆楼）、围村等。

（一）杠屋

杠屋是多开间房屋加上天井所组成的无明显轴线的一种天井式民居。杠屋因平面形状像一条杠杆而得名，是客家民居中最简单的一种类型（图 3-1）。杠形的平面结构适应山区的地形，并可随家庭人口的增加而有机延伸杠屋的长度或者增加杠屋的杠数。杠可以理解为是客家围屋造型的最基本单元，不同数量的杠，不同方向的杠，不同形式的杠可以组合产生不同的建筑形态。如所谓的“锁头屋”，就是单杠的杠屋，而两杠组合就成为合面杠，多杠组合则有四杠屋、五杠屋，甚至有六杠屋（客家地区对杠屋大多以杠的数量直称为“三杠屋”、“五杠屋”等）。但由于杠屋之间的平行排列，存在着相互联系的不便，所以，实际上，杠屋在平行排列上，数量不可能太多。大型杠屋组合，一般以天井作为连接，可以形成大型的单元重复或向心围合的围屋，如国字围、回字围等。杠屋既可单独使用，又可重复组合，既可以独立互不干扰，又可以满足聚族而居、累世同堂的宗族意识，因此杠屋在粤东分布广，数量多，是客家地区较为普遍的一种建筑类型。

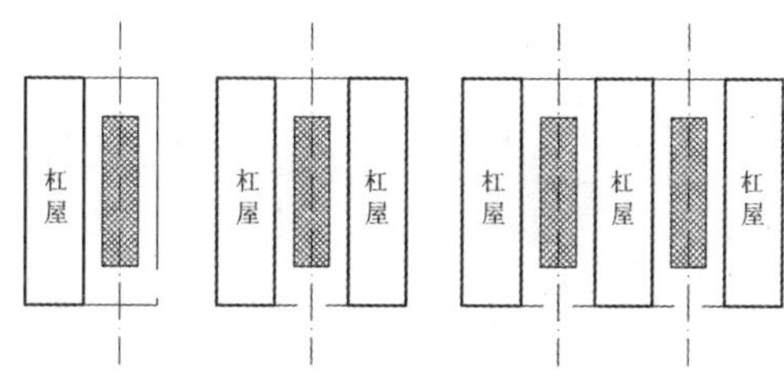

图 3-1　杠屋

（二）堂屋

堂屋，或称为堂横屋，是一种以厅堂、祖堂居中，两侧设置居住横屋的建筑形式（图 3-2）。堂屋有一堂式、二堂式、三堂式、四堂式……九堂式，甚至有十八堂式。与杠屋不同的是，堂屋突出了以“堂”为中心的中轴对称关系，两侧的横屋作为辅助形态对称地伸展（图 3-3）。堂屋这种

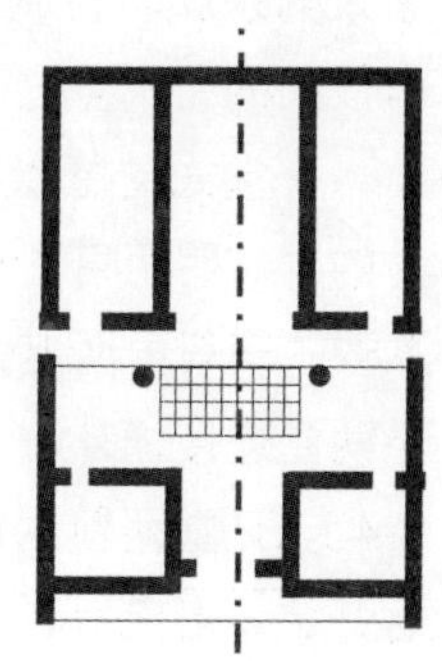
图 3-2　最简单的堂屋

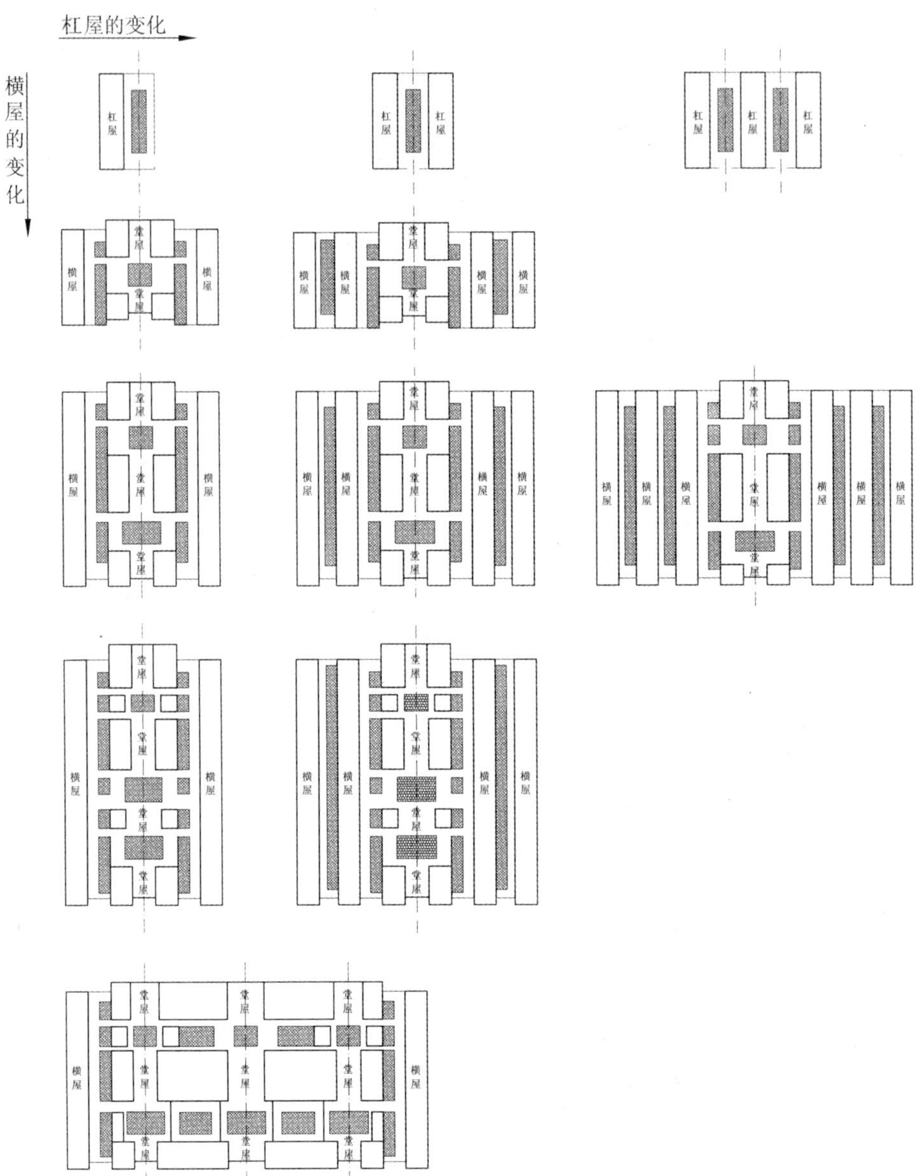

图 3-3　杠屋、横屋与堂横屋的演变图

屋式源自中原，在类型上与中原地区的殿堂式和四合院有同构的关系，符合客家人的宗族、礼制意义和日常生活，因此堂屋的数量在粤东客家居住建筑中占有很大的比例。

一堂式堂屋以厅堂为中心，俗称“四扇三间”、“三间过”、“五间过”，与北方的“一明两暗”相似，这是客家民居最简易、最普遍的形式。二堂式堂屋的平面形式一般由两座一堂式相连，中间留一天井，天井两侧的空间加上天面，将上、下两堂连接,形成一个围合式的整体。中轴两侧加建横屋,则成为“二堂二横”(图 3-4)。正堂两侧的房间称为“正堂间”。上、下两堂都是敞堂，正堂间的门窗向廊开启，形成上、下两堂，正堂间的门窗相对。横屋的门窗同样朝堂屋开启。二

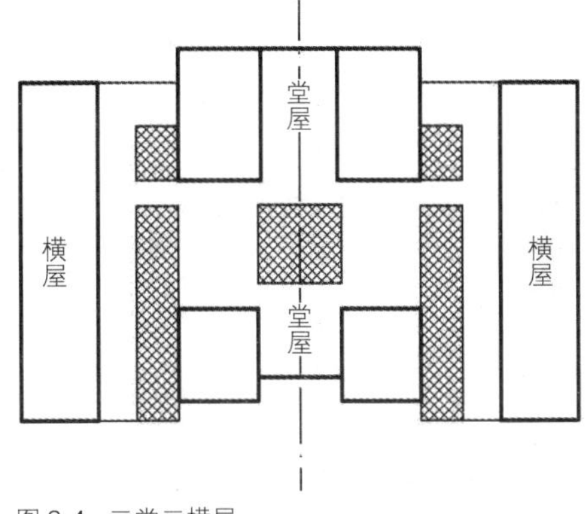

图 3-4　二堂二横屋

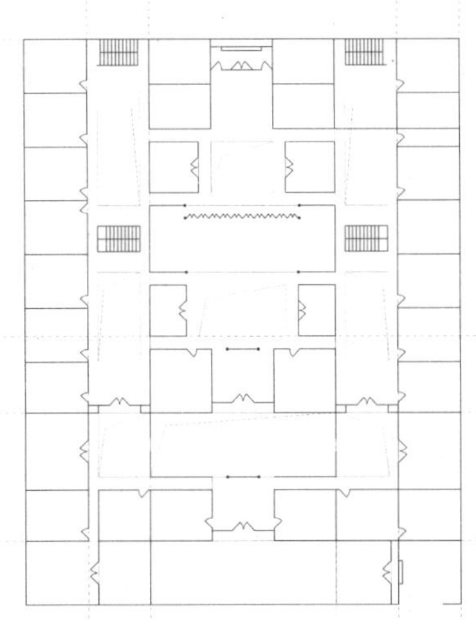
图 3-5　堂横屋　梅县隆文镇坑美村宝谦楼

堂式堂屋的大门前面一般有禾坪，禾坪前面有一池塘。二堂式这种建筑类型已经构成了客家民居的基本特色，遍布闽、粤、赣的客家住地。

粤东客家人一般将三堂以上的堂屋统称为“府第式”，而闽西客家人则称之为“五凤楼”，赣南多称为“厅屋”（图 3-5）。三堂之间以天井相隔，天井左右两侧，上架横栋盖瓦的通道，两侧形成一个小敞厅，俗称为“廊”，也有称为“南北厅”、“花间厅”、“横厅”等，横厅有一小过道由堂屋通往横屋（图 3-6）。粤东地区的客家围屋，一般以三堂二横作为核心（图 3-7）。

（三）围龙屋

围龙屋的一般形态：围龙屋的标准形态是以堂横屋作为建筑的核心，堂屋前面有宽敞的禾坪和半圆形的水塘。与半圆形的水塘呼应，在堂屋后面有半圆形的化胎，化胎后面有半圆弧形的围龙，与两边横屋的顶端相接。围龙屋后面一般有茂密的树林或竹林，客家人称之为风水林。堂屋、横屋、围龙、水塘、禾坪、化胎、风水林等构成了粤东地区最

图 3-6　堂横屋面示意图

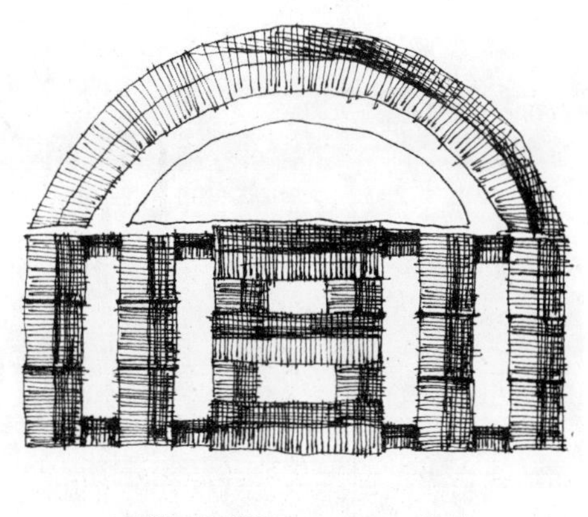

图 3-7　以三堂二横作为核心的围龙屋　梅县隆文镇岩前村赞诒堂

图 3-8 三堂六横三围龙围龙屋（兴宁市文化局提供）

具特色的民居形式：围龙屋（图3-8）。围龙屋因为是以堂横屋为中心，横屋、围龙沿化胎朝中心围合，所以也就有了二堂二横一围龙、三堂二横一围龙、三堂四横一围龙或二围龙、三堂六横三围龙等不同形式的组合，即一个中心堂屋加上多个横屋与围龙的围龙屋（图3-9）。目前的田野考察还可以看到有残缺的七围龙的围龙屋，如兴宁叶塘琵琶塘老屋（图3-10）。

围龙屋的变异形态：围龙屋之所以称之为围龙屋，是因为围龙和化胎这两个标志性的构成元素，使围龙屋具有鲜明的特征而区别于其他的客家围屋。在数百年的围龙屋建造历史中，堂屋作为围龙屋稳定的核心，在化胎和围龙这两个标志性因素不变的前提下，每一个构成元素都有可能独立地发展，如果在与横屋的组合方式上能自身形成封闭围合的形式，就可能产生特殊的围龙屋形态，如连体围龙屋（图3-11）和四角围龙屋[①]，即方形的围楼或围屋加上化胎和围龙的组合（图3-12）。四角围龙屋产生于清代的康熙前后年间，在地域上主要分布在兴宁，之后传播至东江流域的惠阳、保安以及九龙等地。

① 有研究客家围屋的学者称之为“城堡式围楼”。

（google航拍图）

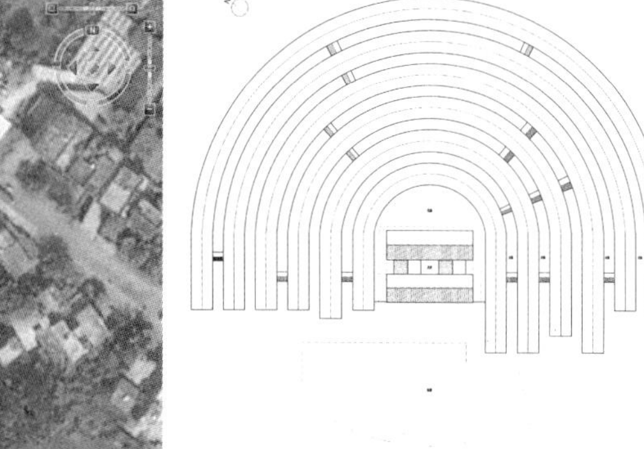

建筑屋面图

图 3-9 兴宁宁新松口岭围屋（兴宁市文化局提供）

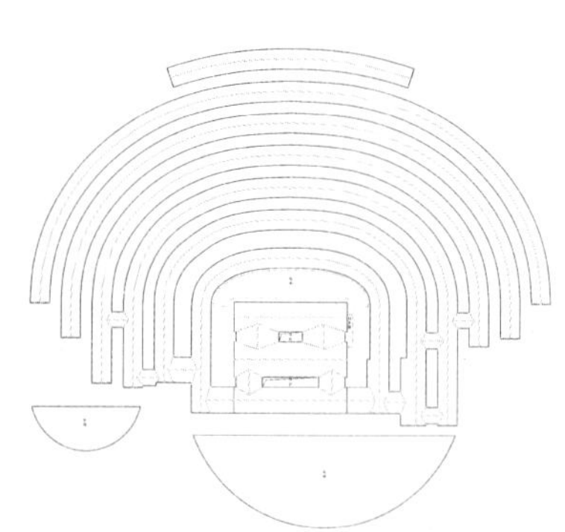

图 3-10 兴宁叶塘琵琶塘老屋 屋面图（右）

图 3-11 连体围龙屋 兴宁宁新横岭老秦屋 （google航拍图）（左）

（四）围楼

围楼，又称“土楼”，围楼一般为多层，其形态有方、圆、五角、八角等，以方形和圆形围楼为多。

方形围楼在福建称为方楼，在江西称为“土围子”，在广东则称为四角楼（图 3-13）。方形围楼主要集中在闽、粤、赣三省的边界地区，在粤东又主要分布在大埔、蕉岭、梅县、兴宁等地。粤东客家人所称的四角楼，更多是指带碉楼的方形围楼，建筑外部形象因带碉楼而与粤北的方楼和赣南“土围子”相似。邻近福建的粤东大埔的方楼一般不带碉楼，建筑的平面布局与闽西方楼基本一致。东江流域大型的四角楼因其内部空间庞大、功能复杂而又被称为“城堡式围屋”。

图 3-12　方形围楼加围龙的“四角围龙屋”兴宁刁坊黄宏昌围屋（兴宁市文化局提供）

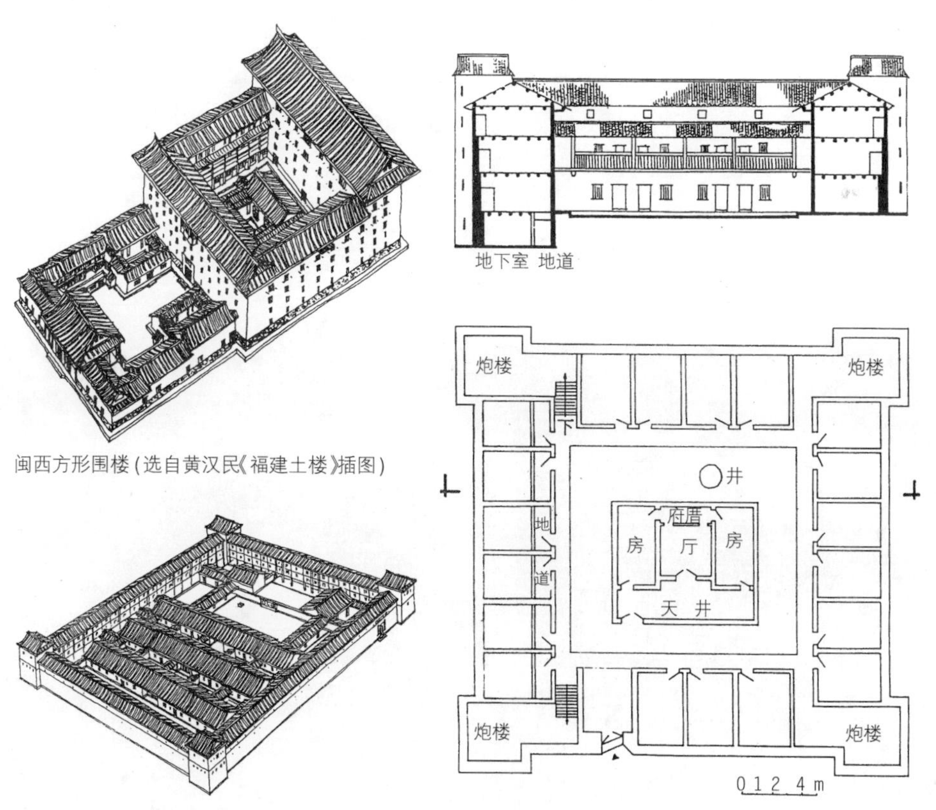

图 3-13

闽西方形围楼（选自黄汉民《福建土楼》插图）

赣南方形围楼（选自黄汉民《福建土楼》插图）

粤东四角楼（选自吴庆洲《中国客家建筑文化》插图）

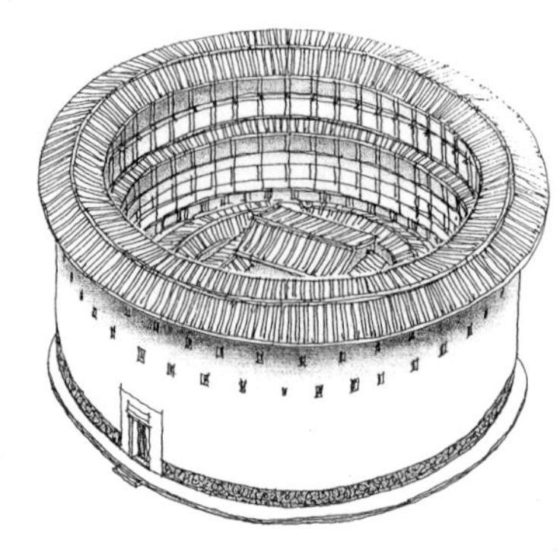

图 3-14　闽西、闽南、粤东圆形围楼　（选自黄汉民《福建土楼》插图）

圆形围楼主要分布在福建闽西的永定、南靖和闽南的平和、云霄，广东毗邻福建的大埔、饶平等地。福建闽西和闽南的圆形围楼在外观上基本相同，但结构及构造方式和建筑的平面布局却完全不同，分为通廊式和单元式两种圆楼。[①] 两种圆形围楼的内在差异，反映出了客家人和闽南人两个族群文化和日常生活上的差异（图 3-14）。

① 这是黄汉民先生根据多年的研究的重要发现。黄汉民．客家土楼民居[M]．福州：福建教育出版社，1995：11-36.

（五）围村

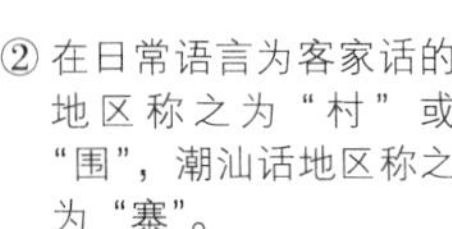

围村是大型围屋的统称，也称为围寨，就是将若干个小型的围屋或一片围屋用围楼或围墙包围起来，故称之为寨。[②] 一个围村可能只是由一个宗族组成，也可能由几个不同宗族组成。[③] 客家围村主要分布在客家人与潮汕人、广府人的边界或杂处地区。有的围村深沟高垒，固若金汤，显然是出于族群之间或与盗匪之间的防御需要（图 3-15），如粤东丰顺丰良建桥围，四面环水，围内是一座座独立的堂横屋。在粤中东江流域地区的客家围村，基本都是清代以后由西迁的粤东

② 在日常语言为客家话的地区称之为“村”或“围”，潮汕话地区称之为“寨”。

③ 一般初建的时候都是一个独立的宗族，在历史发展过程中，由于各方面的原因不断地增加外姓人居住，形成多个宗族聚居的围寨。尤其在粤东邻近饶平的一些古寨，如潮州的“龙湖寨”等。

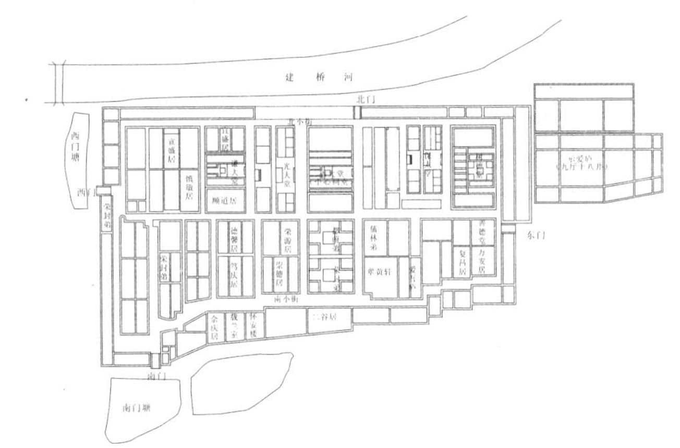

图 3-15*a*　粤东丰顺丰良建桥围总平面图

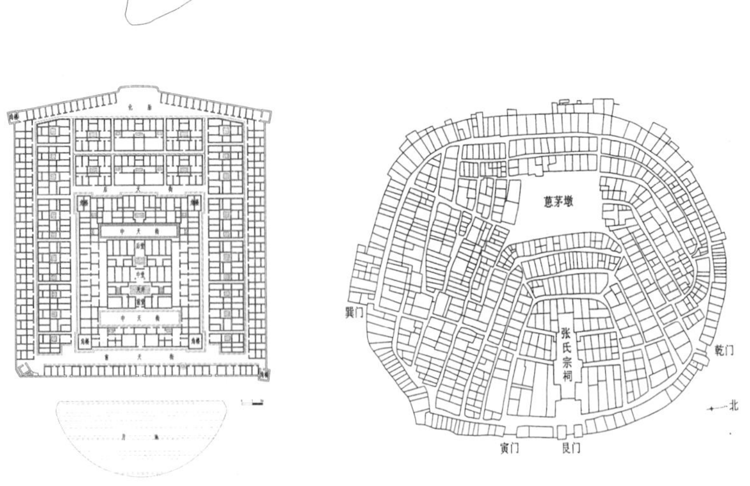

图 3-15*b*　深圳坪山大万世居平面图　（依据吴庆洲《中国客家建筑文化》插图绘制）（左）

图 3-15*c*　翁源江尾蒽茅岭“蒽茅围”平面示意图　（选自吴庆洲《中国客家建筑文化》插图）（右）

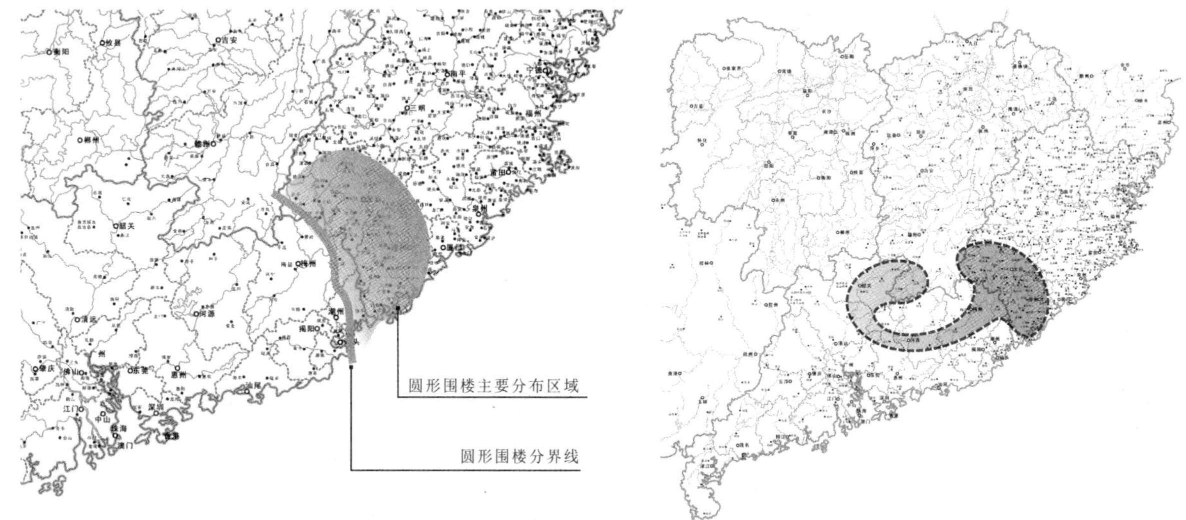

图 3-16　圆形围楼分布图（左）

图 3-17　方形围楼分布图（右）

客家人所建，它既保留了客家民居的传统，又明显受广府围村的影响，其主要特点是房屋纵横成行成列，四周被围楼或围墙包围，平面呈方形，四角设碉楼，围内的住房多为单元房，有“斗廊式”（一天井、二廊、一厅、二房）或“大齐头”（一厅、一房）等形式。单姓围村在中轴线上设祖公堂，而多姓围村则各有祖堂。客家围村尽管已非独栋围屋，但大门口一般仍有禾坪和池塘，这是与广府围村的主要区别之一。

二、粤东客家居住建筑的基本分布

1. 杠屋、堂屋是粤东客家聚集地区较普遍的民居类型，几乎在每一个山区、盆地都可以轻易见到。

2. 粤东的圆形围楼主要是分布在靠近福建的大埔县、饶平县，大埔县、饶平县是闽西、闽南圆形围楼集中区域板块的边缘，梅县和兴宁以及往西的五华、龙川等地则几乎没有圆形的围楼（图 3-16）。

3. 从蕉岭、大埔和饶平开始，到兴宁、五华、龙川、东源、紫金、新丰、翁源、始兴、连平、和平等地，都有方形围楼，如果将这些有方形围楼的地区以线条连接，可以明显地看到一条由方形围楼的分布形成的链带，这条非常完整的链带图形为两边宽，中间细，两端分别是闽西和赣南（图 3-17）。不过，这些坐落在不同地区的方形围楼，在外观和内部结构等方面，都存在着较大的差异，呈现出不同的建筑风格。链带的东端，大埔、饶平的方形围楼在建筑风格上明显与福建相同；链带的西北端，方形围楼的建筑风格明显受到赣南“土围子”的影响；而在粤中及东江流域的方形围楼，正好反映出了建筑风格演变之间的各个过程，最为典型的风格特征就是方形围楼与围龙屋两种建筑形态的结合。

4. 围龙屋是粤东地区最具特色、最具典型意义的标志性民居建筑。围龙屋主要分布在粤东客家中心地区兴宁、梅县和蕉岭，从中心区向周边扩散，

图 3-18　各类型围屋分布图

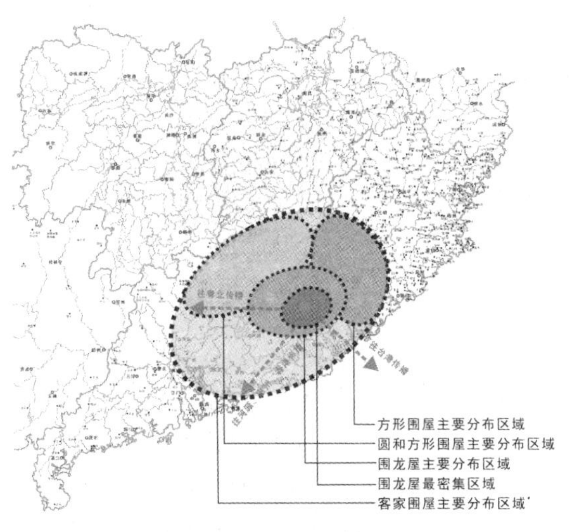

东至大埔及福建的边界，北至与蕉岭、平远、和平相邻的福建上杭、武平和江西的寻乌，南至丰顺等地。随着清末客家人西迁，围龙屋逐渐由中心区往西扩散，辐射至粤北，直至东江流域以及环珠江口的河源、惠州、深圳、香港。台湾省台南六堆等地也有和大陆粤东地区相类似的围龙屋（图 3-18）。①

第二节　围屋分布与族群的边界和互动

客家文化、潮汕文化和广府文化，都是北方汉人在不同历史时期，迁徙至广东的不同地区所形成的相对独立的文化体系。从文化的本质上看，客、潮、广三种文化形式都以从北方带来的中原文化为基础，在与当地土著的越人文化相融合的同时，不断吸收外来文化的特质，逐步形成同源于中原汉文化又各有地方特色的文化。广府族群主要分布在以珠江三角洲为中心包括北江、西江、东江三大干流在内的珠江流域；潮汕族群主要分布于粤东以韩江三角洲为中心的韩江流域；客家族群则分布在粤东、闽西和赣南相交界的山区。不同区域内的住民在适应不同的自然环境和人文环境中形成的族群文化是族群认同的重要标志。② 民居是体现地域特色、时代特征和文化差异的物质标志，不同族群的居住文化体现出族群的差异和认同倾向。珠三角广府人的西关大屋，韩三角潮汕人的“下山虎”、“四点金”，粤东山区客家人的围龙屋等，无不以鲜明的族群文化识别性成为了地域的标志。

族群共同文化是产生族群自我认同意识的基础，包括符号（如语言、表现文化、宗教、建筑、服饰、节日、宗族与姓氏等）、饮食、传统、边界过程等因素。在一个地区，共同的语言和共同的文化特点使同一族群的人感到彼此是“自己人”，意识到或被意识到与周围群体的不同。族群的差异、族群的识别和族群的认同只有在族群的互动过程中才能凸显，因为有对比才能产生差异。因此，族群意识往往突出地体现在族群边缘而不是在族群的中心。弗里德里克·巴斯（Barth Fredrik）认为，产生族群的关键在于“边界”。族群界线（ethnic boundary）的维系或转变，基本上与语言、习俗等符号是否同属一个共同的文化无关，决定性的机制不在于文化，而在于特定情境中的政治、经济或生态等现实需求。“调查的首要焦点变成定义群体的族群边界，而不是它所包含的文化因素。虽然也有相应的地理边界，无疑，我们更应注重的是社会边界……然而，在不同文化的人们

① 据房学嘉的《从民居建构看移民文化：以粤东梅州围龙屋为重点分析》：台湾省台南六堆地区是台湾省客家移民的主要聚集地之一，六堆地区的客家人的祖先据说来自梅县及蕉岭（清为程乡县及镇平县），当地客家人称这种集宗祠与民居为一体的建筑为“伙房”，具有与围龙屋相同的建构文化要素。陈世松．“移民与客家文化”国际学术研讨会文集[M]．桂林：广西师范大学出版社，2005：432.

② 黄淑娉．广东族群与区域文化研究[M]．广州：广东高等教育出版社，1999：197.
罗香林首创“民系”一词指一个民族中的各个支派，认为一个庞大的民族，会因环境和时代的变迁逐渐分化，各个局部成为若干不同的系派、各个微有分别的民系。民族的乱离迁徙，途径不同，栖止殊异，到达以后，不免受当地各种环境（自然环境、社会环境）的影响，原有属性便发生变化，结果便是民系的形成。罗香林在《客家研究导论》一书中，开宗明义地指出客家是汉族的一个民系。

互动的地方，人们希望减少这些差异。因为互动既要求又产生了符号和价值的一致性——换言之，文化的相似性或共性。因此，维持族群间的联系不仅隐含了认同的标准和标志，而且隐含了允许文化差异存在的互动的架构。”[①] 正因为如此，社会学家和人类学家特别关注族群的边界问题，可以说，族群的边界是族群内涵的前提与基础，族群之间如果没有边界，也就不存在族群的文化差异，也就谈不上族群的认同与互动。当然，族群“边界”在历史的时空概念中不是孤立的和静止的，而是动态的和双向的。运用族群识别、族群认同和族群互动的理论，考察粤东地区客家族群与潮汕族群、粤中地区客家族群与广府族群两个边缘地区的族群互动以及族群互动带来的居住形态的变异，将有利于我们去认识和解释这些地区客家居住建筑的类型、风格以及演变。

第三节 客家族群、潮汕族群的互动与围屋风格的统一

事实上，在赣南、闽西、粤东这一客家大一统的区域里，并不是一个所谓的“客家文化”概念就可以概括地域跨越三省、人口超过千万的客家族群，即使仅在粤东客家人聚居的地区中，同样存在着生活习俗、崇拜信仰等方面的差异（如节日、仪式的程序等等）。“因此，对客家族群的研究不能持传统的、静态的看法，强调客家文化的整体性与不变性的研究方法，将‘客家族群’等同于‘客家文化’的研究，而应该将客家族群的研究置身于动态的历史长河中去考察，否则将难以寻求对客家族群与文化的合理客观的解释。”[②] 粤东的丰顺、饶平是客家与潮汕两个族群的边缘地区，饶平的居民、丰顺靠近潮州、揭阳的居民，一般都能使用客家话和潮汕话两种语言，不仅方言——这一最具区别概念的文化特质在他们身上表现出混融的状态，其他方面同样是潮客文化兼而有之。[③]

饶平现属潮州管辖，北邻大埔，南边靠海与澄海相接，西面是潮州，东与闽南诏安相邻。饶平居民中有 80% 为潮汕人，19% 的客家人集中在与大埔毗邻的上饶地区。[④] 据调查，“饶平的土楼寨，数量之多，造型之繁，可以说是世界上独特的古建筑。全市分布有 655 幢之多，造型之杂，当推上饶区为最……根据初步调查，上饶客区 6 个镇（上善、上饶、饶洋、新丰、九村、建饶）中，已占有 300 幢楼。”[⑤] 在这些为数众多的“土楼寨”（指圆楼）中，既居住着有客家人，也居住着有潮汕人，“大致是潮州人与客家人各居一半”（图 3-19）。[⑥]

图 3-19 饶平客家族群与潮汕族群居住分布图

① （挪威）弗里德里克·巴斯．族群与边界 [J]．高崇译．南宁：广西民族学院学报（哲学社会科学版），1999.

② 宋德剑等．民间文化与乡土社会——粤东丰顺县族群关系研究 [M]．广州：花城出版社，2002：6.

③ 周大鸣等．当代华南的宗族与社会 [M]．哈尔滨：黑龙江人民出版社，2003：48-127.

④ 不同的统计方法将出现不同的结果，如按语言和按族谱或者按被统计人的个人族群认同倾向等。

⑤ 邓开颂，余思伟．客家人在饶平 [M]．客家围屋．广州：华南理工大学出版社，2006：137.

⑥ 黄挺．潮汕文化教育源流 [M]．广州：广东高第教育出版社，1997。另一说法是“据近年初步调查，全县（不包凤凰山区）共建有楼寨 580 幢之多，饶北客区约占 300 幢”。刘陶天，饶平地区楼寨式住居，《广东民俗大观》[M]. 1993：241.

按黄汉民先生的研究成果，圆形围楼的通廊式布局和单元式布局是判断客家圆楼或闽南圆楼的基本原则，“通廊式的圆楼主要分布在以永定县东部为中心的客家人聚居区，而单元式圆楼则分布在漳州市所属的平和县、华安县、漳浦县、云霄县、诏安县等闽南人聚居区。可见，通廊式布局与单元式布局应该分别是客家人和闽南人居住传统上固有的形式。因此，把圆楼住居在平面布局上的这种明显的差异作为界定客家人与闽南人这两大民系的一个实物例证是有足够说服力的。”[①] 这是黄先生在对福建闽南、闽西土楼做了大量调研、测绘基础上得出的结论，黄氏对福建“土楼”的研究以及关于闽西和闽南圆楼族群与建筑形态的关系的研究，对于客家围屋的研究具有里程碑式的意义。但是，事实上在粤东的客家地区，情况却并不是这样。田野调查的资料显示，粤东地区客家人居住的圆楼为单元式，尤其是在饶平圆楼分布区中，客家与潮汕两个族群的人同样住着单元式圆楼，而不是通廊式，甚至不少居住在圆楼内的“潮汕住民”，有研究证明，他们的祖先其实也是客家人。但无论如何，族群的差异在单元式的圆形围楼中被弱化了。[②] 因此，将聚居在闽粤边界的客家人、闽南人和他们居住的圆楼形式作一个梳理，对理解族群与居住建筑形态选择之间的研究具有一定的意义。

首先，从地理位置上来看。

从福建的武平沿着闽粤省界（省界虽然是行政上的划分，但两省的省界之间有山脉相隔）往南至诏安，福建境内的西北部聚居的是客家人，南部聚居的是闽南人。西北部聚居的客家人以永定为中心，他们居住的圆楼为通廊式，与所有其他客家围屋一样，围内设有祖堂，而南部闽南人居住的圆楼是单元式的，围内不设祖堂。在这条省界的西面，便是粤东的蕉岭、大埔及饶平的北部，这三个最靠近福建的地区，居住的几乎是清一色的客家人（尽管饶平现属潮州市管辖）（图3-20）。这些生活在边界西边的粤东客家人，他们居住的圆楼却是单元式的，与

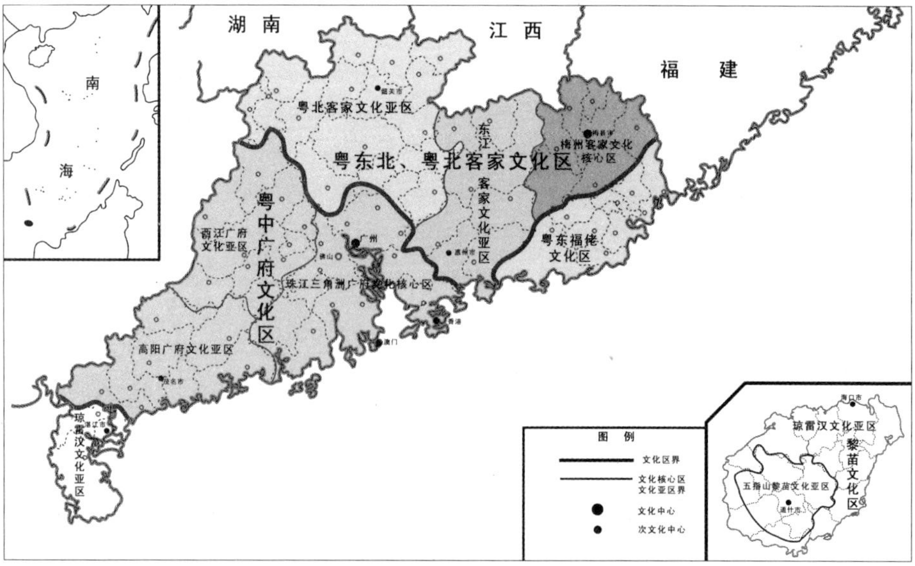

图3-20　广东族群文化分布图（依据司徒尚纪《广东文化地理》“广东文化区划图”绘制）

① 黄汉民．福建客家圆土楼的形式特色．中国客家民居与文化．广州：华南理工大学出版社，2001：190.

② 杨耀林、黄崇岳．南粤客家围［M］．北京：文物出版社，2001：112.

图 3-21*a* 大埔大东林氏花萼楼全景图

图 3-21*b* 大埔大东林氏花萼楼外观图

图 3-22*a* 饶平上饶马坑村张氏镇福楼 全景图

闽南非客家人居住的通廊式建筑相同，唯一不同之处当然是围内设有祖堂。这些单元式的圆楼为了防卫的需要，在单元式圆楼的某些楼层，开出一道较窄的通廊，连通圆楼每一个单元，如大埔大东林氏花萼楼，大埔枫朗黄氏维新楼，饶平上善南阳楼，饶平县饶洋镇赤棠村新彩楼，饶平新丰镇丰联村占氏润丰楼，饶平三饶古城道韵楼，饶平上饶镇马坑村张氏镇福楼等（图 3-21、图 3-22）。

图 3-22*b* 饶平上饶马坑村张氏镇福楼 外观图

粤东大埔枫郎黄氏的维新楼，与福建闽西客家地区相邻（在调查中发现，大埔的方言与闽西永定接近，不少客家姓氏族谱都有记载他们的祖先先从福建迁居大埔、蕉岭再迁往粤东其他地区）。维新楼的祖先八百年前从闽西宁化石壁迁来，黄姓为当地的大姓。维新楼于清光绪元年（1875 年）由黄氏宗族第二十八世兴建，为同姓大家族聚居建筑。维新楼高三层 12 米，占地面积 1170 平方米，外圆直径 38.6 米，内天井直径 19 米，建筑物房间深度 9.8 米，建筑面积 2048 平方米。维新楼内没有公共楼梯，只在每个单元式的住宅内设有独立的楼梯；出于防御的需要，底层外墙厚 1.3 米，下部用毛石砌筑，上部用夯土，二层墙厚 0.9 米，三层墙厚 0.7 米；大圆楼只有一个出入的大门，一、二层外墙不开窗，三楼外墙开窗洞；围内设井。所以，维新楼是一座典型的单元式平面布局的圆形围楼。屋内每一层分为 24 间，即 22 个房和 2 个厅。大门朝东，祖堂放在西边。底层 24 个开间中，正东一间为门厅，正西一间为厅，其余一家一开间，间内分为进深 5.5 米和 4.3 米的三房间，靠外墙安排卧室，靠内院安排厨房，并有一木梯通到二层。二层外为阳台，内为居室。三层有一环形

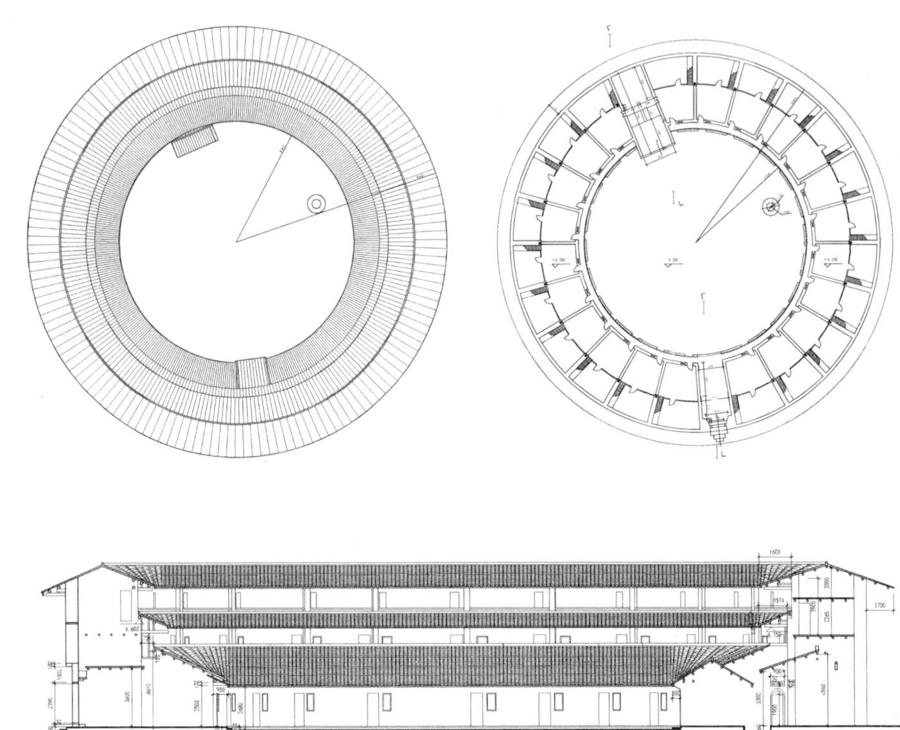

图 3-23　大埔枫郎维新楼屋顶平面图（左）
图 3-24　大埔枫郎维新楼首层平面图（右）

图 3-25　大埔枫郎维新楼剖面图

首层平面　　二层平面　　三层平面

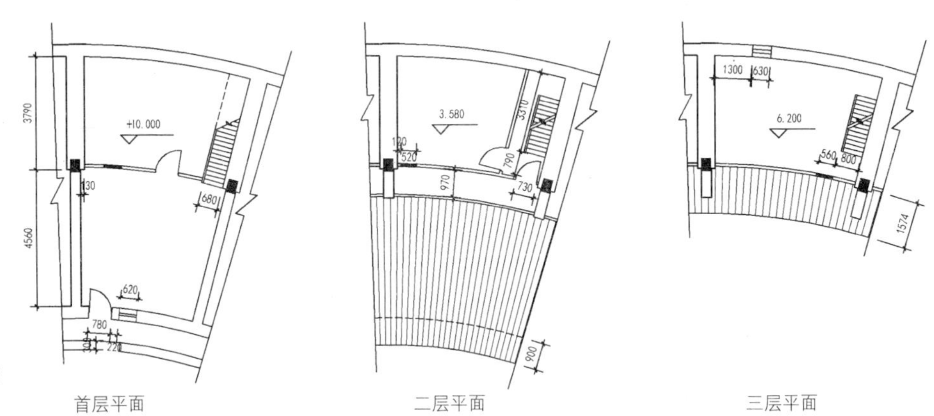

图 3-26　大埔枫郎维新楼单元平面图

走廊，靠外墙的房间作居室或储藏室（图 3-23～图 3-26）。维新楼虽为单元式的圆楼，但在顶层有一小环廊，可通至各户，这一环廊明显具有防御和方便各单元之间沟通的功能（图 3-27）。

在粤东客家人居住的圆形围楼中，闽西客家人居住的通廊式布局反而少见，如饶平樟溪镇乌溪村钟氏紫来楼是为数极少的通廊式圆楼，而且樟溪镇又是潮汕族群聚居地区。这一比较研究要说明的是，粤东地区的圆形围楼基本上是单元式的，在这些单元式的圆楼中，聚居的大部分都是客家人，这一现象显然与“福建闽西客家人居住的是通廊式，闽南非客家人居住的是单元式”的描述不一致。

其次，从居住在圆楼内住民的族群认同感上来看。

图 3-27　大埔枫郎维新楼三楼各单元的外通廊

在粤东这些为数众多的单元式布局圆楼中，居住的住民有客家人，也有非客家人即潮汕族群的人。北部的大埔、蕉岭两地全部都是客家人（当然也包括有一部分汉化了的畲族人）；隶属潮州市管辖的饶平境内，自新丰往北的居民，无论他们的语言、日常生活习俗、宗族、崇拜以至族群的自我认同感，都表明他们全部都是客家人；而在新丰以南的三饶、建饶反而因为地处客家和潮汕两个族群的边缘，圆楼内的住民无论语言、日常生活习俗、崇拜等都在客家与潮汕两种文化中各占不等的比重，在族群的自我认同感方面同样是比较模糊，尤其是年轻的一辈；再往南的其他圆楼分布地区，则基本属于潮汕族群聚居地。因为潮汕方言于唐宋时代开始从闽语中分化，至明代基本完成，成为了闽南方言的次方言。[①] 从方言这种族群性表征的符号来看，我们可以确认，潮汕族群与闽南人之间有着深厚的族群渊源和文化上的关联，而客家族群与闽西同样有着历史的族群渊源关系。因此可以说，饶平是客家和潮汕两个族群共同生存的地区，圆形围楼的分布和使用，显示了族群之间并没有因文化的差异而对居住形态的选择造成任何影响，相反在历史的互动中共同认可了单元式的圆形围楼。

处于客家和潮汕两个族群边缘的道韵楼[②]，坐落于距饶平古县城三饶西南约一公里处的南联村。[③] 道韵楼为黄氏五世祖秉礼公与秉智公兄弟二人倡修主建，明成化十三年岁次丁酉（1477 年）动工营造，历经一百余年四代人的建设才将这近万平方米的围楼全部完成。清顺治四年岁次丁亥（1647 年），道韵楼建成 170 年的时候，由原官拜前明南京礼部尚书黄锦（字偰元，饶平东界人）命笔，提书“道韵楼”三字，现仍嵌刻在楼门上（图 3-28）。道韵楼，也称八卦楼（图 3-29），楼体周长 328 米（不包括周围围

图 3-28　饶平三饶南联道韵楼门楼题字

① 李新魁．广东闽方言形成的历史过程．广东社会科学．1987，3-4.

② 道韵楼、新韵楼和饶韵楼一起被称为饶平古楼风韵。

③ 明成化十三年（一四七七年）饶平正式置治建县城于三饶，县名隐含“饶永不瘠，平永不乱。”之意。1974 年在饶平出土的商周墓葬表明：很早以前，人类就在这里活动。

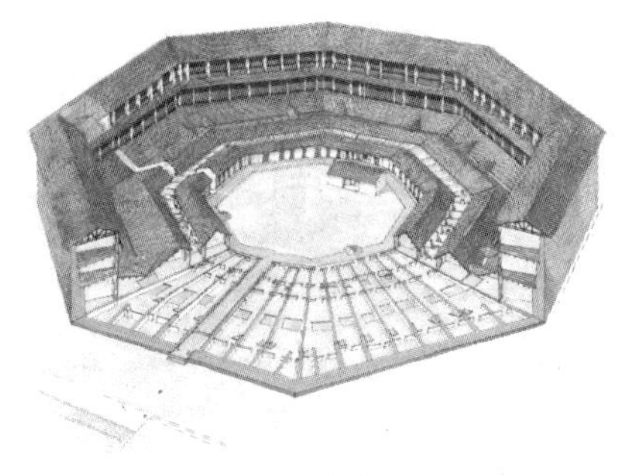

图 3-29 饶平三饶南联道韵楼的平面形状为八角形(选自《美术学报》2010,3.吕绍藩《道韵楼建筑特征初探》插图)

屋),内切圆直径 101.1 米,底墙厚 1.6 米,墙基有两层青砖,外墙体由夯土墙和土砖组成,夯土墙的原料是黄泥、白灰、砂石、竹根或碎木,高 11.5 米,面积约 10000 平方米,如加上道韵楼旁边的辅助建筑则约 15000 平方米。楼内有住房 72 间(正房 56 间,角房 16 间),单元式的每个开间皆三进两天井,深 29 米。前、中进为平房,后进是三层高楼。围楼中心广场以卵石铺边的土质,约有 1000 平方米(图 3-30)。

图 3-30 饶平三饶南联道韵楼全景图

道韵楼所处的地理位置正是在潮汕人与客家人相混的半“山客”地带[①],按照当地人的说法以及语言使用的地域范围,从潮州凤凰、饶平新塘、三饶至福建边境是客家与潮汕族群之间的“边界”。从地名上的用语也说明了这一点:三饶及往南,潮汕地区常用作地名的“厝”字出现的频率逐渐增加,如厝尾、老厝、寮厝埔、上厝岭……而往北,“下”、“里”这些客家地区常用作地名的字大量出现,如下湖、下林、石芝下、等。道韵楼的建筑类型无疑属于单元式布局的圆形围楼,但核心建筑——祖堂却置于中轴线最突出的位置上[②],地面前低后高成交椅背格局,增加了礼制尊卑之意义。居住在道韵楼内的住民和当地其他住在圆楼的人一样,都会经常面对类似“你们是客家人还是潮汕人”这一类提问。这是远离族群文化中心区,处于族群边缘地带的住民经常要重复回答的问题。虽然,族谱里清晰地记载着他们的祖先如何艰难但却荣耀地从福建宁化石壁经汀州到饶平开基建业,与客家人无异,同样居住在圆楼里,但是却操着兼有客潮两种口音的语言。而且,他们喝潮汕人的“功夫茶”,自我认同是潮州人,日常生活与潮州人没有差别。数百年的社会沧桑、宗族竞争、婚姻嫁娶、经济互往等矛盾与融合,居住在圆楼里的客家人,逐渐在族群的互动过程中改变或放弃了其原先族群的文化特征、习俗、语言等,以致最后丧失了对原族群的认同。但是,他们并没有改变对建筑风格的认同。

圆楼是分布在粤东、闽西、闽南地区的一种居住建筑类型,尽管客家族群与潮汕族群各自有着历史的族群渊源,但客家和潮汕两个族群在社会发展的互动中,动态地形成了统一的建筑风格。通过分析单元式布局的圆形围楼在粤东和闽南的分布及粤东客家族群和潮汕族群与单元式布局圆楼的关系,可以发现,粤东客家

① 在潮汕与客家族群边缘地区,当地人和潮汕人一样,一般称客家人为“山客”。

② 在解放初,此祖堂建筑物曾分配给某村民居住,传说发生了很多意想不到的“事情”,现拟恢复它原有的功能。

人聚居地区和闽南非客家人聚居地区中，单元式布局的圆楼是他们主要的居住建筑类型，或者说，粤东的客家人和潮汕人同样选择了属于闽南非客家人地区盛行的单元式圆楼。圆形围楼无论通廊式还是单元式的布局，和其他客家围屋建筑一样，对客家、潮汕和闽南人具有相同的意义，都是属于可以选择的风格。不过，圆楼内设祖堂与否却成为了客家人最具有一致性的关注原则。由此可见，同是单元式布局的圆楼建筑形态，可以隐含着不同族群之间的文化内涵和在不同时空层面上的社会关系。

第四节　客家族群、广府族群的互动与围屋风格的变异

广府族群、客家族群和潮汕族群同是汉民族的分支，具有相同的文化根源，随着时间的推移和空间的扩张，历史地形成了各自的文化地域结构。人文地理学将广东地域文化分为广府文化、客家文化和潮汕文化三个“文化圈”，三个“文化圈”基本上以宋代的英德府为界，也就是明清时代广州府与韶州府、广州府与惠州府的政区分界，这条界线的东北部和北部为客家文化圈，西南部为广府文化圈，潮汕文化圈位于客家文化圈的东南部，与福建的闽南文化区相连（图 3-31）。三个“文化圈”之间接触的空间尺度和密切程度，从总体上说，客家文化圈与潮汕文化圈的接触次于与广府文化圈的接触关系。明清以前，由于广府文化具有较强的优势而不断地向外传播，但当它向东北部和北部客家文化地域推进时，却长期未能深入客家文化区域；相反，当客家文化西进和南下时，广府文化不但无法阻止，反而让客家文化以蛙跳的方式传播和板块的形式嵌入广府文化圈内部，尤其是广府地区的山区，因为山区的自然环境对于客家人并不陌生。[①]“所以这种转移没有文化特质的改变，仅是一种生活方式的地域转移，客家人很容易适应那里的环境并振兴起来。”[②]因此，客家族群西迁[③]是客家文化向广府文化地区传播的重要途

① 司徒尚纪．岭南历史人文地理——广府、客家、福老民系比较研究 [M]．广州：中山大学出版社，2001：369-370.

② 司徒尚纪．岭南历史人文地理——广府、客家、福老民系比较研究 [M]．广州：中山大学出版社，2001：371.

③ 客家人因清初康熙年间“迁海复界”，为恢复沿海地区生产和生活而下“招垦令”，沿东江从兴宁、梅县迁往河源、惠州等地。

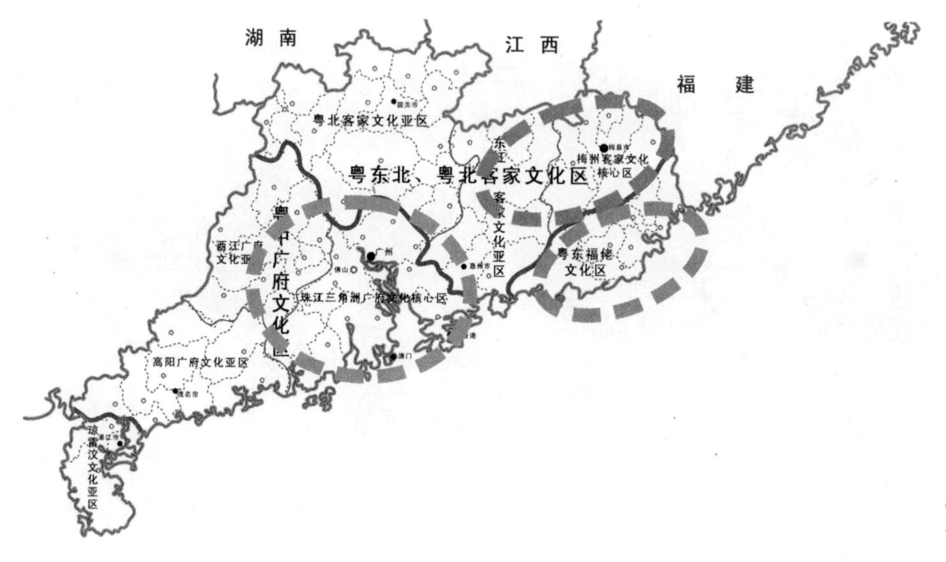

图 3-31　广东地域的三个“文化圈”（依据司徒尚纪《广东文化地理》“广东文化区划图”绘制）

径，在这个文化传播过程中，客家文化既是文化的主体又是文化的客体，一方面向广府地区传播客家文化的要素，同时又接纳广府文化的精华，文化传播的结果是文化的整合和同化。最直接显现出来的是语言的相互影响和渗透，如东江流域的惠州话就是客家话和广州话接触的产物，惠州话既可以说是受粤方言影响后的客家话，也可以说是受客家方言影响后的广州话。“我们可以认为它是客、粤混合话，可以认为它是以客 / 粤为基础，借入大量的粤 / 客成分，因而具粤 / 客特点，甚至进而认为它处于向粤 / 客的转变中……”[①] 语言在某种意义上是族群性表征的重要符号，研究地域文化往往可以从一个族群语词的语源和演变、造词心理、亲属称谓、姓氏等追溯其文化渊源。

研究历史建筑在时间和空间中的序列，并将历史事件以及其他文化领域的不同特征和风格的变异相比较[②]，可以帮助说明风格或者独特品质变迁的原因。[③] 客家民居建筑的形态和风格是客家文化传播的重要载体，清代粤东的一些客家人，以“板块和闭锁”的移民方式向粤西、向南方及沿海广府族群区域西迁，这种跳跃式的文化传播方式成就了东江流域客家文化分布区域客家民居建筑的另一种风格：四角围龙屋——围龙屋的一种变异形态，是围龙屋建筑风格的移植与变异的结果。就像东江流域“客、粤混合”的惠州话，“四角围龙屋”这种围龙屋和方形围楼结合的变异风格，包含着粤东围龙屋的基本构成，但在围龙屋建筑形态的基础上，结合了客家方形围楼的防御功能，增加了两至四个角楼（碉楼），平面开间吸取了广府地区民居建筑的分户特点，同时，围屋的规模明显比粤东庞大而且复杂，是一种新型的围龙屋形式。分布在东江流域和沿珠江口地区的大型围屋因为形体庞大，像一座超大型的围龙屋式的城堡，又具有很强的防卫功能而被客家建筑研究的学者称之为“城堡式围楼”（图 3-32）。[④] 比较典型的如惠阳宝安坑梓（现深圳市龙岗区坑梓镇）黄氏的新乔世居、龙湾世居、龙田世居（图 3-33），坪山（现深圳市龙岗区坪山镇）曾氏大万世居、罗氏鹤湖新居，惠阳秋长（现惠

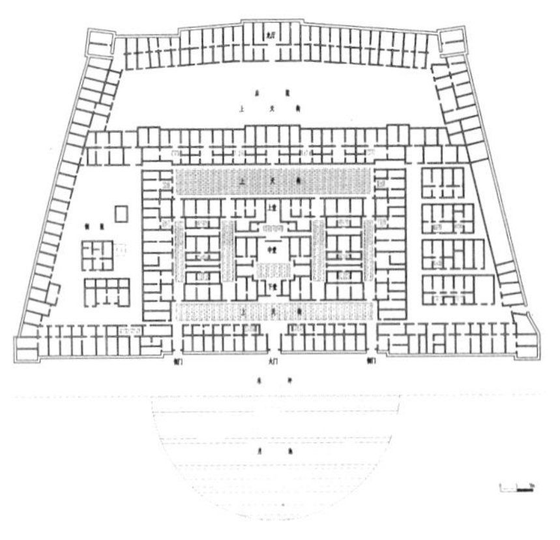

图 3-32　深圳龙岗鹤湖新居平面图（依据吴庆洲《中国客家建筑文化》插图绘制）

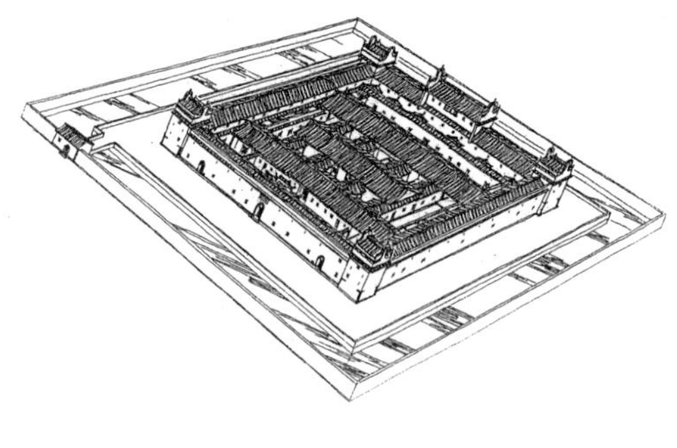

图 3-33　深圳坪山龙田世居鸟瞰图（选自黄汉民《福建土楼》插图）

① 黄淑娉．广东族群与区域文化研究 [M]．广州：广东高等教育出版社，1999：123.

② 建筑历史学家研究风格的内在一致性、生命史及其形式和变迁，利用风格来作为建筑起源的时间、地点的评判标准，以风格作为追溯不同流派间相互关系的一种手段。但重要的是，风格首先是一个具有特征和意义的表现形式系统，同时，风格还是在一个群体中通过情感联想的形式进行沟通，确定某种宗教的、社会的以及伦理生活价值的表达工具。此外，它也是衡量创新以及特定的作品个性的共同基础。通过建筑作品在时间和空间中的序列、历史事件以及其他文化现象的不同特征和风格的变异相比较，有助于建筑史学家凭借不同的学科理论的帮助来说明风格变迁的原因。

③ 卢斯（Adolf Loos，1870-1933）：“即使一个绝种的民族，除了一颗纽扣之外没有留下任何别的东西，我也能从这颗纽扣的形状上推断出这个民族的人们是如何穿戴、如何建房、如何生活以及他们有什么样的宗教、艺术和精神状态。”如此足以可见风格与文化整体的一元论在相当长的时期里影响了历史学家和艺术史家的工作。

④ 和另一些风格变异的围屋一样，这种建筑形态目前没有一个统一、明确的称谓。导师吴庆洲先生的《中国客家建筑文化》和黄崇岳、杨耀林合著的《客家围屋》将其统称为“城堡式围楼”。鉴于在东江流域还有不少不带围龙的方形围楼，有些并没有形成“城堡式”的规模，本文主要探讨以围龙为风格特征的围龙屋建筑类型，因此先将之称为“四角围龙屋”，以便区别粤东的其他围龙屋。

州市惠阳区秋长镇）叶氏桂林新居，东莞铁场（现东莞市清溪镇）的上围、下围等。有些大型的四角围龙屋是在原有规模的基础上逐步加建，最终成为现在的大型围屋。

分布在东江流域和沿珠江口地区的四角围龙屋的主要特点如下：

（一）宗族渊源

东江流域的四角围龙屋大多是在清代建造，四角围龙屋住民的宗族社会组织形式与客家文化中心区梅县、兴宁等地一致，他们的祖先基本上都是在明末清初由粤东迁徙而来，经过历代子孙繁衍形成了单姓或多姓的宗族聚落。如坑梓龙田村几乎就是一个黄氏单姓村，坑梓黄氏宗族的祖先，由一世祖于明末自嘉应迁至惠州府归善县，二世祖于清康熙三十年（1691 年）携三子迁居坑梓，建有“黄氏宗祠（洪围）”（图 3-34），乾隆十八年（1753 年）建成“新乔世居”（图 3-35），之后近三百年间，其后代陆续在坑梓建“龙湾世居”（图 3-36）（1781 年）、“龙围世居”（1800 年）、“秀山楼”（1830 年）、“龙田世居”（图 3-37）（1830 年）、“龙敦世居”（1850 年）、“松子坑大围”（1860 年）、“盘龙世居”（1860 年）、“吉龙世居”（1888 年）等大至上万小则三四千平方米的四角围龙屋三十多座。再如“鹤湖新居”的祖先可以追

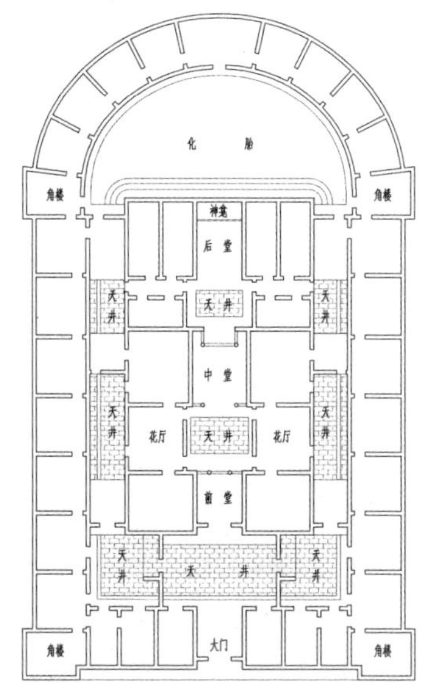

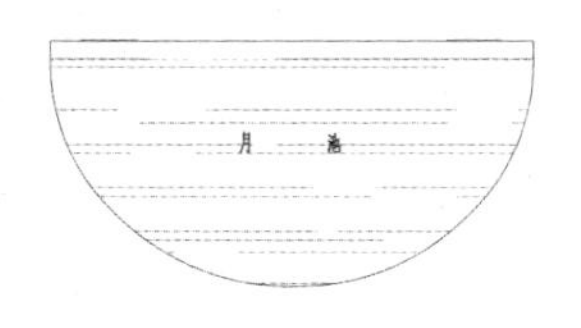

图 3-34　黄氏宗祠（洪围）（依据陆元鼎《中国客家民居与文化》插图绘制）

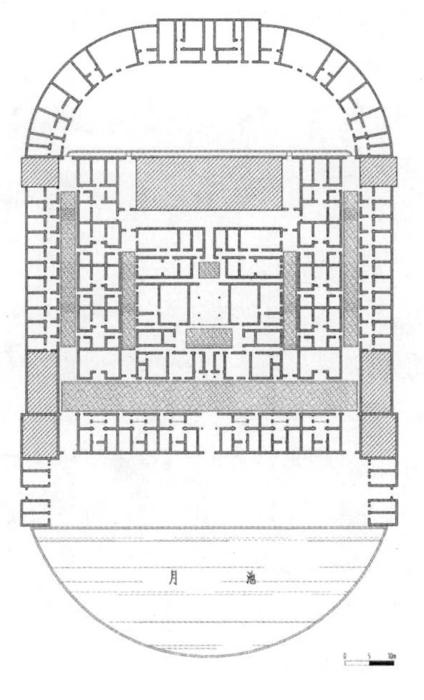

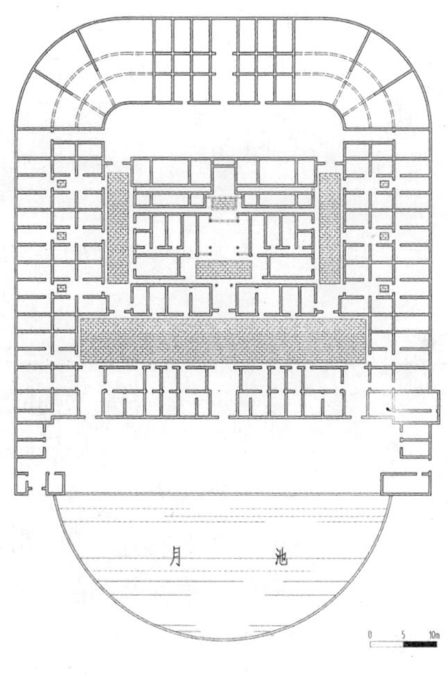

图 3-35　新乔世居（依据陆元鼎《中国客家民居与文化》插图绘制）（左）
图 3-36　龙湾世居（依据陆元鼎《中国客家民居与文化》插图绘制）（右）

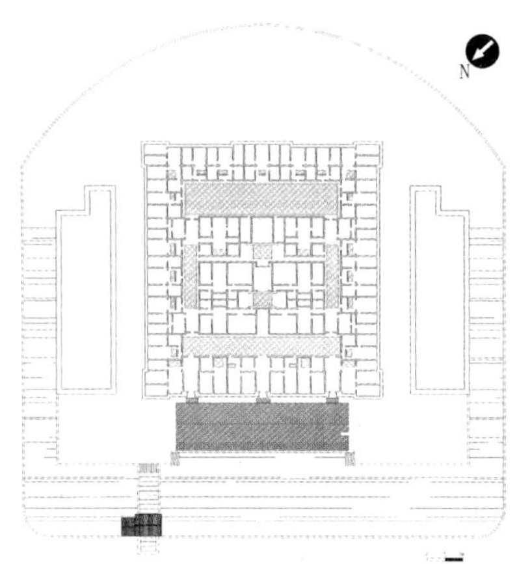

图 3-37 龙田世居（依据陆元鼎《中国客家民居与文化》插图绘制）

溯到福建宁化石壁村，清乾隆二十三年自兴宁迁居龙岗，历经三代数十年的努力，于嘉庆二十二年完成“鹤湖新居”。惠阳秋长铁门扇村叶氏于康熙元年来自兴宁，至乾隆十七年间第三世祖建造了“桂林新居”。龙门永汉学湖村王氏来自梅县松源，于清同治二年建成“鹤湖围”……显然，传世家谱中记载的宗族迁徙历史为我们展示了四角围龙屋的文化渊源，宗族的迁徙是粤东围龙屋建筑风格向东江流域传播的前提。

（二）风格的移植与变异

客家族群以“板块和闭锁”的蛙跳方式向西挺进，意味着这仅是一种生活方式的地域转移，在新的定居点较多地保留着原居地的文化特质。四角围龙屋作为粤东山区围龙屋在东江流域平原的移植，它的空间构成、空间序列以及空间组织必然保留围龙屋的基本功能和意义。如在建筑中轴线上的围龙、化胎、堂屋、禾坪、风水塘以及堂屋两侧展开的横屋，无不在暗示着这种建筑风格的源头。H·J· 德伯里在《人文地理——文化、社会与空间》一书中认为：“世界上各种不同的房屋都有其古老的起源。但由于人类的活动和迁移，不同建筑风格通过多种途径相互渗透，使房屋分布模式变得复杂了。有时新观念的引入会使当地的建筑风格发生变化……不过在其他情况下，即使换了地方，人们仍然会沿用自己原来的建筑方式。”[①] 坑梓黄氏宗族的祖先迁徙到龙田村，站稳脚跟开基所建（1691 年）的第一座建筑——“黄氏宗祠（洪围）”，基本上是“沿用自己原来的建筑方式”，我们可以在粤东兴宁看到类似的建筑。62 年之后，黄氏的第二代所建（1753 年）的“新乔世居”，情况就已经开始变化。历史上的族群迁徙带来的文化传播与融合，建筑风格的概念和思想从一种文化向另一种文化扩散时，使民居建筑风格发生变化是客观存在的，甚至是很明显的。对坑梓黄氏宗族聚落在同一空间区域不同时间建造的建筑作一个比较，可以看出围龙屋在移植过程中的风格变异。

① H·J· 德伯里．人文地理——文化、社会与空间 [M]．王民等译．北京：北京师范大学出版社，1989：181.

1. 围龙和化胎的变异

围龙和化胎代表了围龙屋最具典型意义的风格特征。黄氏宗祠（洪围）、新乔世居、龙湾世居、龙田世居分别是坑梓黄氏宗族二世祖 1691 年、三世祖 1753 年、四世祖 1781 年、六世祖 1837 年建造的四角围龙屋，它们之间的相似点就是共同具备粤东围龙屋建筑形态的基本构成要素，简单的堂横屋已经变成了方围四角楼。分析这四座分别建于不同年代的四角围龙屋，可以发现它们在离开客家中心地之后，建筑的内在构成发生了变化。较早的黄氏宗祠（洪围），建筑主体是方形围楼，较完整保留着粤东围龙屋的祖堂和半圆形的围龙以及完整的化胎；新乔世居的围龙，由原围龙屋同圆心的半圆改造为水平直线两端各加上四分之一圆，因此化胎的形态也随之改变；龙湾世居的围龙虽然同是水平直线两端加上四分之

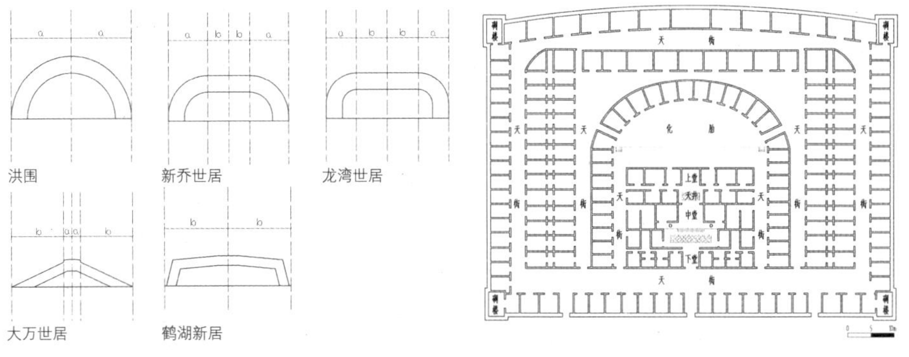

图 3-38 东江流域围龙屋的化胎形态演化图（左）
图 3-39 惠阳秋长桂林新居平面图（依据吴庆洲《中国客家建筑文化》插图绘制）（右）

一圆，但水平线与四分之一圆之间的比例关系发生了改变，圆的半径明显缩小，围龙及化胎半圆的概念更加弱化；到了龙田世居，由于完整的堂屋加横屋组合的方围结构，甚至取消了围龙仅剩化胎。再看坪山曾氏的大万世居和龙岗罗氏的鹤湖新居，更是将围龙的半圆或弧线形态彻底改变成三角的斜线形态，化胎的形态也由中间鼓起的山包状彻底平面化了（图 3-38）。更加典型的案例莫过于惠阳叶氏桂林新居（图 3-39），如果去除四个碉楼和正面的倒座，桂林新居就是一个三堂八横三围龙的围龙屋平面形式，但三个“围龙”却形体各异：第一围是半圆形，第二围是直线形，第三围是弧形，恰好表现出这种风格变异的过程。

显然，围龙在风格的移植过程中出现了形式与功能之间的矛盾。在“东江流域围龙屋的化胎形态演化图”中，a 与 b 两个尺度的逐步置换提示我们去探究围龙和化胎变化的意义。至少我们可以从两个方面去寻求这种变化的内在原因：一是建筑与环境的关系发生了变化。粤东围龙屋是在特定的山区环境中产生的一种建筑形态，围龙屋逐级上升的空间序列与山体的坡度相一致，化胎的圆鼓形与这种地理环境有着密切的关系。当围龙屋离开了粤东山区移植到了东江平原，化胎由于失去了自然山体的后枕，而导致了建筑形态的逐步平面化。这是化胎形态变异的环境因素。二是化胎形态变异的社会因素。比较坑梓黄氏宗族聚落建筑和同区域的围屋在时间和空间中的序列，我们不能不认为，围龙屋建筑风格的移植和变异与宗族发展过程中的历史事件以及地域文化建立起了某种联系，在惠州等地东江流域客家文化与广府文化“外缘切线接触”地区①，围龙和化胎这两个最具围龙屋建筑形态识别的特征，已经从形态上的变异逐渐演化成为一种抽象的文化符号。一方面是化胎不再具有宗族的意义，仅仅是用来作为满足传统宗族建筑风格构成的要素；另一方面是变异的化胎形式不仅忽略了化胎的生殖象征意义，同时忽略了围龙为了满足宗族发展，可以逐代增加围数这一有机扩展的社会功能。

2. 建筑空间的变异

四角围龙屋的平面布局与围龙屋同构，不过四角围龙屋以“方围”替代了围龙屋的堂屋与横之间的空间构成关系，“方围”四角耸立的碉楼正是我们将其视为围龙屋建筑风格变异形式的主要特征之一。分布于粤东地区的方形围楼（梅县、兴宁称之为“四角楼”），与闽西方形围楼（土楼）和赣南方形围楼（土围子）有

① 司徒尚纪．岭南历史人文地理——广府、客家、福老民系比较研究 [M]．广州：中山大学出版社，2001：375.

图 3-40　粤北方楼转角

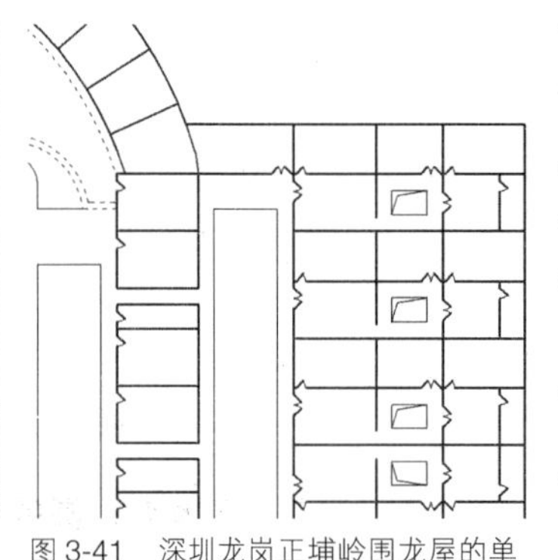

图 3-41　深圳龙岗正埔岭围龙屋的单元式住宅

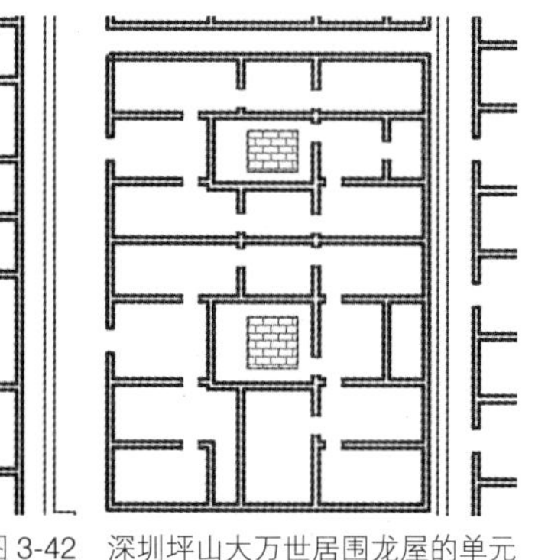

图 3-42　深圳坪山大万世居围龙屋的单元式住宅

着渊源传承关系[①]，具有方形或矩形的平面布局、外围封闭和高度的防御性等共同特点。粤东大埔等地的方形围楼与闽西和闽南的形式基本相同，而梅县、兴宁以及往西、往北的方形围楼则与赣南有着更多的联系。[②] 如闽西、闽南的方形围楼不设高出屋顶平面的碉楼，而粤东梅县、兴宁及粤中、粤北、赣南的方形围楼一般都在四角或其他部位设置高出顶层的碉楼，有的碉楼甚至在方楼转角的位置设与墙面呈 45° 角的碉堡挑出墙外（图 3-40）。梅县、兴宁的方形围楼和闽西一样同为通廊式，因此，粤东客家人往粤中和东江流域惠州等地西迁，同时传播了方形围楼这种具有高度防御性的客家居住形态。正如围龙和化胎的风格变异，东江流域及沿海地区的方形围楼同样在建筑风格上受到了广府居住文化的影响。最基本、最明显的影响是横屋由早期的通廊单间式逐步发展成为独立单元式套间（图 3-41）。独立单元式的每个单元一般由三间房屋组成，中间入口较大两侧较小，进门后为过厅，向里是卧室，有的带阁楼。横屋由联排并置的单元构成，各单元的门朝堂屋；有些大屋中的单元更大，每个单元为一个家庭，内有独立的天井、堂屋以及围绕它而组织的厢房、卧室、厨房甚至门廊、照壁等；有些大屋内的独立单元与主堂分开独自建造塔楼，朝堂屋相同方向开门。这些以家庭为单元的居住形态已经完全具备了广府民居建筑的文化特征。在鹤湖新居中，单元房与通廊的巧妙结合使该大屋拥有 179 个居住单元，一般为一厅一房或一厅两房式，各户有相对独立的家庭生活空间，各单元之间又以天街、后院、天井、走廊相通相连（图 3-42）。这样的建筑平面构成提高了居住空间"小家庭"的私密性，降低了客家围屋"大家庭"的公共性。这种不同于粤东围屋的新的居住建筑形态，充分体现了客家文化与广府文化的融合过程中，不同的地域文化、不同的生活方式之间，公共空间的开放性与居住空间的私密性之间磨合的必然结果（图 3-43）。

（三）强调封闭性和防御性

防御性是客家围屋的一个重要功能，也是客家围屋最外化、最直观的特征。但在客家围屋的所有类型中，围龙屋却是一个不注重防御性的建筑类型，很多围龙屋在堂屋与横屋之间、横屋与横屋之间的天街就根本没有任何设防，它的开放形态体现了客家人的宽容与好客，似乎表明这是一个太平盛世的社会。[③]

① 方形围楼在江西称为"土围子"，集中在赣南的龙南、全南、定南（合称为"三南"）等县，总数估计有500座以上，仅龙南县就有200多座。江西的方形围楼从形态上可以分为三种：口字围、国字围和套围。方形围楼在福建称为"土楼"，主要分布在与粤东、赣南交界的闽西、闽南地区。但两个地区的土楼的内部结构是不同的，福建客家人聚居的闽西为通廊式布局，闽南为单元式布局。仅福建的永定县现存的三层以上、历史在50年以上的方楼不下7000座。客家方楼的数量比圆楼多。方形围楼在粤东称为"四角楼"，主要分布在大埔、梅县、兴宁等地（粤东称四角楼更多是指带碉楼的方形围楼，大埔的方楼基本不带碉楼），建筑的平面布局与闽西土楼相似，建筑外部形象因其四角带碉楼与赣南土围子相似。

② 关于粤东地区的方形围楼，与闽西方形围楼（土楼）和赣南方形围楼（土围子）之间的异同可参考：黄汉民．客家土楼民居 [M]．福州：福建教育出版社，1995：37-59.

③ 粤东兴宁等地的"四角楼"产生的年代较晚，目前所见的是清中期前后建造的。

图 3-43　深圳坪山大万世居围龙屋内部居住空间（左）

图 3-44　深圳坑梓龙田世居前的壕沟（右）

图 3-45　深圳坑梓龙田世居的外围墙（左）

图 3-46　深圳客家围屋大万世居的锅耳山墙（右）

但是，客家人西江，往广府文化地区移民后，广府地区“土客”之间时有冲突，甚至发生械斗，况且不少“新客家”移民在较短的时间内迅速成为大户[①]，实有“反客为主”之势，因此，和围龙屋的开放形态相反，四角围龙屋的围龙与方形围楼组成了四周夯墙、炮楼高筑、完全封闭的“城堡”（图 3-45），有的在“城堡”前还设壕沟（图 3-44），防御的设置和方法甚至比粤东、闽西、闽南的围楼有过之而无不及。例如鹤湖新居的防卫就非常坚固，很有特点：①有内外围墙，墙厚约 1 米，高 6 米，内外围墙的基础均以大石块为基，墙身以三合土夯筑。②围屋有内、外二围，双重防御。有内、外二围的客家民居并不多见，而且这内、外二围均各有其防御作用。内围四角有三层碉楼，其后部中间有望楼。碉楼及围屋向外的墙体上开有密集的枪孔，这样，内围形成一围、一望楼、四碉楼的防卫格局。外围的四角建有碉楼，外围后部中间建有更加高大的三层望楼。外围也形成一围、一望楼、四碉楼的防卫格局，具有内外、前后、上下、左右立体的防御设置。③内外围墙顶上均有一圈宽约 0.5 米的跑马廊，以便防卫过程中及时调动人马及作战联络。[②] 鹤湖新居的防御体系充分说明，客家人聚族而居、累世同堂的宗族聚居传统[③]，在新的环境条件下必须有严密的防御措施作为保障。

（四）“锅耳山墙”

粤东围屋山墙的五行造型，被广府民居典型的“锅耳山墙”所替代。东江流域围屋一般都有碉楼或望楼，碉楼和望楼的山墙上有锅耳装饰（图 3-46）。

贡布里希针对风格在历史发展中的演变，曾经十分精辟地指出，引起风格

① 如鹤湖新居的开基祖罗瑞凤于清乾隆二十年（1785 年）迁至龙岗，时年 54 岁，从做小贩开始，三年已成为拥有百万家财的富商，乾隆二十二年（1758 年）始建巨宅鹤湖新居。当然，并不排除罗携巨款举家迁徙的可能。崇林世居的开基祖叶文昭，号崇林，其父于清康熙三十四年（1695 年）从紫金迁至老板坑，之后又迁至七树下，以农为主，兼营盐业，盐业生意越做越大，遂成当地巨富，于嘉庆三年（1798 年）建崇林世居。

② 吴庆洲．中国客家建筑文化 [M]. 武汉：湖北教育出版社，2008：256. 这种交通方式还见于珠海的陈芳故居、粤东澄海市前美村永宁寨和粤西郁南县西坝石桥头村的光仪大屋等。

③ 鹤湖新居建筑面积 14530 平方米，有 179 个居住单元房 300 多间，占地面积 24819 平方米；大万世居建筑面积 15000 平方米，占地面积 22680 平方米；崇林世居总面积约 14000 平方米，内有住房 262 间。

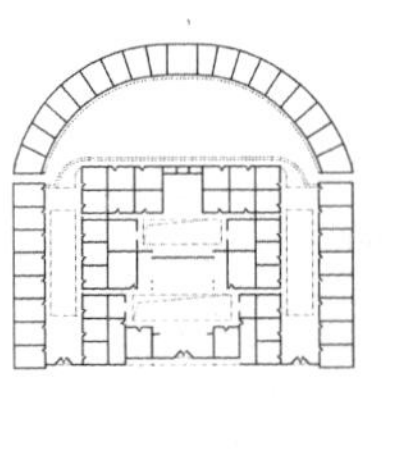
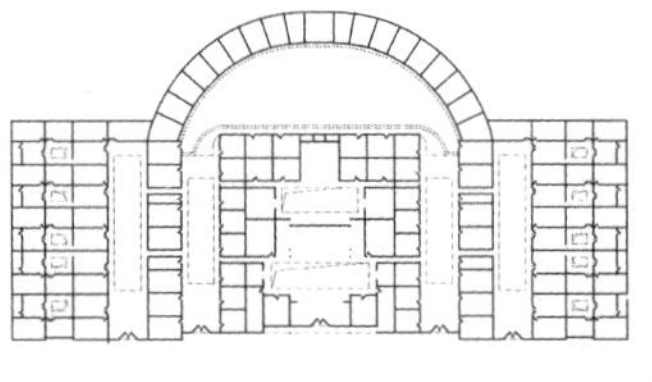
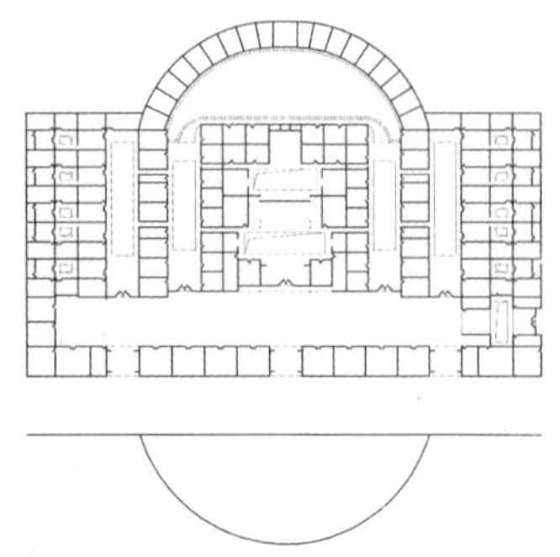

图 3-47*a* 深圳龙岗正埔岭围龙屋平面在历史中的演变

变化的主要力量有两种：其一为技术改进，其二为社会竞争。风格演变与技术发展二者之间的关系一直是工业革命以来建筑和艺术理论学者们关注的焦点，作为文学与艺术的表现或创作的独特方式，由某项技术所构成的风格特征，只要符合社会群体的需要就可能会保持稳定。然而，新技术的出现会影响到选择的情境（Choice Situation）。换言之，由于技术的进步，从而使传统技术与革新技术并置，成为一对“同义”（Synonymy）词以供选择。在类似的情形中，技术是决定的因素，可能引起传统的程序风格（The Style of Procedure）的改变。社会竞争和社会威望是引起风格变化的第二个因素。[①] 影响风格变异的技术因素是围龙屋在扩建的时候不可回避的问题。威望与竞争对于迁徙到广府族群的客家人来说，更是面临的重大挑战。深圳龙岗正埔岭围龙屋建造的历史过程，为围龙屋建筑风格的变异过程作了一个最好的图解（图 3-47*a*）。正埔岭的开基祖，于清乾隆年间由兴宁迁徙至龙岗，于清嘉庆年间建造正埔岭围龙屋。初建的正埔岭是一个三堂二横一围龙的典型粤东围龙屋，横屋和围龙的房间也是典型的客家通廊式开间，有一个完整的化胎。随着宗族的壮大，围龙屋以扩建横屋来应对宗族内部人口的增长。从横屋的扩建开始，围龙屋的风格就开始改变了。堂屋两边各增加的两排横屋，已经不再是客家通廊式的布局，而是广府族群常用的“广府单元式”，围龙屋前面的倒座和碉楼则是民国时期所建，强调的显然是森严的“防卫性”（图 3-47*b*）。最终的建筑为三堂、二横、一围龙、一倒座和五个碉楼。正埔岭的建筑演变过程恰好证实了一个事实：尽管“跳跃式”的移民方式可以将原居住地的建筑模式完整地移植到一个不同族群文化的地区，“沿用自己原来的建筑方式”（H·J· 德伯里），但在不同的文化土壤里，由于受到新的建筑技术限制，由于客家人必须在“异族群文化”中生存和竞争，客家文化终究会在强大的广府文化中妥协，发生建筑风格的变异。可以说，东

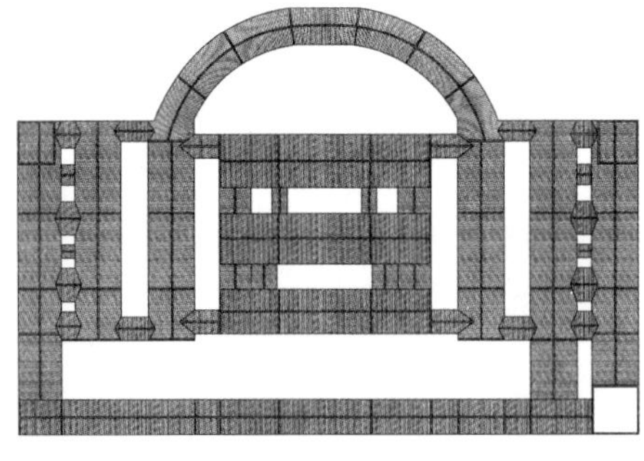

图 3-47*b* 深圳龙岗正埔岭围龙屋屋面图

① 邵宏. 美术史的观念[M]. 杭州：中国美术学院出版社，2003：143-144.

图 3-47c　深圳龙岗正埔岭围龙屋

江流域围龙屋建筑风格的变异是客家人融入广府族群最显著的标志（图 3-47c），甚至可以看做是客家人“反客为主”的历史重演。

本章小结

客家居住建筑分布在粤东、闽西、赣南以及粤北、粤中等客家族群聚居的地区，建筑类型包括有杠屋、堂屋（堂横屋）、围龙屋、围楼（方楼、圆楼）、围村等类型。其中圆形围楼分布在闽南、闽西以及粤东的饶平、大埔和蕉岭；方形围楼分布在闽南、闽西、赣南、粤北以及粤中的局部地区；围龙屋则分布在粤东的梅县、兴宁、平远、五华、蕉岭、大埔、丰顺、龙川、和平及寻乌等地。

在粤东与闽西、闽南交界地区，闽西、粤东的客家人、闽南人和潮汕人都有一部分人居住着圆形围楼，但闽西的客家人居住的圆形围楼为通廊式的布局，闽南的非客家人居住的圆形围楼为单元式布局，而在粤东，基本上所有的客家人居住的圆形围楼都是单元式的。在饶平客家族群与潮汕族群杂居地区，由于历史上的族群互动，潮汕人也同样居住在客家圆楼中，而且单元式的围楼为客家人和潮汕人共用，说明不同的族群之间由于文化的互动而认可了相同风格的建筑。

围龙屋随着客家人的西迁移植到了东江流域。由于族群文化的传播与互动，围龙屋的建筑风格逐步朝广府文化的建筑风格变异，在东江流域产生了四角围龙屋这一新的建筑形态。

第四章　围龙屋的空间构成与日常生活

第一节　围龙屋的组成部分及使用原则

围龙屋一般由堂屋、化胎、禾坪、风水塘、风水林、横屋、围龙、天井、天街等部分组成，前五个部分的形态和数量有相对稳定的组合，而后面几个部分则按照建筑具体的地形、特定的时代、宗族的发展作具体组织（图 4-1）。

以建筑的构成划分，可将围龙屋分成四个大的组成部分：围龙屋的核心部分（堂屋）；围龙屋的延伸部分（横屋和围龙）；围龙屋的衍生部分（水池、化胎、风水林）；围龙屋的连接部分（坪、天井、天街、横厅）（图 4-2）。[①]

① 还有其他不同的分区方法，如房学嘉先生按建筑的物质使用功能和精神功能的性质，将围龙屋的空间分为“世俗空间”和“非世俗空间”，非世俗空间又分为“以血缘为纽带的神灵系统”和“非血缘为纽带的神灵系统”。房学嘉．从民居建构看移民文化：以粤东梅州围龙屋为重点分析 [M]．“移民与客家文化”国际学术研讨会论文集．南宁：广西师范大学出版社，2005：432.

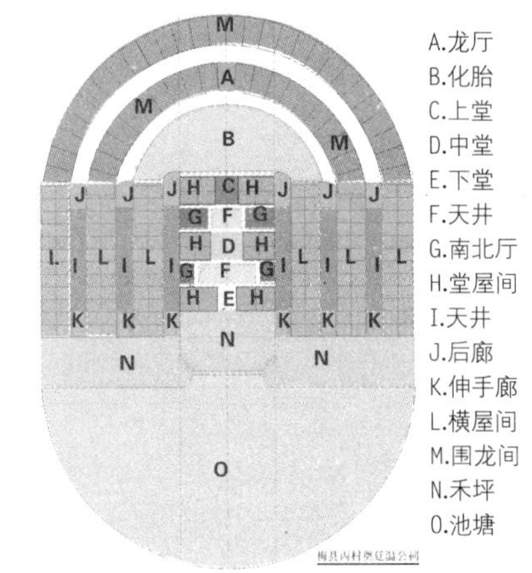

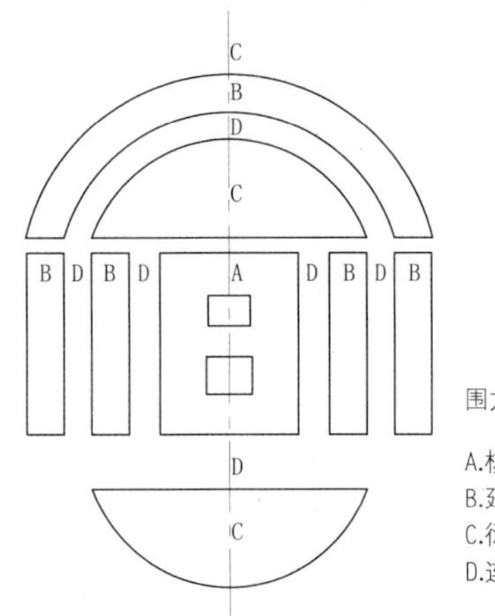

图 4-1　围龙屋的各组成部分（左）

图 4-2　围龙屋的四大构成（右）

一、围龙屋的核心部分——堂屋

堂屋是围龙屋的主体建筑，堂屋的空间形态具有中国传统的等级意义。堂屋决定了围龙屋的中轴线，所以俗称为“正身”。堂屋有三堂或两堂，三堂的堂屋一般由下堂、中堂、上堂（客家人一般习惯用方言称为“厅下”，音 tangha，分为上厅、中厅和下厅）、天井、堂屋间构成（图 4-3）。三堂之间以天井相连，堂与天井的组合有三堂二天井、三堂三天井等之分。凡以下堂为门厅，下、中、上三堂以两个天井相连的，称为“三堂二天井”；而进入正屋中轴大门是天井，经过天井再进入下堂的，称为“三堂三天井”；堂屋和横

图 4-3　围龙屋的天井与中堂、上堂　梅县梅城寿山公祠堂屋（左）
图 4-5　具有多种功能的堂屋　丰顺丰良建桥围的“太保堂”举行宗族活动（右）

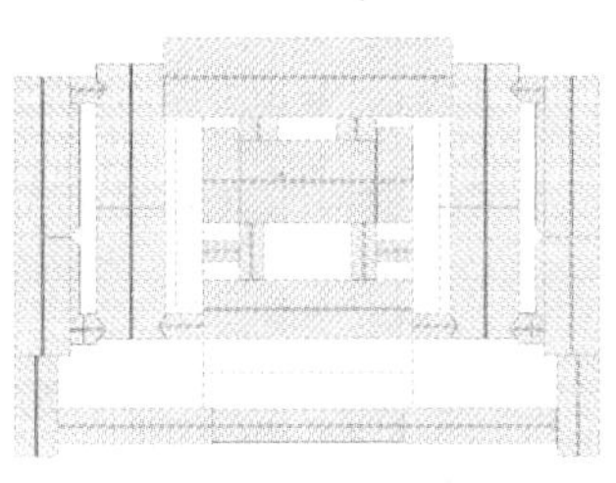

大屋场屋顶平面图

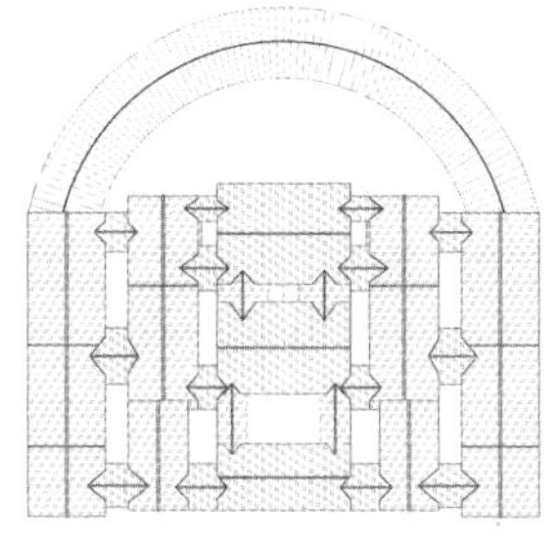

一经堂屋面图

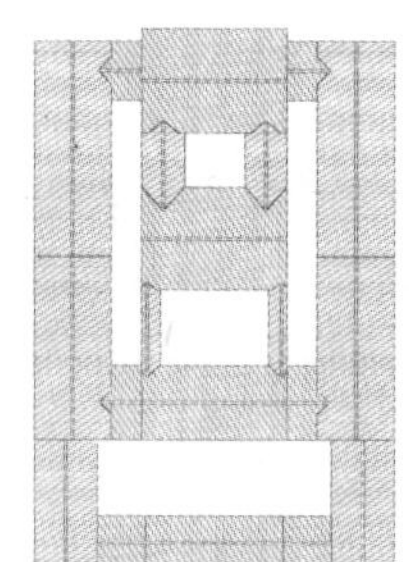

诒燕楼屋面图

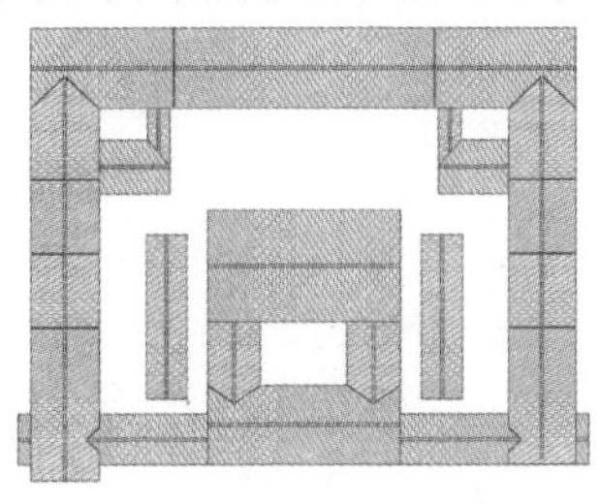

仁寿楼屋面图

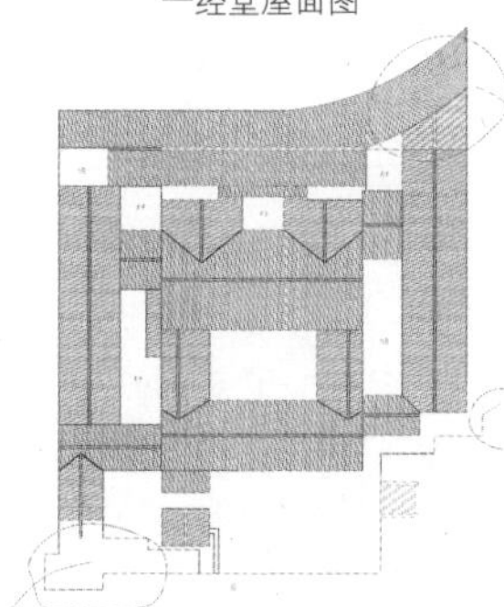

源远楼屋面图

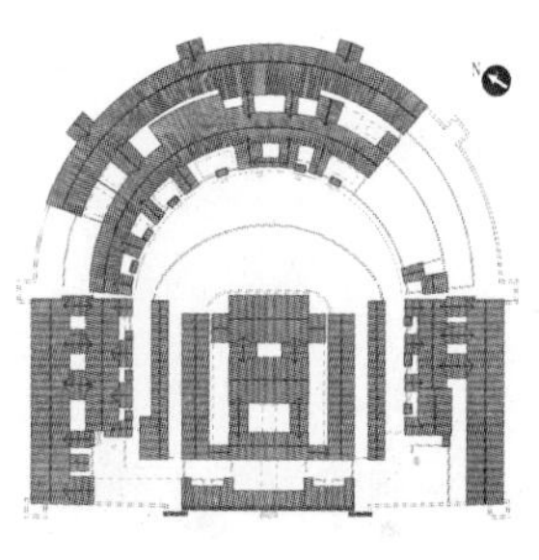

世德堂屋面图

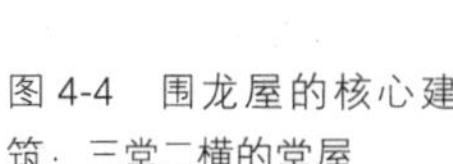

图 4-4　围龙屋的核心建筑：三堂二横的堂屋

屋有不同的组合，堂屋是既定的元素，横屋是有机的、可变的元素，而且横屋是对称的延伸，因此有三堂二横、三堂四横，三堂六横等；由于堂屋与横屋组合关系的变化，横屋的数量各不相同。每杠横屋设有横厅，厅与天井也随之增减，因此客家地区常有“九厅十八井”的大屋。三堂二横是客家民居最常见的形式，是客家围屋中最稳定、最典型、最具历史感的建筑内核（图 4-4）。粤东地区客家围屋，尤其是以平面展开的围屋，一般以三堂二横构成的堂屋作为最基本、最稳定的核心建筑，无论横屋或围龙均按着堂屋确立的中轴线来组织向心式的围合院落。

在围龙屋的日常生活中，宗族内部的重要事件都在堂屋内举行，如喜事、庆典、丧事、宗族重大事情的决策、重要的接待等。我们可以称其为“仪式”的空间，因为这些重大事件既是日常生活的组成部分，又具有日常生活中的特殊内容（图 4-5）。

图 4-6　围龙屋的全景图　平远东石丰泰堂（翻拍自丰泰堂内展厅）（左）
图 4-7　围龙屋的水塘　兴宁宁中李和美资政第（右）

二、围龙屋的延伸部分——横屋和围龙

横屋和围龙虽然是围龙屋的延伸部分，但本身也是相对独立、完整的居住建筑类型。横屋和围龙可以围绕堂屋扩展，围龙屋的堂、横、围组合，在数字上没有固定的规范，一般类型可分为两堂两横一围、三堂两横一围、三堂四横两围、三堂六横三围等（图 4-6）。

相对堂屋而言，围龙和横屋是更加主要的日常生活空间，围龙屋的半圆形围龙间一般为厨房，堂屋及两边延伸的横屋为住房。横屋和围龙数量的增加取决于宗族人口发展，所以，横屋和围龙的数量决定了围龙屋的规模，同时也显示了宗族的兴衰。

三、围龙屋的衍生部分——水塘、化胎、风水林

水塘在日常生活中为居民洗刷、浇地提供了方便，同时也能满足紧急情况下的消防使用。客家人称水塘为“风水塘”，是因为所有围龙屋的水塘都呈半圆形，它的意义显然超出了一般的使用功能（图 4-7）。围龙屋的前半部分，即堂屋和横屋以水平方向平面展开，自化胎起逐级升高，堂横屋与围龙之间自然留出半圆形的空地。化胎一般看来并没有什么特别的使用功能，但化胎与风水塘以两个半圆的形式遥相呼应，寓意“阴阳”与“聚气”，代表着生殖、繁衍，是客家族群意识中重要的建筑哲学符号（图 4-8）。围龙屋的建筑朝向大部分为坐北向南，屋后必然有一片树林或竹林，可以抵挡冬天北风的袭击，雨季可以防止水土流失（图 4-9）。

图 4-8　围龙屋的化胎　兴宁宁新东升围（左）
图 4-9　围龙屋的风水林（右）

客家人的风水观念认为植树可以保护“龙脉”，故称之为“风水林”。很多围龙屋虽然不是坐北朝南，但同样在屋后植树以符合风水原则。围龙屋的每一个组成部分都有其实际的日常生活功能以及所象征的意义，代表着客家人的精神世界和朴素的价值取向。

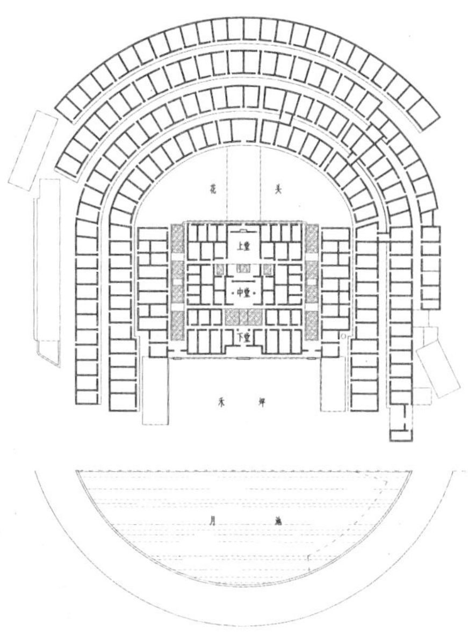

图 4-10 “九厅十八井”——兴宁宁新东升围平面图

四、围龙屋的连接部分——禾坪、天街、横厅

禾坪、天街、横厅既是围龙屋各部分建筑之间的连接空间，也是日常生活中人与人之间的交往空间（图 4-10）。围龙屋建筑空间中，包括有满足宗族内部各项活动的公共空间，有满足宗族内部成员日常生活的私密空间。宗族成员既要在围龙屋建筑空间中延续祖辈留下的各种祭祀仪式，也要在这里满足衣食住行和传宗接代的需要。禾坪、天街、横厅等建筑连接部分可以理解为是世俗空间与神圣空间之间、公共空间与私密空间之间的过渡。禾坪用来放鞭炮、舞狮、欢庆热闹、晒粮食、晒衣物，同时也和天街、横厅一样，是男女老少聚集的交往场所，共同构成了围龙屋内部的交流空间和交通系统。

第二节　围龙屋的构成元素及形态组合

一、方圆：围龙屋构成的基本元素

构成围龙屋建筑形态的最基本元素是圆形和方形，构成方式是圆和方两个形体的分解与重构（图 4-11）。

圆和方是最简单的完全封闭形，圆和方的结合是最古老的简单图形的结合。在中国，圆和方的观念最早来自人们对天地的观察，之后才逐步升华为系统的哲学思想。《淮南子·天文训》：“天道曰圆，地道曰方；方者主幽，圆者主明。明者吐气者也，是故火曰外景；幽者含气者也，是故水曰内景；吐气者施，含气者化，是故阳施阴化。”《考工记 · 輈人》：“轸之方也，以象地；盖之圜也，以象天；轮辐三十，以象日月；盖弓二十有八，以象星。”“天圆地方”的宇宙观对中国传统建筑影响极大，几乎把世间的人造物全都有选择地做成了上圆下方的式样。《营造法式》中“方圆平直”条引《周髀》：“昔者周公问于商高曰：‘数安从出？’商高曰：‘数之法出于圆方，圆出于方，方出于矩，矩出于九九八十一’。” 说明圆和方不仅有着深奥的哲学思想，还形成了一套数理概念。在西方，从古罗马时代或者更早就已经

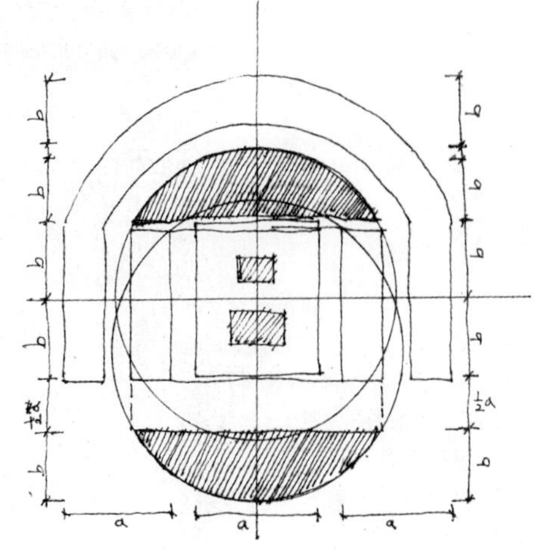

图 4-11 圆形和方形：围龙屋的基本构成元素　蕉岭广福罗氏大围屋

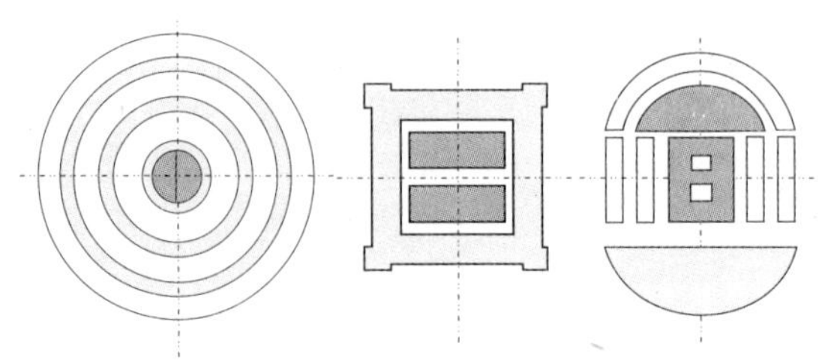

图 4-12　圆形与方形的不同组合形成不同形态的围屋

有了很多以方圆作为建筑的基本形构成元素，尤其是以方形的基础加上圆形穹隆顶的建筑，是欧洲教堂及公共建筑的基本模式。

全封闭的圆形、方形围楼表明客家民居最完整和最单纯地运用了圆和方这两个简单图形作为建筑的构图，而围龙屋则是糅合了圆和方的基本特性，通过将圆和方的形态分解成半圆及若干个方形元素，依照不同的功能要求进行组织，这些元素以及元素之间的组合关系构成了围龙屋独特的建筑图像（图 4-12）。

二、阴阳：围龙屋构成元素的组合原理

就围龙屋而言，圆的分解组合是将平面的圆分解为两个半圆和可以变数的环形半圆，两个半圆是一对相呼应的固定形，一个是化胎，一个是池塘，另一个环形半圆是围龙屋的围龙部分。围龙的环形是一个同心圆的扩散、叠加，环形的变数就是围龙数量的递增。方的分解是把方形拆散为两种长度相等而宽度不同的长方形，分别是堂屋和杠屋，杠屋在围龙屋中起横屋的作用。围龙屋的堂屋一般只有一个[①]，固定在围龙屋的中心，而横屋是可以变数的长方形，和围龙一样在堂屋的两边扩散、叠加（图 4-13）。

① 围龙屋的堂屋一般为一个，极少有例外。兴宁叶塘黄雀湖外翰第有两个堂屋，叶和黄两姓人挨着各建了一个三堂屋，后叶姓人因“风水不好”、人丁不旺而迁徙他乡，留下堂屋。后黄姓人丁兴旺，在两个堂屋后建化胎，又建四围围龙。原叶姓的堂屋作为普通辅助空间使用不具有堂屋的功能，现存化胎在原黄姓堂屋后面的部分略高。

从建筑元素的构成关系，我们可以看出横屋、堂屋、围龙之间内在的关联。首先，横屋的独立形态是杠屋，横屋以杠为主体，可以单独成为完整的居住形态。但是横屋的对称并置、组合又可以生成新的建筑形态：堂屋和方形围屋等。江西赣南的“土围子”和广东粤北大型方围，如始兴县的“满堂围”、江西安远的“东生屋”等，都可以看做是横屋的单元重复或是横屋的向心围合单元组合（图 4-14）。但必须指出，横屋的性质是“杠”，从围屋形态的发展历史看，横屋是客家地区最古老、最简单的建筑类型，横屋在经历了一定的发展阶段后再建造堂，成为了最早的堂屋。这是横屋与其他围屋最大的区别。第二，堂屋实际上就是横屋加堂的组合，原来作为建筑主体的杠成了堂的附属。堂屋以“堂”为中心，中轴对称原则限定了堂屋建筑扩展和生成的规矩，它的基本形制只能是以横屋来组织建筑布局。无论是方形围屋还是围龙屋，杠屋以线的方式成为横屋，即堂屋的辅助形态，

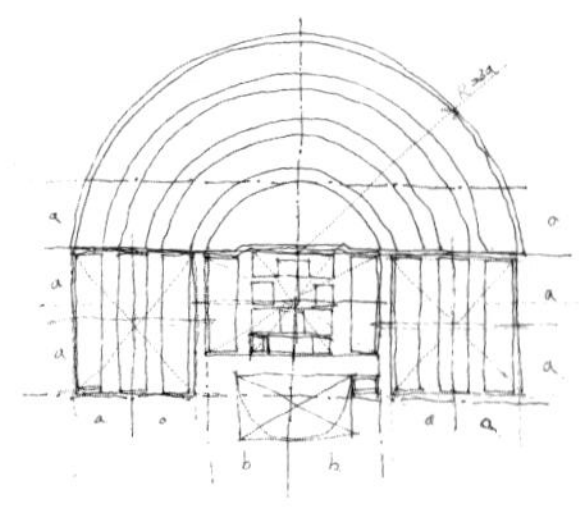
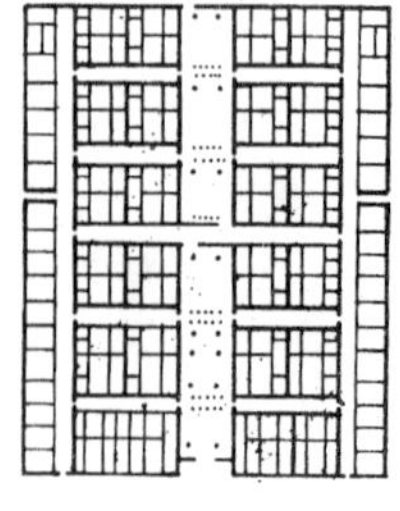
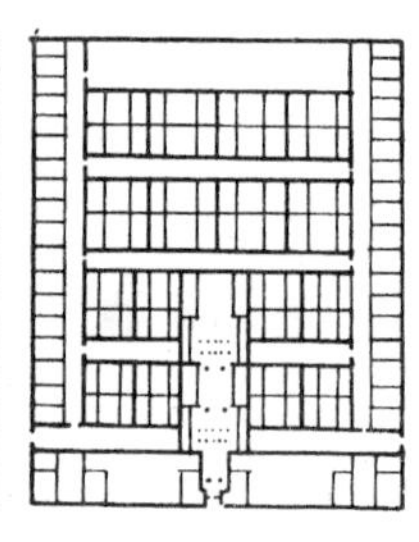
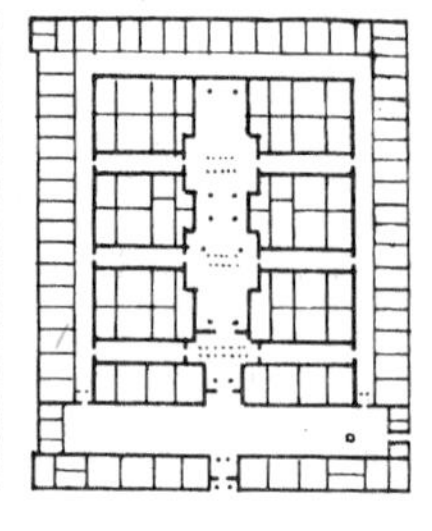

图 4-13　圆和方两个形体的分解与重构　蕉岭广福粟坝村罗氏大围屋（左）
图 4-14　粤北的方形围屋（选自吴庆洲《中国客家建筑文化》插图）（右）

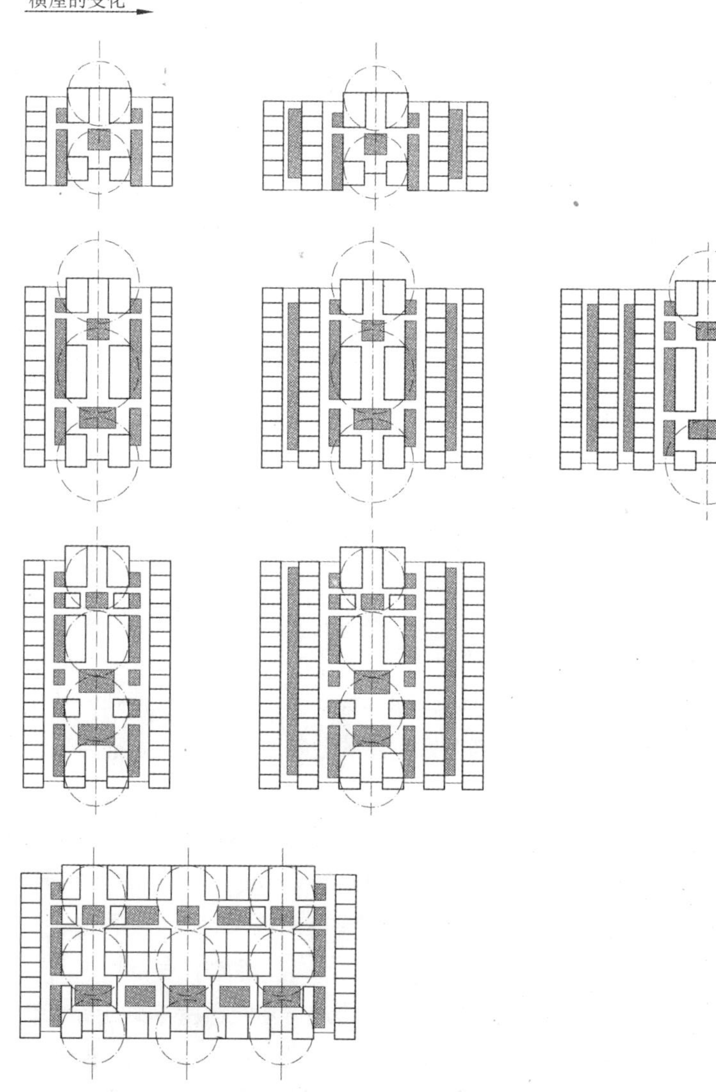

图 4-15　横屋与堂屋的组合及其演变形式

对称地向两边伸展，形成“堂横屋”这一建筑形态。横屋与横屋之间由于天井和花厅的连接，又重新显露出了杠屋的元素（图 4-15）。第三，堂横屋强调的是“堂”而不是“围”，堂横屋是客家围屋的核心基础，在堂横屋的基础上可以生成多种形式的围合。方形围楼就是依照横屋可以朝不同方向扩展的原理组合而成的，如大埔湖寮蓝氏泰安楼，是一座方形围合的三层围楼，中间有一个完整的堂屋（图 4-16）。据族谱记载，蓝氏始祖于南宋由福建龙海迁至大埔，泰安楼是二十世祖蓝少垣（1714—1774），在祖辈原有的堂屋基础上，以横屋的围合方式建成了这一方形围楼。另外，堂屋的演进可以由两堂、三堂、四堂组合，

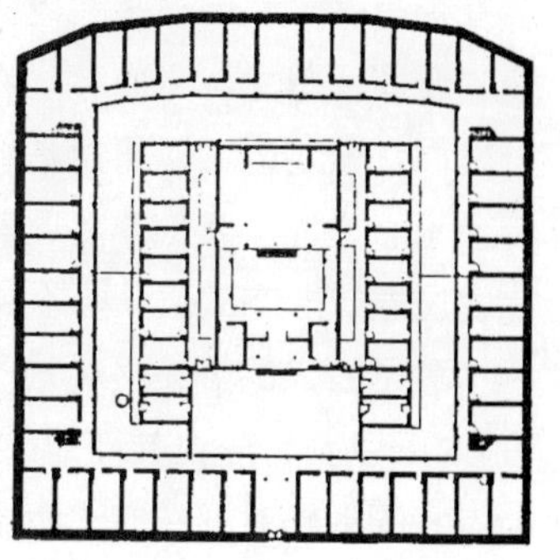

图 4-16　大埔湖寮蓝氏泰安楼（选自吴庆洲《中国客家建筑文化》插图）

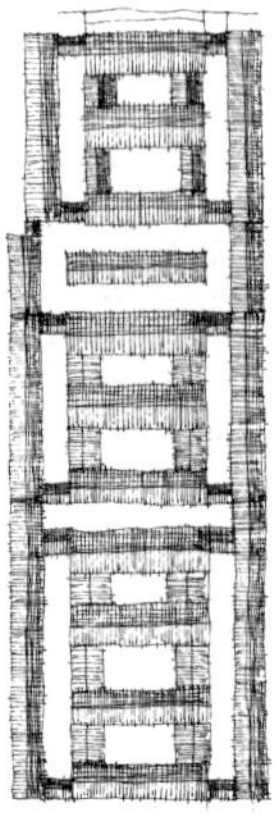

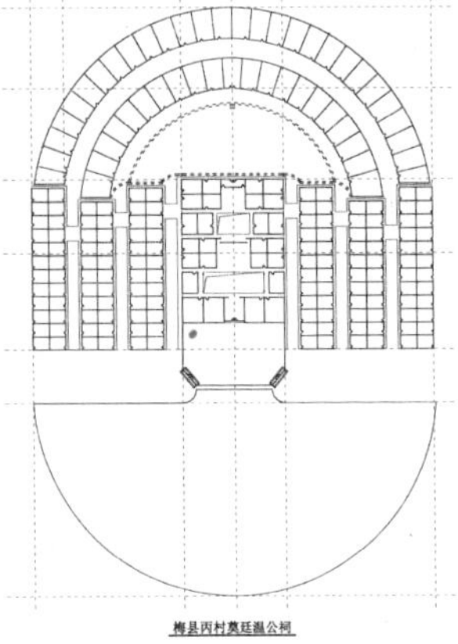

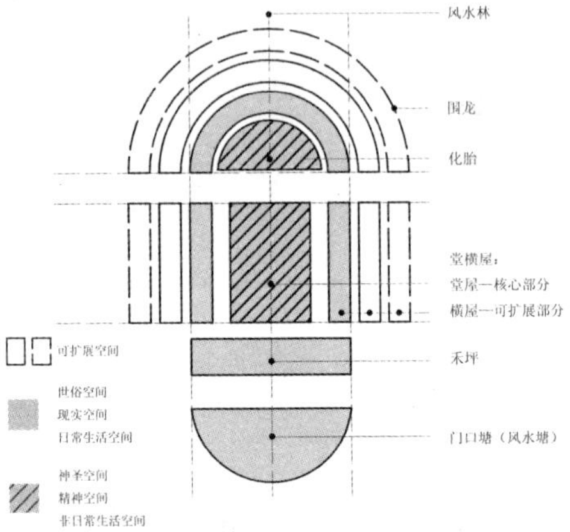

图 4-17　堂横屋的垂直叠加：蕉岭广福乐干村九栋大屋（左）
图 4-18　三堂六横二围龙围龙屋　梅县丙村奠廷温公祠平面图（中）
图 4-19　围龙屋堂屋、横屋、围龙之间的组合关系（右）

不仅可以沿水平方向，也可以沿竖向方向重复、叠加，如蕉岭广福乐干村九栋大屋，就是由三组堂横屋（两组三堂两横，一组四堂两横）竖向叠加，横屋以线的方式朝同一的方向连接组合而成（图 4-17）。最后，围龙屋即是以堂横屋为核心，在此基础上通过半圆形的围龙连接横屋，构成了围龙屋这一特殊的围合形态（图 4-18）。所谓客家围屋，无论是单体的堂屋还是以杠或是横等建筑辅助形态的延伸围合，必须形成向心式的围合序列，即以堂为中心的围合。否则，横屋的组合方式无论是方还是圆，都缺少称为客家围屋的最基本要素，只能视为普通的围屋或围村。

完整的围龙屋建筑生成经历了由堂屋、堂屋加横屋、堂横屋加围龙这样一个过程。如果单纯按居住的功能来划分，其中每一阶段都是完整的一种建筑类型。堂屋和堂横屋都可以独立地发展。如横屋朝堂屋两边扩展，满足了宗族人口增加的建筑需求，同时由于横屋和堂屋还具有形态上的一致性，有着更加灵活自由的组合方式。围龙屋的核心建筑是堂屋，堂屋两边对称的横屋与围绕着化胎以半圆形式的围龙相接，横屋与围龙共同以堂屋为中心同步扩展、叠加，形成一种新的围合形态（图 4-19）。因此，真正具备“围龙屋”的围合特征，重要的判断依据是堂横屋后面的围龙而不是堂屋，因为化胎和围龙才是围龙屋最基本的识别要素，而堂横屋后面如果有围龙，必然就有了化胎。不过，在田野调查中我们发现，在粤东确实有个别的堂横屋后面有化胎的存在而没有围龙，尤其是福建的五凤楼不少都带有化胎，但这些围屋皆因没有围龙而不被视为围龙屋。依照形态分解和演变的原理，围龙一方面可以看做是构成围龙屋基本形态之一的“圆”的分解，另一方面，围龙也可以看做是横屋围绕化胎的延伸，与化胎共同构成了围龙屋的重要元素。这样，我们才能理解同样是为了满足人口增长的居住空间需要，为什么围龙屋建筑形态的进一步发展会选择圆而不是方的围合。

我国古代的传统文化赋予了圆和方丰富而且深奥的哲学内涵。《汉书·律历志》说：“阳以圆为形，其性动；阴以方为形，其性静。动者数三，精者数一。”这可能是我国最早对圆和方这两个形态的性格作出的概括。圆形是内向、集中的图形，

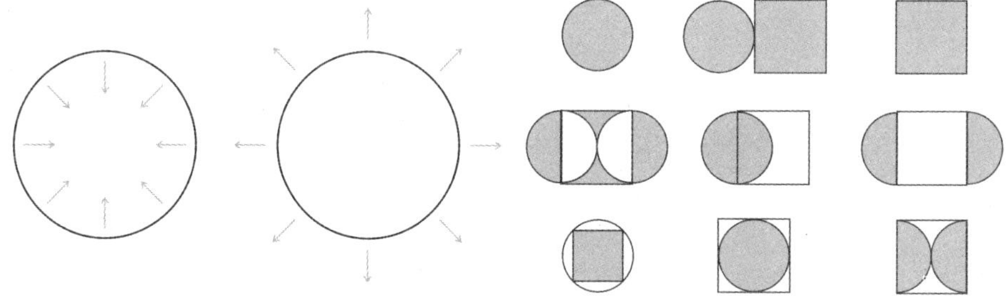

图 4-20　圆的向心力和中心感（左）

图 4-21　对立统一：圆形与方形的关系（右）

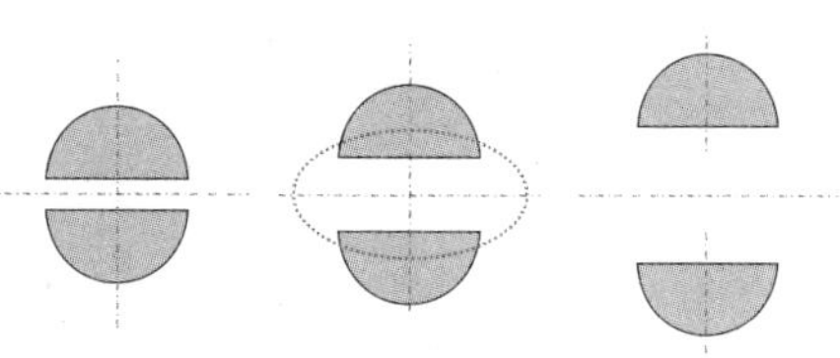

图 4-22　圆形分解：两个半圆之间的距离决定了它们之间的关系

圆形的内部具有内在的向心力。但当圆形置于某一个空间环境中时，圆形又具有中心感，具有自我为中心的特性（图 4-20）；方形，“其性静”，具有静态的、中性的性格，代表着理性和纯粹，我们几乎可以把一切矩形都看做是正方形的变体。虽然中国古代哲学以圆和方分别代表着动和静、天和地、阳和阴，处于两个极端的形态（图 4-21），但是，中国古代哲学更加关注方圆、阴阳之间的辩证关系，强调它们之间在特定条件下的协调统一。“唯有阴阳调和保持真的平衡时，才能达到幸福、健康及良好的秩序……阴阳学说在中国的极大成就显示出，中国人是要在宇宙万物之中，寻出基本的统一与和谐，而非混乱与斗争。”[①] 李约瑟对此极为赞赏，他引述了其他欧洲学者对中国古代这种“关联式的思考”（Coordinative Thinking）或“联想式的思考”（Associative Thinking）方法的阐述，认为所谓的阴阳绝不是迷信，阴阳之间的辩证思想是使概念与概念之间并不互相隶属或包涵，而只是在一个“图样”（Pattern）中平等并置，事物之间由于某种“感应”（Induction）而作用。因此中国古人的思维不同于欧洲的“从属式的思考”（Subordinative Thinking）。[②] 中国古代朴素的辩证唯物主义思想充分表明了阴阳之间相互对立却又互为补充的既相对又协调的理论，代表着中国古代科学诸多领域的宇宙观。

阴与阳是一对相对的概念。中国传统的阴阳观认为，不同的形体之间存在着阴阳关系，相同的形体所处的不同方位存在着阴阳关系，单一的某个形体内部也存在着阴阳关系，即阴阳无处不在。分解造型中形态的各元素，需要在整体上进行图像的比较才具有意义，表明相同的元素在不同的情境中（如方位、方形、距离、大小、正反等）产生不同的意义。假如我们把一个圆分解为两个半圆，两个半圆则各自代表着阴与阳，而且，两个半圆由于相互之间的“距离”，中间会产生类似方形的空间[③]，这个“距离”决定了两个半圆的相互关系（图 4-22）。我们把两个分别代表阴阳关系的半圆作为实体，看做是图像的“正形”，两个半圆之间的空间称之为“负形”。[④] 一个平面的圆被一分为二，两个半圆之间的“距离”对两个半圆之间的关系起到了决定性的作用。当两个半圆形之间的“距离”很小，即所产生的负形空间很小时，由于负形内部的张力不及两个正形之间的应力，负形空间就变得封闭，两个正形几乎依然是一个形态而无法

① 李约瑟．中国古代思想史 [M]．陈立夫等译．南昌：江西人民出版社．1999：347-348.

② 李约瑟在此引用了西方学者 H.Wilhelm Fberhard、Jablonski、Granet 等的一些理论。李约瑟说：“中国思想里的关键字是‘秩序’和（尤其是）‘图样’。符号间之关联或对应，都是一个大‘图样’中的一部分。”

③ 日本研究形态学的本弘一博士曾做过感觉生理学实验：当人看到正方形的时候，视网膜上发生的微波电流分布图就像磁铁吸引铁屑那样从一个尖角向邻角呈弧线扩张并且保持着联络。这表明物理的形体和人对形体的感觉之间有着某种差异，即扩张作用，这种扩张因属于生理学和心理学的范畴故称为知觉场。
辛华泉．空间构成 [M]．哈尔滨：黑龙江美术出版社．1992：13.

④ 正与负相对如同实与虚，形态研究的正形对应建筑空间的实体，负形对应建筑之间留下的空地。负形就像绘画中的“留白”，在一定的构图里与“墨色”具有相同的或更重要的意义。正形和负形在一定的关系中起作用，负形在正形的作用下通过人的视觉表象化而变得有“形”，负形一方面有自身的独立意义，同时也反过来起到传递正形关系的作用。

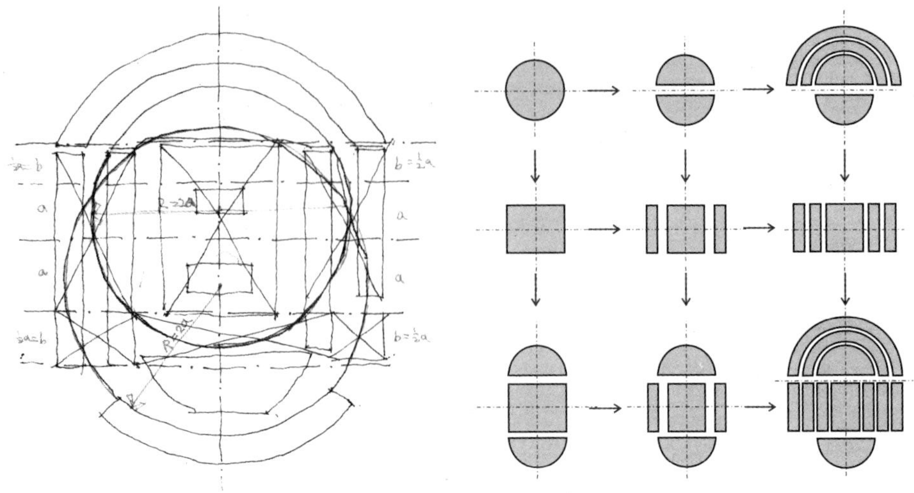

图 4-23　圆、方之间的数理关系　梅县松源宏穆堂（左）

图 4-24　圆形和方形的分解与重构（右）

接纳其他的形态，而当两个负形空间随着正形之间的“距离”加大，两个正形之间的应力和负形内部的张力达到了协调与平衡时，正负形相互渗透，生成了平衡、协调和稳定的“场”。进一步的研究表明，当两个正形之间的空间过大，负形超过了正形的体量而阻拦和分解了正形之间应力的作用范围时，两个正形就会因无法呼应协调而彼此成为独立的形态。两个半圆之间关系的图像分析表明，正负形之间是相互作用的整体，负形在某种意义上决定了两个正形之间的关系。由此，从空间形态的本质来看，围龙屋之所以能形成极为稳定的建筑形态，是由于围龙屋中心堂横屋前后的水塘和化胎这两个半圆，分别具有不同的阴阳属性，阴阳之间的应力和堂横屋具有的张力彼此融合，达到了高度的和谐统一，阴阳之间生成的“场”聚集和孕育着适合人居的“气”。“前面半圆的池塘象征阴，后面半圆的胎土或围龙屋象征阳，两个半圆合为一圆代表天，两个半圆之间的方形象征地，这是天圆地方、阴阳合德的宇宙图式。”[①] 吴庆洲先生精辟地概括了圆和方在围龙屋建筑图像中所代表的意义，特别是天地之间“阴阳合德”之说不仅肯定了围龙屋与中国传统阴阳理论的一致性，同时肯定了粤东客家围龙屋与中国传统建筑文化的一脉相承（图 4-23）。

可见，圆和方是构成客家围龙屋建筑形态的基本形；圆和方虽然是最简单、最原始的形态，但其自身单纯的形体特点已经成就了客家围屋中圆楼和方楼两种建筑造型；圆和方是两个对立的形态，但通过形的组合可以产生与圆和方决然不同的新的形态；圆和方通过形体的分解，方的元素能够产生杠屋、横屋、堂屋、堂横屋等建筑形态，而圆的元素则可以产生化胎和水塘，这些分解出来的元素通过不同的组合方式，使围龙屋的建筑形态丰富多彩（图 4-24）。不同的地区、不同的时代以及在构成过程中选择不同的构成元素和组合的方式，形成了客家围屋之间类型的差异。

① 吴庆洲．建筑哲理、意匠与文化 [M]．北京：中国建筑工业出版社．2005：31.

三、同构：围龙屋构成元素的形态及变异

1. 堂屋元素的形态及变异（图 4-25）
2. 横屋元素的形态及变异（图 4-26）
3. 化胎元素的形态及变异（图 4-27）
4. 水塘元素的形态及变异（图 4-28）
5. 围龙元素的形态及变异（图 4-29）
6. 禾坪元素的形态及变异（图 4-30）
7. 照壁元素的形态及变异（图 4-31）

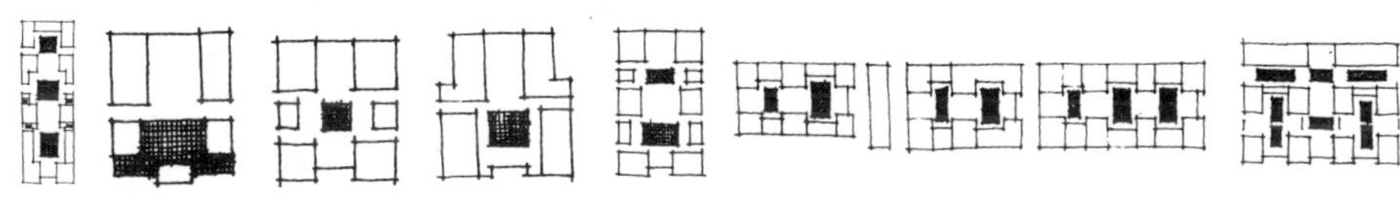

图 4-25　堂屋元素的形态及变异

图 4-26　横屋元素的形态及变异

图 4-27　化胎元素的形态及变异

图 4-28　水塘元素的形态及变异

图 4-29　围龙元素的形态及变异

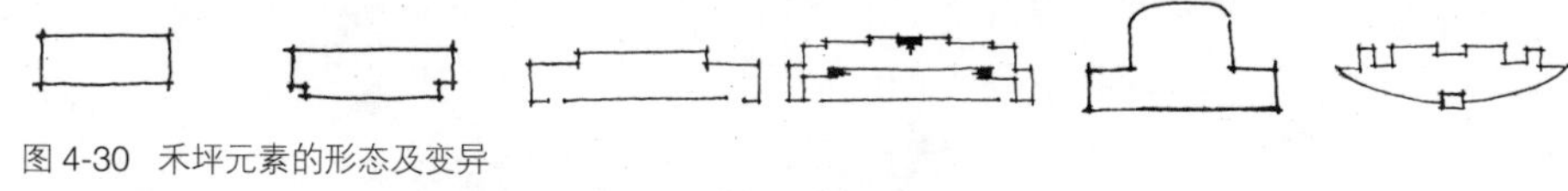

图 4-30　禾坪元素的形态及变异

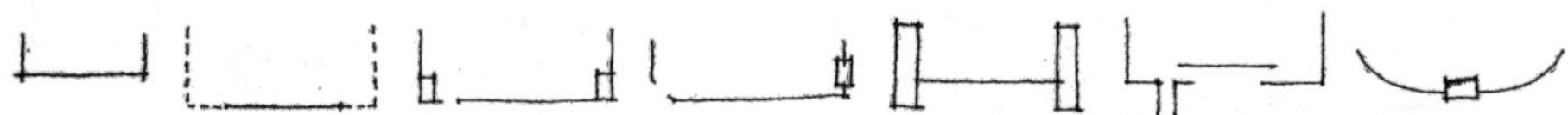

图 4-31　照壁元素的形态及变异

第三节　围龙屋构成元素的空间组织关系

一、敬祖：向心围合的基本构图

围龙屋的基本构图，表达的是构成围龙屋建筑诸要素如何以局部的、简单的形态构成建筑整体的系统以及它们之间的组合关系。围龙屋建筑的基本构图由核心体与围合体两部分组成，构图的基本原则是“向心围合”。向心围合的建筑构图是客家围屋的基本特征，但不是客家围屋的专利，早在汉代，画像砖和敦煌壁画里就已经有了类似的建筑图像，唐代之后，我国历代公共建筑中的合院组织形式大多都是向心围合式。客家民居视向心围合为居住建筑的基本原则，其建筑的意义与中原文化保持着稳定的延续性。

向心围合的基本构图是儒家“慎终追远、崇敬祖宗”思想在客家围屋建筑形态上的充分体现。围龙屋建筑内部由两套形态不同的空间系统组成，一个是以独立堂屋为主体的礼制厅堂系统，一个是以线状组合、房间大小基本相等的生活居住系统。与化胎相邻的堂屋是围龙屋的祖祠，是聚族而居的核心所在，从空间的性质上而言属于重要的精神性空间。堂屋高大的建筑形体和相对独立的建筑空间明显有别于 “围”和“横”，使代表着围龙屋“祖先”空间核心体的堂屋，无论在平面布局上或是建筑形态上，都处于整个建筑的中心（图 4-32）。家庭成员的居室围绕祖堂展开，横屋及围龙呈线状以三向围合的空间形态朝中心组合，堂屋与横屋、围龙在形式上形成了面与线的结合，也使绝对神圣的精神空间与相互平等的日常生活空间并列在一起。

这种构图模式使单独的一个形体成为了从中心向外扩展的空间组合体，或者说堂屋由于它的中心位置而成为了空间的组织者（图 4-33）。与客家民居的其他类型相比，特别与圆形、方形围楼的全封闭形态不同的是，围龙屋的基本构图呈现的是开放性，即以中心为主导的非闭合线性构图模式。换言之，围龙屋既然不是全封闭的围合空间，它的“向心”与“围合”必然以一种“非标准”的方式完成。“向心”与“围合”更多的是一种建筑意象，反映着儒家哲学理念以及建筑所追求的

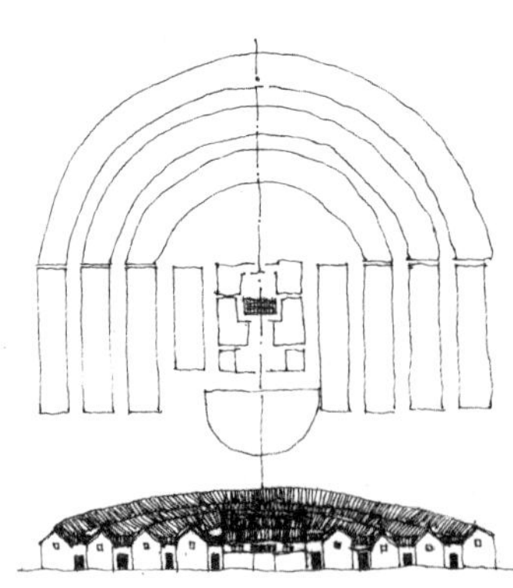

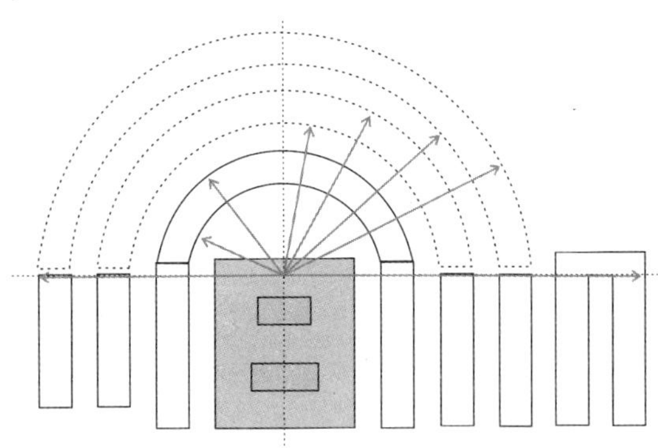

图 4-32　堂屋的中心位置平面与建筑立面的关系　蕉岭广福粟坝村罗氏大围屋（左）
图 4-33　围龙屋向心围合的构图：不同功能的空间之间的关系　梅县白渡象湖村京兆堂（右）

梅县松源蔡蒙吉故居

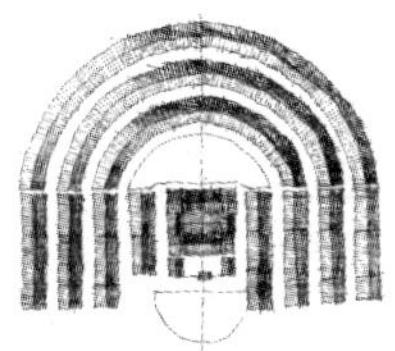
蕉岭广福粟坝村罗氏大围屋

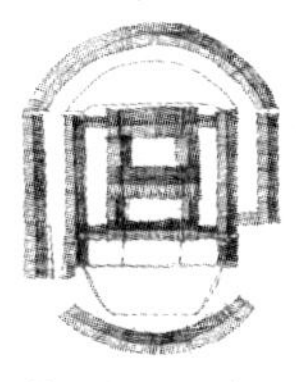
梅县松源宏穆堂

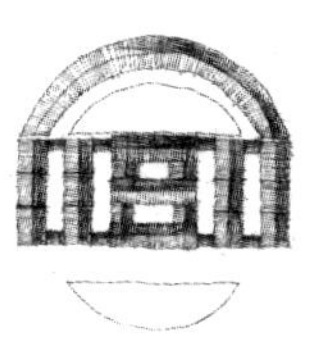
梅县隆文赞诒堂

梅县隆文新里屋

图 4-34 同质异构的向心围合

境界，每一个具体的建筑个体都可以有自己的诠释。如梅县松源蔡蒙吉故居、蕉岭广福粟坝村罗氏大围屋、梅县松源宏穆堂、梅县隆文岩前村赞诒堂和梅县隆文新里屋，它们都具有相同的构成元素，也都坚持向心围合的基本原则，但由于不同的构图关系，每一个个体都有自身的特点，与其他个体有着极大的差异（图 4-34）。这种“同质异构”的现象，在民居建筑中颇为常见，从中可以看到民居建筑的程式化特征。阿摩斯·拉普卜特认为，决定乡土居住建筑形态的选择来自社会文化因素，而非物质作用力，并在《宅形与文化》一书中就宅形的选择问题指出：“宅形是在现存可能性中选择的结果，可能性越多，则选择的余地就越大，期间不存在任何必然性，因为人总是可以生活在各种各样的构筑中。”① 当然，乡土建筑中“宅形”选择可能达到的程度和自由度，仍然有一个限制性的“选择限度”（Criticality）。对客家民居而言，在客家围屋可以选择的样式中，围龙屋其实并不是唯一的形式。有的同一宗族内，同一辈分的人建房可能选择不同的建筑形式；不同宗族在相邻的场地建房也可能选择相同的建筑形式。而且，即便是选择了围龙屋这一建筑形式，它的建筑构图同样面临着一个“选择”问题，诸如风水、五行、建造者在宗族中的辈分或社会地位、经济、家族中的人口、场地等因素，都会影响到“选择”，使“异构”表现得更为复杂。

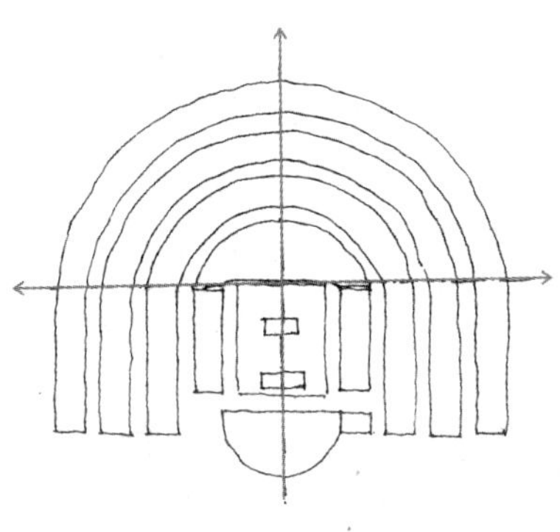
图 4-35 围龙屋的竖向与横向的扩展 蕉岭广福粟坝村罗氏大围屋

① 阿摩斯·拉普卜特．宅形与文化 [M]．常青等译．北京：中国建筑工业出版社．2007:58.“宅形”（House Form）在此书中并非泛指住宅的外观形式或风格，而是特指与居住生活形态相对应的住宅空间形态，包括了布局、朝向、场景、技术、装饰和象征等方面的内容。

二、宗族：竖向与横向的扩展

聚居是客家族群宗族意识在建筑形态上的具体表现。横屋和围龙这两个围龙屋的建筑构成元素，以竖向和横向两个轴线方向组织发展，目的只有一个，就是为了满足宗族的繁衍。当然，无论是横向或竖向的扩展，组织的起点都是以堂屋为中心，并将堂屋建筑竖向上的终点空间视为最神圣。就堂屋自身而言，尽管“堂”同样有数量上的差异，但客家建筑的堂永远被认为是“公共的”、“仪式的”，所以建筑扩展只能是围绕堂屋，横屋和围龙朝竖向和横向两个轴线方向延伸（图 4-35）。对于堂横屋而言，满足宗族发展的建筑扩张只能是横屋或堂横屋的叠加。蕉岭北礤石寨村的哗祝堂是二进的堂屋，中轴线上的两个堂之间没有隔断，在上堂的祖龛之后有一个屏风，前面摆放祖先的神位，后面留出一个狭窄的空间，为

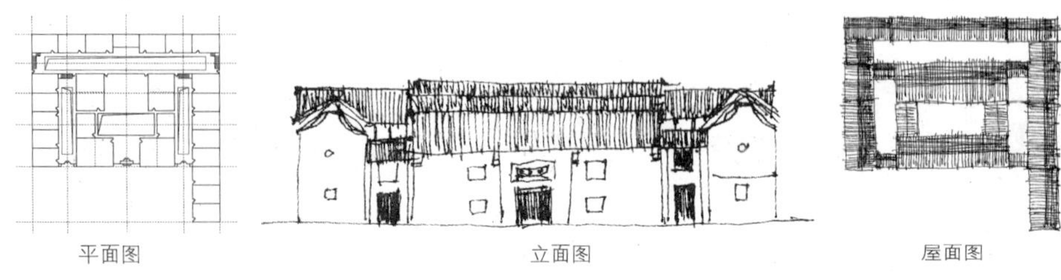

图4-36　蕉岭北礤华祝堂

上堂的终点开一扇大门。堂屋的横向轴线左面增加了一杠横屋，竖向上在上堂的后面有一个横向的天井和后包围合。屋顶的立面显示出，两个堂屋的屋顶和后包屋顶之间具有层叠的高差，从这个意义上来说，后包在中轴线上的房间有类似围龙屋龙厅的意义。这样的建筑平面结构在某种意义上阻断了哗祝堂竖向和横向两个方向的发展（图 4-36）。在蕉岭广福乐干村的“九栋大屋”采取的是单纯的竖向发展模式，由三座两横的堂屋连接组合，每个过渡空间都有一个小门通往建筑外部，因此，我们能够清晰地区分三座堂屋连接的过渡部分。在竖向最上面的第一个堂屋和第二个堂屋之间，有一排独立的七开间杠屋，它并没有像蕉岭北礤石寨村的哗祝堂那样以后包的形式将堂屋的竖向空间封闭，而是形成四向通廊的内部围合。这个相对独立的开放空间有效地解决了上下两座堂屋由于中轴线的错位所造成的建筑空间连接上的困难（图 4-37）。

围龙屋的围龙在中轴线上竖向发展，对应横屋，环绕化胎作同圆心的叠加，横向以堂屋为基础朝两边延伸。竖向和横向两个方向的发展并不是各自孤立的，而是有机的、整体的、联系的同步发展（图 4-38）。首先，围龙的发展以横屋的发展为基础。横屋和围龙的增加同样是为了满足围屋使用功

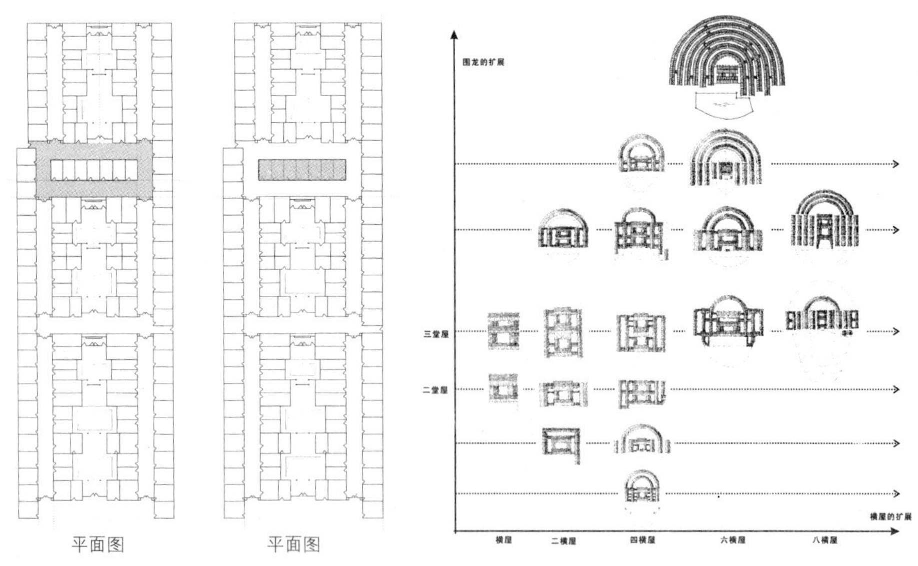

图 4-37　堂屋之间竖向连接的过渡空间蕉岭广福乐干九栋大屋

图 4-38　围龙与横屋的扩展组合及其形式演变

能的需要，但围龙的数量取决于横屋，一般相等于或者少于横屋数量的一半，毕竟横屋的发展要比围龙简单和方便。第二，围龙的建筑形态是横屋建筑形态的延伸。由于横屋的增加是朝堂屋两端的相反方向横向发展，从空间形态上来说，这种扩张带来的结果是横屋与堂屋之间距离上的递增，使建筑逐渐失去向心力和亲切感。围龙恰好在这个问题上起到了关键的联系作用，将堂屋两端朝相反方向发展的横屋元素以圆的形态连接起来，形成了围合。第三，围龙和横屋有机、共同地发展，使化胎"围"入围龙屋，正式成为围龙屋的重要组成部分，形成以化胎与水池为基础构成的建筑空间序列。所以，围龙的空间围合包容了化胎、堂屋，而且将禾坪、水池等构成元素纳入到了围龙屋整体的图像范围中。或者说，竖向与横向的空间组织使代表着阴阳呼应的两个半圆之间形成了一个具有"空间力"的"场"，如同"气"一般凝聚在建筑的空间场境之中（图 4-39）。

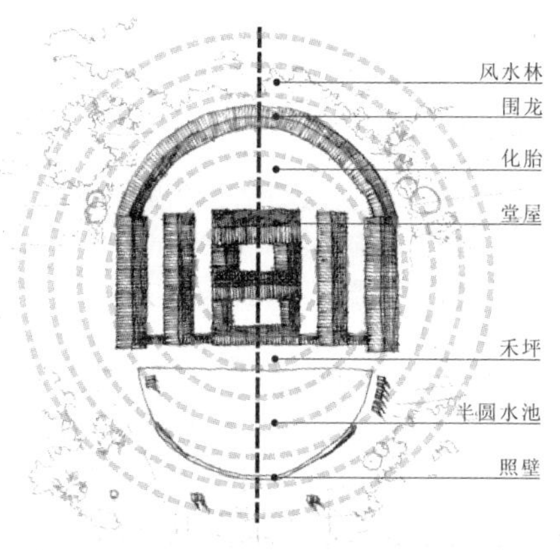

图 4-39　围龙屋建筑与环境的关系

竖向和横向扩展的另一方面是垂直与水平的组织，体现的是建筑从平面到剖面或立面的关系。建筑在垂直与水平方向之间的形状和空间是相互联系、相互生成和相互制约的形态关系。从这个方面来说，对于空间的限制，特别是堂与横所围合起来的轴线空间，建筑立面的构图方式似乎比任何其他的方式都能取得更好的效果。因为围龙屋建筑一般的选址是在坡地，在平面上我们无法感受到建筑后半部分的上升。从化胎的底线起，围龙屋建筑很少仅仅是一个平面，它所形成的实际空间层次是一个逐层上升的具有深度感的立体面，尤其是位于化胎上面的第一个围龙，在横屋之间的天街上观察，它的建筑视觉效果是崇高的、敬畏的，而当你再上几级，站在化胎的底线边缘，化胎的曲面和圆弧形的围龙构成了其他任何建筑都无法呈现的空间震撼感（图 4-40）。这一切在建筑的平面图里是无法想象到的。

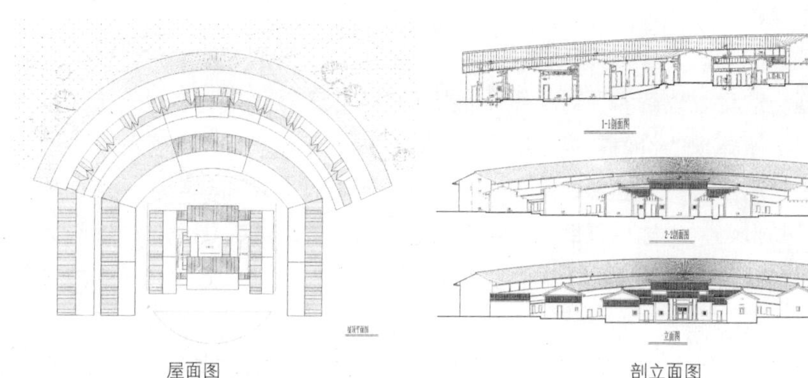

屋面图　　剖立面图

图 4-40*a*　大埔桃源新东村郭氏敦裕堂

图 4-40*b* 大埔桃源新东村郭氏敦裕堂的围龙

图 4-41 横屋与天井之间的过厅 梅县隆文文琳庄

围龙屋虽然在平面上是简单的几何图形，立面构图完全根据平面组织方式产生，不过它的屋顶永远不会只是一些平坦的线条，空间效果也不是简单的“盒子”。平面上单调的横屋重复排列在空间序列中被横屋中的“花厅”打破，“花厅”充当了“灰空间”的角色，连接和模糊了横屋和天井之间的空间界限（图 4-41），加强了围龙屋中“院落”的人性居住环境。

三、礼制：空间的等级关系

建筑的等级关系缘于传统儒家文化的礼制观念。礼乐文明源远流长，起源于原始宗教崇拜仪式和巫术歌舞。周公制礼作乐，礼代表着制度、规范、区分、界限、制约，作用于人的理性；乐是宫廷庙堂的礼仪乐舞，代表和谐、中和、认同、自由，对人发挥感情教化作用。礼乐包含着父慈、子孝、兄良、弟悌、夫义、妇听、长惠、幼顺、君仁、臣忠的十大伦理规范，节制人性欲望，以维护社会秩序和人伦和谐。“礼”的精神就是秩序与和谐，其内核为宗法和等级制度。因此，帝王建都，“左祖右社”，必建宗庙和社稷坛。中国传统建筑文化中，处处可以见到宣扬儒家礼制文化的象征表达，传统建筑的开间、装饰、颜色等都受到礼制严格地规范。

作为建筑的形态，等级关系在设计中往往通过某一种属性或属性之间的具体次序来体现。这可以理解为，对一个特定的属性来说，空间序列在建筑中逐步演变的过程以及所体现的价值转换可以通过一定的方式表示出来，如空间的处理方法可以表现为若干组对立因素：大与小，敞开与封闭、简单与复杂、公共性与私密性、神圣与世俗、主体与辅助以及单个与组团等。实际上，围龙屋的等级体系包含着客家人的日常生活体系，这正是祠宅合一、宗族聚居在建筑布局上的直接体现。

围龙屋的空间等级关系集中反映在建筑的中轴线上。如堂屋等级关系的序列

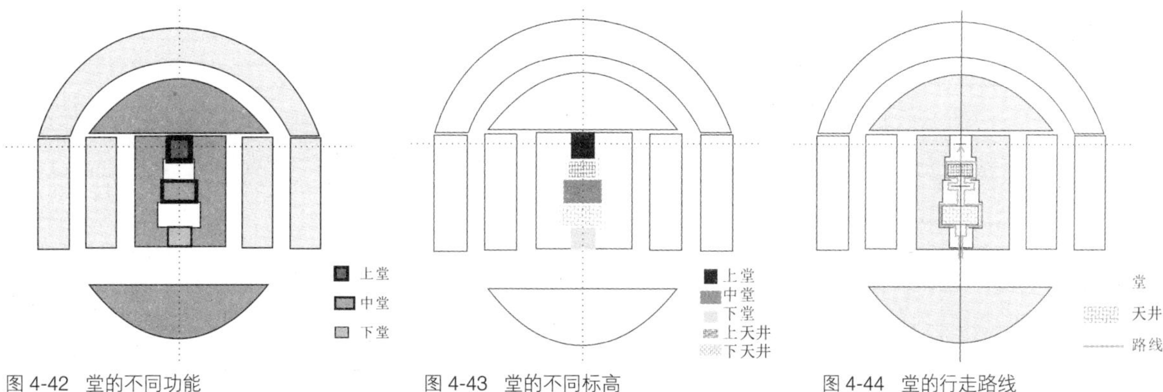

图 4-42 堂的不同功能　　图 4-43 堂的不同标高　　图 4-44 堂的行走路线

以主入口为起点，随建筑的进深逐级往后推进，越到后面越是高级，在祖堂达到了升华。堂屋的空间等级关系一般通过下面几个方面的差异体现。

（一）下、中、上三个堂有各自担负的功能

从下堂到中堂再到上堂[①]，各自因不同的功能扩展其空间层次。下堂通常是门厅，起到室内外空间的过渡作用；中堂是围龙屋家族接待客人、商量家族大事、祝寿、婚庆、治丧[②]、摆设筵席等活动的地方；上堂为祖堂，设有祖龛，族人每年必在规定的时间拜祭，同时也是死者临终前至死亡后安置的地方。[③] 正是由于功能不同，三个堂的等级也显然不同。祖祠的等级关系反映了客家人慎终追远、崇敬祖宗的儒家思想（图 4-42）。

（二）尺度、标高、面积有一定的区别

三堂面宽可能一致，但进深不一，因此平面形状不同，面积也有差别。上堂比中堂高一阶，中堂比下堂高半阶，三个堂呈前低后高的级差，这些差别使人在心理上感受到空间的等级（图 4-43）。

（三）三堂之间不能直线穿行

三个堂之间以天井分隔，三个空间虽然同在一条中轴线上，但每到上一个堂都必须绕天井从两边经过，人作为空间感受的主体，通过运动过程中的顺序性与持续性，从时间上感受了堂屋空间序列的等级（图 4-44）。

（四）可变的和不可变的

围龙屋内一切与祖先、神灵相关的仪式活动都离不开堂屋，堂屋无论在地理位置还是在人们的精神地位上，永远处于围龙屋的中心，横屋和围龙可以随宗族的繁衍发展扩充加建，但堂屋只能是唯一的（图 4-45）。

通过图像的分析我们可以从两方面去理解围龙屋的等级关系。一是以中轴线为中心逐层扩展的等级体系，这一等级关系直接反映了“祖”的观念在客家人心目中的绝对地位以及这种观念在建筑上的直观投射；另一种等级关系表现为同心相聚关系，上堂的祖祠是围龙屋的中心，通过堂、横和围向外扩展形成同心圆扩展的递增或叠加，这种等级关系表现的是客家族群以“宗”为中心的血缘关系，寓意宗族血缘关系的向外延伸和传播。由此可见，宗族的血缘关系和建筑的等级

① 客家人称堂屋为“厅下”（客家话发音为tangha），因此，三个堂依次为“上厅、中厅、下厅”。

② 客家人统称为“红白好事”，称“治丧”为白事为避开“丧”字，有的地方习惯将为上了八十岁去世的老人治丧当“好事”办。

③ 在客家围屋的上堂安置死者必须符合一些“规矩”：死者必须在临终断气之前抬至上堂；死者必须是普通人而非“恶人”；死者必须是因病、年迈等“正常”死亡而不是死于“不义”等（据梅县松口仁厚温公祠长者温清浪口述）。

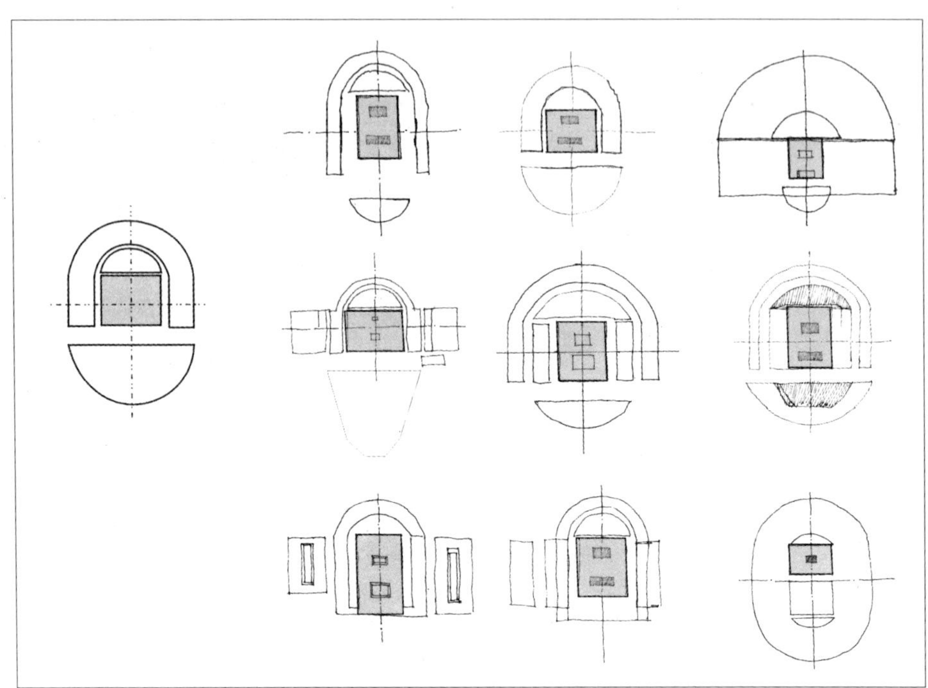

图 4-45　以堂为中心：围龙屋建筑形态的稳定结构

关系在围龙屋的建筑构图中是重叠的，建筑形态和宗族的繁衍在图像上的重叠正是围龙屋居住模式几百年来保持稳定不变的根本原因。

四、和睦：交通流线与使用空间

客家人宗族聚居的生活形态决定了围龙屋建筑内部各个体块之间的关系。围龙屋内部的交通流线连通了建筑的公共部分与私密部分、生活部分与生产部分，连通了屋内的每一个使用空间。无论是多大的围龙屋，居住于其中的人都具有血缘上的关系，他们实际上是一个大家庭，相互有明确的辈分称谓。屋内无所不及的交通网络，体现了追求以“和睦”为目标的中国传统居住文化。

我们可以将建筑内部的交通流线看做是使用者在其中的运动轨迹，尽管这条轨迹由建筑的设计和建造所限定，但流线的制定首先是以保证各个使用空间的联系为前提，以方便围龙屋内部的日常生活及与外部的联系为原则。简单地说，就是以最捷径的路线连接我们所处的位置和我们想去的地方。围龙屋内部的交通系统，包括其构成方式、路径与空间的关系，都影响着我们对建筑形式和空间的感知。

（一）围龙屋的基本交通网络

围龙屋基本的交通流线指的是屋内各部分之间，围龙屋与外界的进、出和到达等。围龙屋内部的交通系统采取了最直观、清晰、简单的构成方法，即中轴线两边对称的建筑空间的交通完全对称连通，而且交通流线的“线”很简洁，几乎没有重复（图 4-46）。

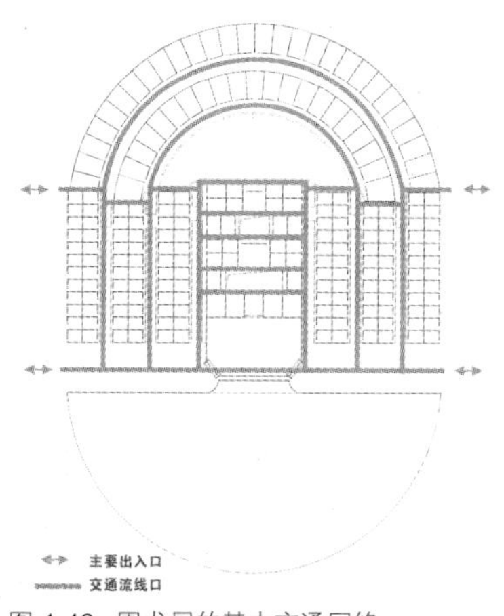

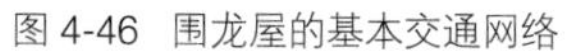

图 4-46 围龙屋的基本交通网络

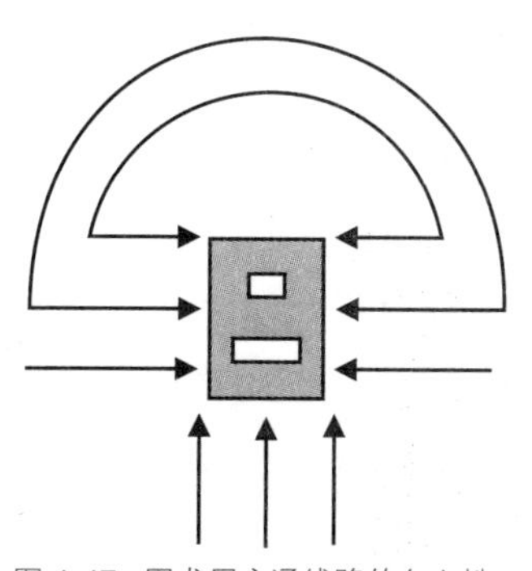

图 4-47 围龙屋交通线路的向心性

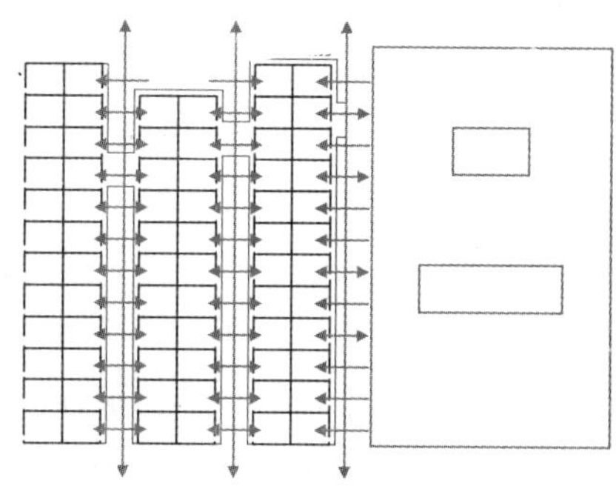

图 4-48 围龙屋四个向度的交通方式

（二）交通的最易达到点和聚集点

通过梳理围龙屋内部的交通流线，我们发现，堂屋由于是围龙屋中的公共空间，因而是整个建筑交通最为聚集的空间，即最易到达的集合点，这充分说明了堂屋在围龙屋的绝对中心地位；二是堂屋内部的交通特别密集，说明建筑设计已经对堂屋在举行某些仪式时，密集人流的进出状态有了充分的考虑（图 4-47）。

（三）交通线路的向度

通廊式的房间布局使围龙屋内部横屋间的交通线路大多数为四个向度，同时具有前、后、左、右的使用指向（图 4-48）。这种交通线路的设计无疑为生活和家庭之间的联系提供了最大的便利。但是，从另外一个方面，这又说明了围龙屋居住空间的私密性是相对的，因为每一个开间，不论是卧室还是厨房，它们的门口必定朝向公共通道。这一点与粤东大埔、饶平等地客家圆楼和方楼的单元式家庭居住模式有着显著的差异。

（四）与屋外的连通

除建筑物的正面大小门的进出，围龙屋在横屋与围龙的连接处，或者是在围龙的某一处通常设有通往围外的次门，交通流线不仅连通了建筑内部的各个空间，而且也与室外的空间相连。和完全封闭的圆、方楼相比，围龙屋的“防卫功能”并不是最重要的，至少不是围龙屋建造首先要满足的功能（图 4-49）。①

通过建筑的交通流线穿越围龙屋的空间序列，才能真正获得围龙屋建筑空间的体验。但是，毕竟围龙屋是客家人的居住生活空间，更重要的，还要在时间的线性发展中去感受客家人和睦的日常生活。

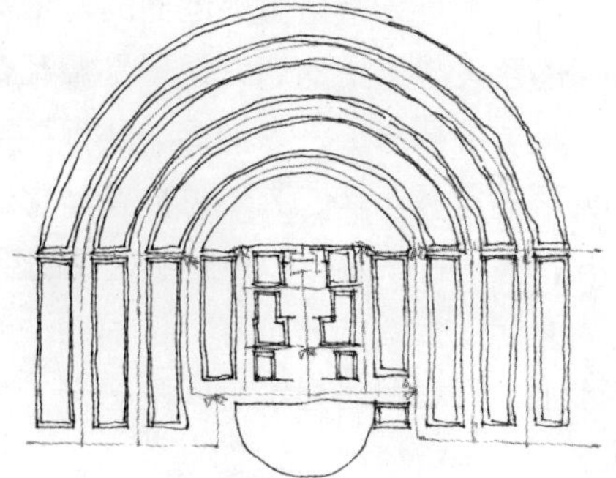

图 4-49 围龙屋建筑空间的开放性

① 据梅县松口仁厚温公祠长者温清浪口述，仁厚温公祠的天街与禾坪连接处的小门（相对堂屋的大门而言）是清末民初时加建的，即之前几百年一直是敞开的。

第四节 围龙屋的日常生活空间

社会学理论认为，揭示人类社会的基本结构，最根本的就是对人的存在或活动领域的基本分析。因此，划分人类社会的结构可以选取人的活动方式的特点作为尺度。从这样的视角出发，可以把人的存在领域划分为三个基本层次：最基础的层次是以个体的衣食住行、婚丧嫁娶、饮食男女为主要内涵的日常生活领域，中间层次是以政治、经济、技术操作、经营管理、公共事物等为主的非日常的社会活动领域，最高层次是科学、艺术、哲学等非日常的精神生产和人类知识的领域。[①] 所谓的日常生活是最基础的生活领域，即以人的衣食住行、婚丧嫁娶、饮食男女为主要内涵，按照衣俊卿的《现代化与日常生活批判》一书的概括，日常生活就是为维持个体生存和再生产的各种活动的要素的总称，它的外延还包括日常消费活动、交往活动和观念活动。

① 李小娟．走向中国的日常生活批评 [M]．北京：人民出版社．2005：74-75.

图 4-50 日常生活中的邻里关系 福建永定初溪庚庆楼

在中国传统农业文明条件下，家庭、宗族、聚落等形成了农本社会或乡土社会特有的发达的血缘性社会结构和文化，这对包括围龙屋在内的民居的建造都有着重要的影响。尽管客家民居处于边远山区的封闭环境，但基于情感和血缘关系的宗族结构、伦理规范和礼俗体系使围龙屋不只是一种自发的社会单位，更是强有力的文化规范体系和行为调节体系（图 4-50）。建筑空间的构成元素、组织形式、等级关系以及功能限定，和客家族群中的宗族族规、生活、生产等复杂的、发达的乡土伦理规范、生活习俗融为一体，共同构成了客家聚居空间中传统农业文明所特有的成熟和持久的稳定性特征。[②]

② 研究客家民居的日本学者、东京艺术大学名誉教授茂木计一郎面对客家围屋的各种形态，提出的有待解决的课题中，有客家围屋的“空间构成重视生活和生产活动的功能”及“构成空间的序礼性”等问题。茂木计一郎．从日本看客家民居 [M]．中国客家民居与文化．华南理工大学出版社．2001:23-28.

一、日常生活与“场所”

空间与场所是生活世界的两个基本组成部分。在日常生活的经验之中，空间的意义与场所的意义似乎是相互覆盖和交合的，但相比而言，场所是一个更为具体的概念，是人们逐渐认识并赋予特定价值与意义的具体空间。面对广袤无垠的自然环境，人们总会在其中选择一个特定的空间定居，伴随着生活的展开，人们不断熟悉和了解所选择的空间，也不断地适应、调节和改造这个空间，建立起对空间的方位感、认同感、亲密感，空间因此而转化为场所。在这个意义上，考察民居建筑空间的意义，最根本的一点，就是探求其作为普通居民住宅的“场所精神”。

所谓“场所精神”，简单地说，是指场所因其空间的特性而表现出的与生活其中的人们之间的一种适应关系。它往往通过两个要素显露出来：一是“方位感”，二是“认同感”。为了获得在环境空间中的立足点，人们必须能够辨别方向、确定位置，知道自己位于何处；同时，还须在环境与自身之间建立起认同关系。对场所方位的认知，可以表现为一种较为简单的感知过程，而对场所的认同，则是一个极为复杂和综合的心理过程。也许在一个不长的时间里面，就可以获得对场所的基本认知；然而，“对一个场所的真正感受是需较长时间才能获得的，它是长时间重复性的日常生活和经验的积累”。[①] 其实，无论是方位感，还是认同感，“从来没有与日常生活相分离，它总是与人们的活动相关的”。[②] 尤其民居是日常生活发生的地方，是生活经历的主要场地，在这里，“日常生活体现了人们存在的那种延续性，由此它成为了一种持续性地支持人们的熟悉的背景和基础”。[③] 可以说，民居聚集和视觉化的直接世界就是日常生活世界。所以，日常生活的态度与方式极大地影响着场所及“场所精神”的形成（图 4-51）。

图 4-51　农历新年的喜庆活动 兴宁宁新豫章堂

现象学强调“日常经验的生活世界”是第一位的，是“一个毋庸置疑的、不言自明的前提”[④]，而绝不是一个因为琐碎便无足轻重的问题。在赫勒（Agnes Heller）看来，日常生活是“那些同时使社会再生产成为可能的个体再生产要素的集合”[⑤]。“日常行为和日常思维的明显图式不过是（或者以重复性思维、以创造性思维为辅助的）归类模式。借助这些图式，个人管理和安排他所从事或决定从事的一切以及他那里所发生的一切和他发现自己置身于其中的一切情境。他以这样的方式来从事这些，以便能部分或全部地使这些经验同他‘业已习惯’的东西相吻合。”[⑥] 显然，日常生活反映并影响着人们的生存方式，其重要性是不言而喻的。胡塞尔的“生活世界”、维特根斯坦的“生活形式”、海德格尔的“此在”，其实都已经深入到了日常生活这一课题。[⑦] 当然，其中所探讨的还包括非日常生活的内容，日常生活与非日常生活共同构成了生活的全部。“日常生活是以个人的家庭、天然共同体等直接环境为基本寓所，旨在维持个体生存和再生产的日常消费活动、日常交往活动和日常观念活动的总称，它是一个以重复性思维和重复性实践为基本生存方式，凭借传统、习惯、经验以及血缘和天然情感等文化因素而加以维系的自在的类本质对象化领域。”[⑧] 非日常生活则包括“政治、经济、技术操作、经营管理、公共事务等有组织的或大规模的社会活动领域”以及“科学、艺术和哲学等自觉的人类精神生产领域或人类知识领域”。[⑨] 相比而言，日常生活是自在的，非日常生活是自觉的。对于普通民众，前者显然是首要的，是其生活的主体。

① 沈克宁．建筑现象学[M]．中国建筑工业出版社．2008：22.

② 沈克宁．建筑现象学[M]．中国建筑工业出版社．2008:32.

③ 沈克宁．建筑现象学[M]．中国建筑工业出版社．2008:41.

④ 胡塞尔．生活世界现象学[M]．倪梁康，张廷国译．2005.

⑤ 衣俊卿．现代化与日常生活批判[M]．北京：人民出版社．2005：13.

⑥ 衣俊卿．现代化与日常生活批判[M]．北京：人民出版社．2005：319.

⑦ 海德格尔避免了传统哲学以某些同现存世界相分离的物的抽象属性来定义人的方法，创造了一个独特的词 Dasein (being there)“此在”来描述人的存在的这种体验。人的基本条件或状态，即此在（being-in-the-world）。人生在世不仅处于一定的空间中，还存在于某种生活的结构中，正是由于这个结构，才能使人可能感受整个世界。因此海德格尔提出了“人诗意地栖居”的命题。

⑧ 衣俊卿．现代化与日常生活批判[M]．北京：人民出版社．2005：31.

⑨ 衣俊卿．现代化与日常生活批判[M]．北京：人民出版社．2005：16-17.

图 4-52　仪式之后的宗族成员聚餐　粤北翁源县南浦镇沙坪荣华楼（左）
图 4-53　堂屋内的宗族活动 丰顺丰良建桥围保太堂（右）

作为日常生活发生的地方，民居建筑空间可以像杜维（Kimberley Dovey）的方式分为“作为几何的空间”和“作为经验的空间”。前者即几何空间，既是抽象的，也是精确的；后者即生活空间，是具体实在的日常生活的经验空间。几何空间以其抽象的方式，可以发展为一种理解世界的模式，对应于人们对于宇宙的理解图式，而丰富多样的日常生活方式就要以不同的需要、以不同的精确度通过几何空间来实现。在生活空间中，人们能够真正体验到人类真实的生活，从而“存在于世”，经验与体会到场所的真实意义。所以，从根本上来说，民居的建筑空间是使用者的生活空间，是一个主观的空间，但又不是表现和想象的空间。其根源就在于具体的日常生活经历，比如列斐伏尔（Henri Lefebvre）在其《空间的生产》里所说的童年时期的艰难、成就和欠缺等。

具体的日常生活，即饮食、服饰、居住、行旅及婚俗、礼仪等活动（图 4-52）。对于传统中国社会而言，日常生活可以归纳为三个方面：一是自然经济条件下的日常消费活动；二是处于血缘宗法制度下的日常交往活动；三是以儒家伦理规范为基本原则的日常思维活动。这三个方面的活动，既以丰富的形式“填充”入民居的几何空间之中，从而使几何空间变为居者所想要的生活空间，同时也会指导着几何空间的构成。这个过程包括两个环节。一是对环境和居住空间的“神化”，二是家与家园的营造。

二、宗族的空间与“家”

对环境与居住空间的神化，直接将居者纳入到一个“主体间性”的场所之中，居者的居住，因此就不是其个人甚至其小家庭的独门寡居了，在心理上，居者处于一个既有可祭拜的祖宗又有可泽被的子孙这样一个祖祖辈辈环绕的并不孤单的系列之中。在现实生活中，因为对血缘宗法制度的遵从，居者又处于同姓共祖的宗族、家族的环绕之中。合族聚居、累世同堂于是成为了中国传统社会普遍的居住方式。通过对环境与居住空间的神化，一个基于祖宗崇拜的大的宗族空间建立起来。具体的小家与家园的营造，则被给定性地处于这样的氛围之中，“家”不可避免地与“宗”联系在一起（图 4-53）。

家是人们所熟悉的亲密场所，即家意味着居者舒适的自我体验，夫妻间性生活的快乐与和谐，父母子女间的融洽、体贴和关心等。诚然，（夫妻、子女之间）家庭日常生活是营造“在家”感觉最为重要的一面，但在中国传统的合族聚居、累世同堂所形成的聚落里，事情远非如此简单。赫勒认为：“‘家’并非简单的是房子、住屋、家庭。有这样的人们，他们有房屋和家庭，却没有‘家’。由于这一原因，尽管熟悉是任何关于‘家’的定义所不可缺少的成分，熟悉感自身并不等同于‘在家的感觉’。比这更为重要的是，我们需要自信感：‘家’保护我们。我们也需要人际关系的强度与密度：家的‘温暖’。‘回家’应当意味着：回归到我们所了解、我们所习惯的，我们在那里感到安全，我们的情感关系在那里最为强烈的坚实位置。”[①] 换言之，“‘不在家’并不意味着人没有住所，没有家庭成员，而是人内心世界中失落了与天然日常生活世界的自在联系、无家可归、流浪漂泊的体验。”[②] 显然，精神上的归属感在其中有着难以估摸的重要作用。在血缘宗法观念的影响下，家与家园的营造，还极大地依赖于对环境与空间的神化而建立起来的宗族空间。宗族空间一方面满足了居者精神上归属感的需要，另一方面，在日常交往活动中，宗族空间也在加强着居者人际关系的强度与密度而提升家的温暖度。在累世同堂、聚族而居的大家庭里，对家的归属感与对家族的归属感本身就是联系在一起的（图 4-54）。其原因很明显，因为中国传统日常交往活动往往就局限在宗族空间里，具有较强的封闭性和狭隘性，自给自足的自然经济本身就是封闭性的，它决定着封建家族可以保持其内部结构的封闭性而不必须与其他经济单位发生日常性的交往。从交通与通信条件上来看，人们也难以突破聚族而居、聚村而居的区域界限，加之儒家伦理对人们的日常交往活动作出了种种约束和限制，青少年男子，尤其是女性，言行举止都被家长严加管束，在精神上也难以逾越宗族圈子，处于“见闻不出乡里，交往止于四邻”的生存环境之中。正如台湾学者韦政通所说：“传统人生活在一个相当狭小而又孤立的环境，主要以家庭及村落为中心……村落与村落之间除了姻亲和市集交易之外，很少有其他的联系……由于孤立自足，许多村民从生到死没有到过临近村子以外的世界。”[③] 这样，人们对大家族精神上的依赖因此而愈益加强，家庭空间也就依附于宗族空间而存在。古代社会，妻子、儿女被称为“家室”，宗族分支被称为“房”，足见两者之间的紧密关系。同时，也从另一个侧面反映出，民居作为生活空间绝不仅仅就是人们生活的物理空间，而是一个具有场所精神的心理空间。传统社会家族制度下的生活方式，直接影响着传统的民居形态和建筑布局（图 4-55）。

图 4-54　宗族聚居空间中的“家”　福建永定初溪庚庆楼

① 衣俊卿．现代化与日常生活批判 [M]．北京：人民出版社．2005：85.

② 衣俊卿．现代化与日常生活批判．北京：人民出版社．2005：85.

③ 韦政通．伦理思想的突破 [M]．台北：台湾水牛图书出版公司．1987：5.

在累世同堂、聚族而居的大家庭里，日常生活必然是极为复杂的，但并非杂乱无序，因为有一套礼仪规范即“家礼”来加以约束。因此，有学者指出：“中

图 4-55　日常生活中的交往　兴宁叶塘琵琶塘老屋

国古代家庭制度是以累世同居共财为价值取向的，而且人们历来重视亲族关系，所以家庭成员较为复杂。这样，不能不通过等级制为不同成员的身份、地位和权利、义务定格，并在此基础上确定交往方式和制定家法。"[①] 它包括上下尊卑、长幼有序、嫡尊庶卑、亲疏有别、夫尊妻卑、男尊女卑等，这些不可逾越的与身份等级制相应的伦理规范，无时不在等级森严的家族内部发挥作用，以严格等级的人伦秩序控制着日常生活的秩序，也直接影响着住宅的空间秩序，所谓"内外各处，男女异群；莫窥外壁，莫出外庭"（宋若莘、宋若昭，《女论语》），没有相应的内外（几何）空间，行为上的要求也无法实现。家族的人伦秩序需要通过"几何空间"秩序来加以实现。

① 王玉波．中国古代的家 [M]．北京：商务印书馆．1995：64．

第五节　日常生活的交往空间

交往是共在的主体之间的相互作用、相互交流、相互沟通和相互理解，它反映的是"主体—主体"结构，交往是人的基本存在方式，昭示了人区别于动物的根本社会属性。

马克思和恩格斯指出了生活资料的生产是人与动物开始区别的标志，"而生产本身又是以个人之间的交往为前提的"[②]，因此，人与自然客体的交互作用和人与人之间的交往并不是彼此分离的，在人的存在领域，自然客体是构成人与人交往的重要中介之一。[③] 围龙屋的建筑空间，正是客家人展开其日常交往活动的中介。

② 马克思恩格斯选集（第 1 卷）．北京：人民出版社．1972：25．

③ 衣俊卿．日常交往与非日常交往 [M]．走向中国的日常生活批评．北京：人民出版社．2005：246-247．

居住在围龙屋内世世代代的客家人，他们的日常生活和日常交往模式深受中国传统文化重伦理、重和谐思想的影响，特别是受到儒家伦理规范及其家庭观念模式的强烈制约。儒家的礼教观念从建筑的设计和建造开始就已经渗透于围龙屋的每一个角落。围龙屋建筑的封闭特征与传统农业社会的封闭性和狭隘性特征相吻合，建筑的空间特性为围龙屋的日常交往提供了特定的空间场所。值得指出的是，客家人的日常交往活动具有中国传统乡村日常交往所具有的共性特征，但由于客家人聚居在落后和相对封闭的山区，艰苦的自然环境形成了他们勤奋、耐劳、善良、好客的族群性格，客家人的日常交往又表现出了强烈的个性特征。

一、聚族而居、累世同堂的居住模式与日常交往

宗族制度是维系传统聚落社会关系延续的重要前提。从围龙屋中日常交往的媒介来看，客家人的日常交往包含了物质和精神两个方面的交往因素。由于客家人聚族而居，一个围屋内甚至整个村落可能同宗，血缘关系和天然情感赋予了人

们之间的日常接触与互动有独特的价值和意义。儒家伦理规范及其家庭观念模式大多会通过儒家之礼教的道德教化而渗透于传统家庭的各个角落，从而成为指导和规范人们进行日常交往的基本原则和依据。因此，日常生活中非商业性礼尚往来的物质交往比较普遍。从围龙屋中的交往主体来看，日常交往主要是家人，如夫妻、爷父子辈、兄弟姐妹以及朋友和邻里间的个体交往。家族内部亲密感情的建立，有赖于日常生活中的密切接触，而进行日常接触首先要明确等级、辈分关系，亦即按照各自的尊卑长幼、亲疏贵贱等秩序进行符合身份和定位的日常交往活动。这是客家围屋累世同堂的居住模式在日常交往中的基本特征。

围龙屋中的日常交往关系具有相应的复杂性特征。由于围龙屋聚族而居方式的相对封闭，在一些规模较大的围龙屋中，居住人口多达四五百人，血缘关系复杂，直系与旁系亲属混居杂处，各种族内亲属关系纵横交织，日常交往关系也颇为复杂。

二、围龙屋的建筑空间关系与日常交往

空间和场所组成了现实生活世界，在日常生活的交往之中，场所是一个更为具体的概念，是具有形状、尺度、特定功能或象征意义的具体空间。由于传统农业社会的封闭性和狭隘性特征，围龙屋建筑的建筑形态虽然持续了几百年的发展，但所有的构成元素、组合方式几乎没有太大的改变，这就说明了围龙屋内部的日常生活空间几百年来并没有太大的变化，日常交往依然发生在先人留下的场所中。封闭特征不仅仅体现在建筑的形态，还体现在围龙屋的日常生活和日常交往的模式。

（一）视线——心神的交往

围龙屋的建筑构成是圆和方的组合，最内层的围龙以半圆的形式包围着化胎，与横屋连成圆和方交接的围合场所。围龙间前面的走廊是围龙屋最开敞的视线集中点，在围龙半圆中的任何两个点都能互相进行视线的交流，有些围龙前面的走廊或者在横屋的天街上可以直接与禾坪、水塘对视，保持视线的沟通。[①] 这种视线贯通的方式是围龙屋特有的交往特征之一。(图 4-56)

① 常常会听到围龙屋内的人大声讲话，就是因为通话的人尽管相隔很远，但仍然在视线范围。

图 4-56 视线交往

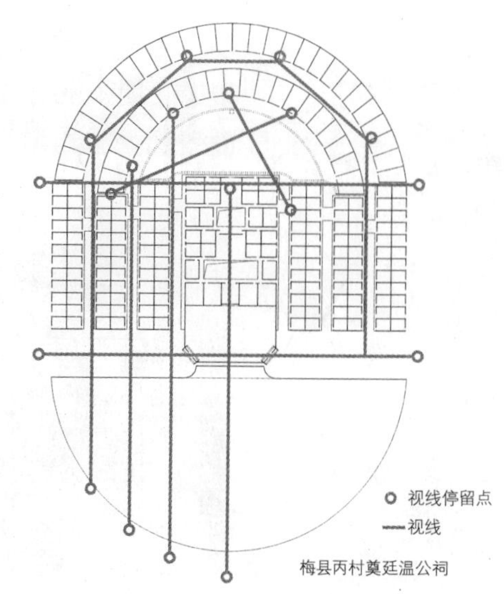

（二）堂屋——日常生活中的特殊交往

发生在堂屋内的一切“仪式”对于围龙屋的宗族成员都具有重要的意义。祭祖、做寿、婴儿满月、婚姻嫁娶、生老病死等活动，都是围龙屋日常生活的具体内容。不过，相比油盐柴米、吃喝拉睡，这些活动具有特殊的性质，象征着生命的延续和宗族的繁衍，如祭祖、红白好事摆设筵席，几乎整个围龙屋的男女老少都聚集在一起，日常生活的主体凭借天然情感、宗族传统自发地展开交往关系，堂屋成为最集中的交往场所 (图 4-57)。

图 4-57　祭祖仪式　丰顺丰良建桥围保太堂

（三）通廊式——不集中居住的家

“通廊式”的房间布局一直被认同为是客家民居的一个重要特征。福建闽西和粤东有些客家地区的圆形或方形的通廊式围楼，其建筑通常是 3 ~ 4 层，每个家庭以底层的厨房为开间，按楼层往上“对位”地分配房间。而围龙屋一般为单层通廊式，不以家庭为单元居住，每个家庭的房间并不集中在一起，有的甚至分散在不同方向的横屋或围龙内，围屋内各“家”的卧室、房间是穿插的，零散的。对于通廊式围屋而言，“家”具有“家族”的含义，是大写的“家”，因此，每个小家庭只是一起在自己家的厨房做饭而不在一起居住。[①] 通廊式的房间分配为不是“一家人”的每个人客观上创造了很多日常交往的条件和可能。在日常生活中，每一个人与其他人“相遇”的频率很高，比其他任何形式的民居都要高（图 4-58）。从客观上说，一个围龙屋其实就是一个“大家”，无论是日常生活中的个体交往还是家庭与家庭之间的交往，都是具有血缘关系的“家人”的日常交往，交往的主体相对稳定与恒常。这是围龙屋建筑日常交往的另一个重要特征。

① 粤东客家人家族发展后有“分家”的可能。一般是只分住房（卧室，客家人称为“眠人间”）、厨房、杂物间等，其他公共用房甚至重要的农具一般不分。对“分家”的概念，一般理解为“分食”，以是否同一个炉灶煮炊为标准，“分家”的一个重要特征就是“分灶”。

（四）点与线——连续的交往

围龙屋中的日常交往除私密空间外，一般都发生在公共空间。可以将这些交往空间分为：

1. 对象和时间相对固定的场所：这是围龙屋特殊的建筑形态所具有的交往空间，如围龙屋正面门口的禾坪、侧门的门厅、横屋中的花厅和化胎之上围龙间的走廊（图 4-59）。这些空间本来就是日常会客喝茶、杂谈闲聊、礼尚往来和迎来送往的固定场所，围屋的人有空自然会聚集在这些地方，因此，聚集的对象和时

图 4-58　宗族大家庭　围龙屋的通廊式开间（左）
图 4-59　下堂交往空间　大埔湖寮蓝氏泰安楼（右）

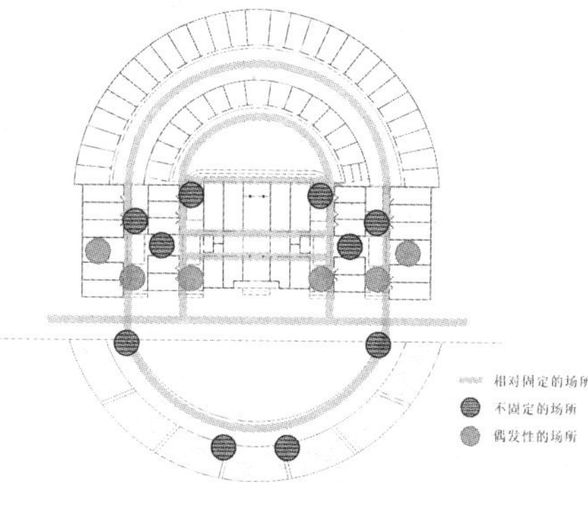

图 4-60 生活中的交往丰顺丰良温泉取水点（左）
图 4-61 点与线：日常生活交往的空间与方式（右）

间也相对固定。

2. 地点固定但对象和时间不固定的场所：这一般是与生活或生产相关的活动发生的交往空间（图 4-60）。如围龙屋外的水塘边，随时有妇女会聚集一起洗刷；在水井边因为担水几个人会聚集在一起；有些人会在水塘边上的地里浇菜或劳动等。

3. 对象和地点都不固定，带有一定偶发性的交往空间，这种交往具有对象、地点和时间上的偶然性，如围龙屋内的天街、走廊及其他的场所，但同样具有典型的日常交往的意义。前两种交往空间呈现出“点”的图像，第三种情形呈现的就是“线”的图像了，贯穿围龙屋的线和那些生活中形成的点，构成了围龙屋日常交往的系统图像（图 4-61）。

和大多数的中国人一样，客家人缺少生活的流动性，基本上一辈子都没有离开过他们熟悉的乡土环境。一个村落的人，一个围龙屋居住的人共同组成了一个稳定的生活群体，实际上就是一个小范围的日常生活世界。居住在围龙屋的人，他们的日常生活和日常交往建立在充满宗族伦理的血缘关系上，人与人之间虽然存在着辈分及各方面的不平等，但却熟悉和亲密，他们的交往基本上是亲密无间的。如此传统乡土社会基本的集体生活单位，就像费孝通形容的那样：“每个孩子都是在人家眼中看着长大的，在孩子眼里，周围的人也就是从小就看惯的。这是一个‘熟悉’的社会，没有陌生人的社会。”①

① 费孝通．乡土中国 [M]．北京：生活·读书·新知三联书店．1985：5.

本章小结

客家围屋建筑形态的构成，可以归纳为方圆两个基本要素，两者以“阴阳”对应的方式组合而成。围龙屋的建筑图像具有形体构成组合的内在规律，围龙屋的构成元素可以归纳为堂屋、横屋、围龙、化胎、禾坪、水塘、风水林等，这些元素之中，堂屋是围龙屋的核心，是固定的、稳定的建筑构成元素。横屋和围龙是活跃的可变元素，为满足宗族繁衍的需要，横屋和围龙可以作水平和垂直两个方向的发展，横屋以堂屋为中心朝两边延伸作横向的水平扩张，而围龙则是在围龙屋中轴线上，对应横屋，环绕化胎作同圆心的叠加。“慎终追远、崇敬祖宗”

是围龙屋向心围合居住空间形态的哲学根源，“礼制”观念在围龙屋堂屋的等级形式中得以充分地体现，具有独特的儒家文化意义。

围龙屋的内部交通系统，表明围龙屋的居住方式是“大家庭”的组合，“私密性”远不及它的“公共性”，体现了家庭和睦相处的中国传统居住文化，而且在横屋与围龙的连接处通常设有通往围外的次门，交通流线不仅连通了建筑内部的各个空间，而且也与室外的空间相连。和完全封闭的圆、方楼相比，围龙屋的“防卫性”并不重要，不是围龙屋建造首先要满足的功能。围龙屋的建筑空间是一个开放性的系统。

围龙屋的建筑图像更重要的是体现了围龙屋的日常生活意义。由于客家人聚居在落后和相对封闭的山区，围龙屋的日常生活具有中国传统乡村日常交往所具有的共性特征，同时又体现了在聚族而居、累世同堂的宗族环境下的日常交往的模式。围龙屋的交通系统为住民的多维度的视线交流，通廊式的房间布局客观上创造了人与人之间在日常生活中很多交往的条件和可能。每一个人与其他人“相遇”的频率很高，比粤东其他任何形式的民居都要高。围龙屋的交往空间还可分为对象和时间相对固定、地点固定但对象和时间不固定和对象和地点都不固定等形式的交往模式。血缘关系和天然情感赋予了人们之间的日常接触和互动以独特的价值和意义。

第五章　围龙屋超越现实的精神空间

"传统社会的人们在未知和未开垦的领域中定居，需要象征性地将其转化为一个'宇宙'。"① 即按照自身所理解的"宇宙图式"来对环境进行改造，使之从未开化的环境中区分出来。即使是普通民居的营造，也往往先由风水师按阴阳、五行、八卦、气场等风水理论为依据，借助罗盘，勘察地形地貌，依据山形水势选定造址。所谓"左有青龙，右有白虎，前有朱雀，后有玄武，为最贵之地"是民间对建筑选址最普遍、最基本的观念，具体而言即是"坐北朝南，负阴抱阳"，背靠山，前临水，对案山，丘陵环抱左右。这样的风水宝地，才可以凝结天地之气，不仅适于居住，更重要的是能够泽被子孙，于是，自然环境被赋予了特殊的意义。不仅地势、方向能招致住者一家的祸福，民居的宅形，屋宇的高、宽、进深以及房屋的数量等建筑的细部，也都有一定的规格和要求，必须符合整一套的风水理论。当然，在具体的建筑空间营造过程中，还有更多的方式，如通过祭拜天地等仪式来实现对自然环境的神化以及在宗法礼制下寓于祖先崇拜的空间秩序的建立等。拉普卜特的研究表明："在各地的文化中，将宅舍中特定的一角或一边奉为神圣或特权几乎是一种普遍的现象。"② 在中国传统民居中，"奉为神圣"的"宅舍中特定的一角或一边"往往处于宅居的中心或建筑的中轴线上。无论是一角、一边、一间甚或更大的建筑空间，宅居都需要这个特定的神圣空间，来摆放香炉、神龛、祖宗灵位等，满足居民日常的礼仪活动如祭拜、祷告、求福等心理上的需要。也许这个特定的空间并不每天都香烟缭绕，但一旦到了节日或者有重大的事件发生，其神圣的意义就会显现出来。陆游诗曰："王师北定中原日，家祭无忘告乃翁。"诗中所说的"家祭"就是上述礼仪活动中的一种。

① 沈克宁. 建筑现象学[M]. 北京：中国建筑工业出版社，2008：27.

② 阿摩斯·拉普卜特. 宅形与文化[M]. 常青，徐菁，李颖春，张昕译. 北京：中国建筑工业出版社，2007：53.

第一节　客家人的风水传统与围龙屋的样式

风水亦称"堪舆"，《葬书》（旧本题晋郭璞撰）曰："葬者乘生气也。经曰，气乘风则散，界水则止，古人聚之使不散，行之使有止，故谓之风水。"风水古称"形法"，古代称相度山川地形以辨凶吉，为人选择宅基为业之人为"形家"，形法为风水之祖。中国殷周时期已盛行卜地、卜宅，当时以龟甲或牛、羊、猪的肩胛骨来占卜吉凶而定位，把龟甲或动物的骨先钻凿，再用火灼，以其显示的裂缝形状来猜度神的答复为是或非、吉或凶。③ 不过"风水"这一名称出现略晚，大概在郭璞的《葬书》面市之后流行。④《汉书·艺文志》说："形法者，大举九卅之势以立城郭室舍形，人及六畜骨法之度数、器物之形容以求其声气、贵贱、

③ 春秋时期，齐国管仲反对殷商以来用卜地凶吉以定营邑的方法，认为"神筮不灵，神龟不卜"，主张"因天材，就地利"。《管子·乘马篇》："凡立国都，非于大山之下，必于广川之上。高毋近旱而水用足，下毋近水而沟防省。"显示了中国古代朴素的科学选址思想。

④ 孙宗文. 中国建筑与哲学[M]. 南京：江苏科学技术出版社，2000：496.

图5-1 客家风水图谱：豫章罗氏族谱中上坂、中坂、美坂村图（选自吴庆洲《中国客家建筑文化》插图）

吉凶，犹律有长短而各徵其声，非有鬼神，数自然也。”[①]可见古人所说的“形法”，是根据山川宫室的形势及人畜器物的形状（内形与外形）来推求贵贱吉凶的术数之一（图5-1）。[②]《说文解字》许慎注《淮南子·天文训》“堪舆徐行，雄以音知，雌故为奇”句说：“堪，天道；舆，地道也。”《易·谦卦》卦辞：“天道下济而光明，地道卑而上行。”表示天道是支配人类命运的上天意志，地道指地的变化过程与规律。因此，《汉书·杨雄传》张晏曰：“堪舆，天地总名也。”中国古代哲学自古视天、地、人为一个宇宙大系统，以追求天地人宇宙万物间的和谐统一为最高的理想。《老子》提出了“人法地、地法天、天法道、道法自然”。《易·系辞》也提出“在天成象，在地成形”，“仰则观象于天，俯则观法于地”，“与天地相似，故不违”等。由此可知，“象天法地”的思想不仅是先人为古代城市规划、屋宇的建造，为达到天、地、人合一的理想境界而设立的理论基础，并且应用于城市选址和大型建筑的营造。秦统一中国，以象天法地的意匠建设咸阳，“焉作信宫渭南，已更命信宫为极庙，象天极”，“为复道，自阿房渡渭，属之咸阳，以象天极阁道绝汉抵营室也”（《史记·秦始皇本纪》），“筑咸阳宫，因北陵营殿，端门四达，以则紫宫，象帝居”（《三辅黄图》）。隋唐长安城的平面布局是东西略长，南北略短，《淮南子·隧形训》将其解释为“合四海之内，东西两万八千里，南北两万六千里”，可知其平面乃“法地”而成。伍子胥规划吴大城，“陆门八，以象天之八风，水门八，以象地之八卦”（《吴地记》）。范蠡筑越小城，“西北立龙飞翼之楼，以象天门。东南伏漏石窦，以象地户。陵门四达，以象八风。”（《吴越春秋》卷八）[③] 中国自古以来，不仅皇室朝廷根据天象、地理来决定城市和建筑的选址，民间亦然。

一、客家地区盛行风水术的根源

风水术于明代随着客家族群的发展在粤东客家地区越来越普及，风水术并不局限于阴阳两宅的建造，还与日常生活世界中的很多思想、行为都发生关系，并且作为文化积淀渗透于一代代人的观念意识中。[④] 例如，现存方志中所列粤东客家地区的塔，基本上是明清时期为风水所建；州府为了不破坏区域龙脉，禁止或限制在莲花山脉开采煤、石灰等矿；乡间为寻找吉地建阴宅，存棺柩多年而不葬或不厌屡迁坟墓；为了争夺风水旺地，宗族之间殴斗相残。现存的客家围屋，几乎每一座建筑都有一段关于风水方面的故事，因为聚落和建筑的选址、朝向及内部空间结构成了宗族能否兴旺的先决条件。这样的普及不可避免地将风水的理论

① 《汉书·艺文志》中的“形法”，包括《宫宅地形》二十卷、《相人》二十四卷、《相宝剑刀》二十卷、《相六畜》三十八卷等。《汉书·艺文志》中所收“阴阳家”的著作也很多，有《诸子略·阴阳家》作品二十一家、三百六十九篇，有《兵书略·阴阳家》作品十六家、二百四十九篇，有《数术略·五行家》三十一家、六百五十二卷。其中《数术略》虽以“五行”名之，但内容多为“阴阳”与“五行”，其中“阴阳家”实不居少数。从《汉书·艺文志》所著录的书目来看，“阴阳家”可说是诸子百家中的一个大宗。

② 术数，古代方术的重要内容，又称“数术”。术指方术，数指气数、数理，即阴阳五行生克制化的数理。古人将自然界所观察到的各种变化，与人事、政治、社会的变化结合起来，认为两者有某种内在关系，这种关系可用术数来归纳、推理。于是，术数用来推测个人，甚至国家的命运和吉凶。后世，凡是运用这种阴阳五行生克制化的数理以行占卜之术的皆纳入术数范围，如星占、卜筮、六壬、奇门遁甲、相命、拆字、起课、堪舆、择日等皆为术数之类。孙宗文．中国建筑与哲学[M]．南京：江苏科学技术出版社，2000：490-492.

③ 吴庆洲．建筑哲理、意匠与文化[M]．北京：中国建筑工业出版社，2005：344-348.

④ 也有学者否定客家围屋与风水的关系。徐杰舜先生主编的《雪球——汉民族的人类学分析》一书在总结客家文化时称，客家土楼有四个特点，其中之一是“不讲究风水，楼址选择灵活”，并称造成这种现象的原因是“客家人由于入迁较迟，平原沃土多被‘主

和实践迷信化，并且将风水与“巫术”混淆为一，似乎日常生活中的每一件事都被风水左右。

籍’人所占有，因此，他们选择楼址只能以是否有利于就近耕种农田、砍柴伐木、捕兽捉虾、采药畜牧为标准而不讲究风水，所以他们的楼址有的选在被认为钟灵毓秀的依山傍水、面向平川的平地，也有的选在山谷、斜坡、崖畔、台地，甚至也有选在孤立的小山顶上。”徐杰舜．雪球——汉民族的人类学分析[M]．上海：上海人民出版社，1999：262.

程建军教授认为：“风水主要是指古代人们选择建筑地点时，对气候、地质、地貌、生态、景观等各建筑环境因素的综合评判以及建筑营造中的某些技术和种种禁忌的总概括。”① 如果我们将风水解释成是为聚落和建筑寻求最理想环境的景观评价体系，那么，我们就比较容易理解客家人对风水的寄托和依赖了。因为“最理想的居住环境”中所包含的文化意义就是客家地区风水盛行最重要的根源之一（图 5-2）。

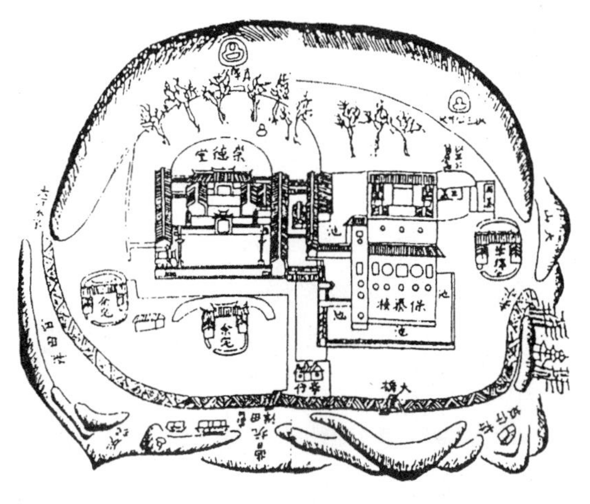

图 5-2 客家风水图谱：豫章罗氏族谱崇德堂图（选自吴庆洲《中国客家建筑文化》插图）

客家族群所聚居的粤东山区，远不如潮汕族群和广府族群所聚居的韩江三角洲及珠江三角洲。下面的地方志统计，为我们展开了一幅粤东纯客家七县基本的地理地貌图像：

梅县：“海拔 500 米以上的山区有 657.8 平方公里，占 21.18%；海拔 150 ~ 500 米之间的低丘陵有 1644.4 平方公里，占 54.5 %”。②

五华县：“山地占 49.1%，丘陵占 41.3%”。③

平远县：“全县有山地丘陵面积 167.26 万亩，占总面积 80.8%”；“县内盆地不甚发育，按地形条件划分为山间盆地，面积仅有几平方公里至数十平方公里”。④

兴宁县：“台地 755.19 平方公里，占 36.3%，丘陵 1033.92 平方公里，占 46.69%，山地 254.43 平方公里，占 12.21%”。⑤

蕉岭县：“山地、丘陵约占全县总面积的 81%”。⑥

大埔县：“海拔 500 米以上的中低山占总面积的 10%，海拔 100 ~ 500 米之间的高、中丘陵约占总面积的 80 %；海拔 100 米以下的低丘陵、小盆地约占总面积的 10%”。⑦

丰顺县：“山地为 942 平方公里，丘陵为 1426 平方公里（其中台地 13 平方公里），分别占总面积的 35% 和 53%”。⑧

这幅“全景图”告诉了我们：粤东客家人聚居的地方，山地和丘陵占了大概 80%，客家族群的生存环境无法与珠三角、韩三角相提并论。但是，客家地区连绵的山脉地理环境使隐秘、抽象的风水观念有了形象的依托，客家人面对比较恶劣的自然环境和相对贫乏的土地资源，具有强烈的生存和发展渴求，又正好为客家地区风水术的兴起和普及提供了客观的温床（图 5-3）。

首先，靠风水求耕地（图 5-4）。从以上的数字可以看出，粤东地区的客家人聚居在典型的山地中的小盆地，其中最大的是兴宁盆地，面积为 302 平方公里，

① 程建军，孔尚朴．风水与建筑[M]．南昌：江西科学技术出版社，1992：1.
② 梅县地方志编纂委员会．梅县志．广州：广东人民出版社，1995：166.
③ 五华县地方志编纂委员会．五华县志．广州：广东人民出版社，1991：70.
④ 平远县地方志编纂委员会．平远县志．广州：广东人民出版社，1993：63-65.
⑤ 兴宁县地方志编纂委员会．兴宁县志．广州：广东人民出版社，1992：105-106.
⑥ 蕉岭县地方志编纂委员会．蕉岭县志．广州：广东人民出版社，1992：71.
⑦ 大埔县地方志编纂委员会．大埔县志．广州：广东人民出版社，1992：76.
⑧ 丰顺县地方志编纂委员会．丰顺县志．广州：广东人民出版社，1995：122.

图 5-3 客家地区自然地理环境（左）
图 5-4 客家人靠风水求耕地（右）

其次是梅县盆地，面积为 110 平方公里。整个粤东客家地区丘陵延绵、山重障叠、河流交错，如此地理环境正好能让从“三寮”出来的风水术士论理山形水貌，指点龙、穴、砂、水，这是风水术在客家地区得以兴起的地理因素。还有，粤东客家山区“八山一水一分田”，不仅可耕种的土地已经极其贫乏，而且几乎所有的农田都是山间“梯田”，限制了大面积的粮食作物种植，造成客家地区长期缺粮的贫困历史。在这样山地与小盆地构成的以农耕经济为基础的区域文化中，人们把祈求得到优质的耕地和得到丰厚的收成全部都寄托于风水。这是风水术在客家地区得以盛行的环境因素。

第二，靠风水求宅地（图 5-5）。汉刘熙的《释名》解释宅为：“宅，择也。言择吉处而营之也。”宅地关系到宗族的兴衰，人丁的众寡①，无论对于村落还是围屋都至关重要。《黄帝宅经 · 序》指出：“夫宅者，乃是阴阳之枢纽，人伦之轨横，非夫博物明贤，未能悟斯道也。”通常所说的“宅地”包括了阴阳二宅，阴宅不仅可以让逝者的身躯与灵魂有个合适的安息之处，更重要的是活下来的人世代都能得到先人在阴间的相助。寻求吉祥宅地的重要原因之一是为旺男丁，一是粤东客家山区耕地少，耕地分散，耕种条件差，需要比平原地区更多的劳动力，二是宗族之间、房派之间的械斗需要战斗力。两个方面都与客家族群的生存和发展相关，所以，祈求好的宅地保证人丁兴旺唯有寄托于风水。这是风水术在客家地区得以普及的宗族因素 。

① 田野调查中有些围龙屋几乎荒废，询问周围围屋的老人原因，他们一般只有一个答案：风水不好。

第三，靠风水求科举（图 5-6）。现存的大型围龙屋大部分都是客家人成功地走上科举之路、衣锦还乡的象征和见证。在客家人“下南洋”之前，较少客家人离开家乡外出经商，面对比较恶劣的自然环境条件，要创一番事业似乎只有通过科举之路。明代之后，粤东地区（含今潮汕）的“官学”和“民学”教育发展很快，客家各地“金榜题名”的人数也不断

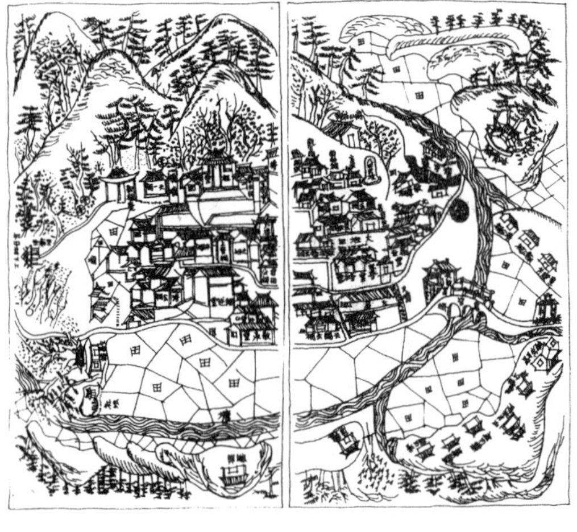

图 5-5 客家风水图谱：光绪版《吴氏族谱》中所绘制的古村城图（选自吴庆洲《中国客家建筑文化》插图）

图 5-6 壁画：状元及第
梅县隆文文琳庄

增加，从客家围屋门口或池塘边上的石座旗杆和屋内中堂所挂的牌匾可见一斑。围屋内部的建筑装饰题材绝大部分以“耕读为本”、“学而优则仕”的观念为内容，这些与科举相关，为达到考取功名的理想而作的各种祈求方式都可以归结为风水意识。这是风水术在客家地区发展的社会基础。

然而，风水师所担负的工作是为人们实现自身能力所无法实现的事，控制和把握人们一般生产和生活技能不能控制的事。越是力所不能及，越是不能直接控制，便越产生出控制的要求，在这一点上，风水师的活动往往会借助当地的巫术来达到这个目的。如围屋建造开工、竣工及过程中所举行的各种仪式，通常包含着很多巫术的行为和方法，有些仪式甚至可能由风水师和觋公共同来完成。因为，只要能达到实际的目的，获求安全、健康、发展和避免灾害与疾病，一切超越现实的方法都可以兼容。

二、粤东客家风水术渊源与杨公先师崇拜

清《嘉应州志》记载，客家地区各县“惑于风水之说，有数十年不葬者。葬数年必起视，贮以瓦罐……甚至听信堪舆，营谋吉穴。侵圾盗葬，构讼兴狱，破产以争尺壤。俗之愚陋，莫此为甚。”“粤俗本尚堪舆，嘉应于风水之说，尤胶执而不通。往往因争一穴之地，小则废时失业，经年累月，大则酿成人命，家破人亡。”府志的记载虽然说的是关于民间的圾地之事，但这并非仅仅为一种习俗或是一种信仰，恰好有力的说明了风水堪舆对于客家人在特殊的自然地理、生活环境的压力下，对土地、水利、山林等有限生存资源的争夺，求风水堪舆之术借天人神灵之力祈望得到风水宝地，以助宗族的繁荣昌盛。因此，说风水已经“成为客家传统社会中以宗族为代表、组织的一种生存策略”并不为过。①

风水术（主要是阴宅风水）至宋代可谓发展到了极盛点，是我国风水史上的高峰期，原因：“一是由于宋朝的理学思想为风水术提供了理论基础及方法手段，第二，也是由于科技的发展，如罗盘被普遍地用于堪舆术。”② 南宋正是汉族客家民系形成的时期，研究客家文化的学者普遍认为风水术在这一时期随客家先民的南下传入客家地区，代表人物是杨筠松。③ 杨筠松属唐末避乱南迁的客家先民，他从长安到赣州（古称虔州）定居，从事风水之术，授徒传道，使风水的理论和实践在江西播延，后传入闽、粤、赣客家地区。在风水自身的谱系中，杨筠松是最突出的风水大师代表，是除郭璞④ 之外的第二号人物。⑤《四库全书总目提要》

① 周建新．风水：传统社会中宗族的生存策略——粤东地区的实证分析 [J]．客家研究辑刊．1999.

② 王青．中国古代风水术 [M]．北京：北京师范大学出版社，1993：106.

③ 罗勇．客家与风水术 [J]．客家研究辑刊．1997，2.

④ 郭璞，生于 276 年，卒于 324 年，由于他精通堪舆术被奉为祖师。《晋书·郭璞列传》：“郭璞，字景纯，河东闻喜（今属山西）人也。璞好经术，博学有高才而呐于言论词赋，为中兴之冠。好古文奇字，妙于阴阳、算历。有郭公者，客居河东，精于卜筮，璞从之受业于公，以青囊中书九卷与之，由是遂洞五行、天文、卜筮之术，攘灾转祸，通致无方，虽京房、管络不能过也。”

⑤ 何晓昕，罗隽．风水史 [M]．上海：上海文艺出版社，1995：109-112.

中关于杨筠松记载是："筠松不见于史传，惟术家相传，以为筠松名益，窦州人，掌灵台地理，官至金紫光禄大夫。广明中，遇黄巢犯阙，窃禁中玉函秘术以逃，后往来于虔州。无稽之谈，盖不足信也。"明天启《赣州府志》记载说："杨筠松，窦州人，唐僖宗朝官至金紫光禄大夫，掌灵台地理事。黄巢破京城，乃断发入昆仑山，过虔州，以地理术授徒，卒于雩都药口坝"。[①] 在闽、粤、赣客家地区，客家人感怀于杨筠松一生致力于风水术，扶危救困，称杨筠松为"杨救贫"。杨筠松晚年与入室弟子曾文辿、廖瑀卜居江西兴国梅窑洞，杨将青囊[②] 旨授予曾、廖二徒弟作为家传。[③] 因三人各住一寮，故称"三寮"。[④] "三僚"（现为江西兴国的一地名）从此成为风水形法派的发源地，由杨、曾、廖创立的风水学说在闽粤赣客家地区影响甚为广泛。[⑤]

丁芮朴在《风水祛惑》中说"风水之术，大抵不出形势、方位两家。言形势者，今谓之峦体；言方位者，今谓之理气。唐宋时人，各有宗派授受，自立门户，不相通用。" 风水学的两大派系约在公元 3 世纪时就已经形成。[⑥] 清人赵翼在《陔余丛考》中的"葬术"条引义乌王祎的《青岩丛录》说："堪舆家之说，本于郭璞《葬书》。后人增以谬妄之说，蔡元定尝去其十之二，而朱子亦尊信之。以为奇神功风天命，致力于人力之所不及，莫此为验。后世为其术者，分为二宗：一曰屋宅之法，始于闽中。至宋王汲乃大行，其为说主于星卦，阳山阳向，阴山阴向，纯取五星八卦，以定生克之理，一曰江西之法，肇于赣州杨筠松、曾文迪、赖大有、谢子逸辈。其为说主于形势，原其所起，即其所止，以定向位，专指龙、穴、砂、水之相配。二家之说俱盛行，而赣说较优。"所谓形势派源自陕西，其理论主要以山脉、河流的走向、形状和数量等自然环境为基础，侧重于对建筑的山水形势的观察，故后人称之为形法派或峦体派或形势派。由于自唐代以后，这个学派的主要活动在江西一带，又称为江西派。江西派开山祖师杨筠松的风水理论及方法，主要体现在他的风水著述中，如《疑龙经》、《撼龙经》、《葬法十二书》、《青囊奥语》等。其中《疑龙经》分上、中、下三篇，上篇言干中寻枝，以关局水口为主，以宏观的眼光介绍全国的水系干枝，然后讲述如何找寻正龙，如何寻穴，如何识别干枝龙，找到干龙之后顺着水源找穴场；中篇侧重谈捉穴之法，大抵是看面背朝迎；下篇则专论结穴形势，穴的高低左右必须与龙配合等。《撼龙经》专言山龙脉络形势，眼光阔大，气势非凡，先论述辨认龙脉的方法，然后根据星峰形状的不同，将其分为贪狼、巨门、禄存、文曲、廉贞、武曲、破军、左辅、右弼，加上北辰，共十种山形进行论述。福建理法派又称宗庙派或屋宇法，基本理论源于汉代中原的图宅术，讲究宅法原理，有天门、地户、鬼门、人门等提法，对后来的风水理论影响极为深远。这一派依靠罗盘，强调八卦干支、阴阳五行的生克及方位，侧重于建筑的方位理气的推演，又称之为"福建理法派"。

一般认为，粤东客家地区的风水理论和方法来自江西的形法派体系，客家风水师拜杨筠松与其弟子曾文辿、廖瑀卜等为先师（图 5-7）。不过，研究风水及历史的学者认为，"形法派"与"理法派"两个风水流派之间的关系并非"各有

① 古窦州今为广东信宜县；江西虔州今为赣州；雩都为今于都县，为赣南纯客家县。

② 青囊术本指古代筮人盛书的布袋，故借喻卜筮。后世风水术士有《九天玄女青囊海角经》，故风水术、相地术亦称"青囊术"。

③ 杨筠松的风水术已传至第 44 代，活动在江西于都，大师姓曾，持银牌为证。

④ 刘晓春．三僚村风水文化考察 [J]．客家研究辑刊．2006，2.

⑤ 据《江西通志》引《豫章书》："曾文辿，雩都崇贤里人，师事杨筠松，凡天文谶纬，黄庭内景之书，靡不根究。尤精地理。梁贞明间至袁州万载。受西山之胜，谓其徒曰：死葬我于此，卒如其言……所著有《八分歌》二卷。"

清《赣州府志》记载廖瑀："廖瑀，字伯瑀，宁都人。年十五通五经，人称廖五经。建炎中，以茂异荐，不第。后精父三传堪舆之术。卜居金精山，自称金精山人，所著有《怀玉经》，文辿子孙，皆徙居兴国三僚，至今繁盛。盖两家冢宅，皆筠松所卜而贻之谶云。"从目前在梅州一带的田野工作中证实，在祠堂供奉的风水"先师"多为杨、曾、廖公三人。

另有记载杨筠松的徒弟为曾文辿和刘江东，《江西通志》引《南安府志》有杨"以地理术传曾文辿、刘江东"的记载。清人赵翼在《陔余丛考》记载"江西之法，肇于赣州杨筠松、曾文迪、赖大有、谢子逸辈"。又据《江西通志》引《安志》："刘江东，雩人，杨筠松在虔州，江东因曾文传其术。初，杨与曾并不著文字。江东稍有口诀，其裔羽谦为宋吏部郎中，知袁州事，乃著《囊经》七篇，词旨明畅，人传颂之。"

⑥ 程建军，孔尚朴．风水与建筑 [M]．南昌：江西科学技术出版社，1992：12.

宗派授受，自立门户，不相通用”，反有“同源”、“合流”的可能。王青认为：福建派风水术的关键人物王汲①是江西人，福建派的渊源实际上是在江西，所谓“屋宅之法，始于闽中”有误；还有，王汲所用的“纯五星八卦”之法原本就是江西派的传统方法，因为江西派早期著作《青囊奥语》所论述的理法技术就以八卦方位为主，而《青囊奥语》与典型的江西派术士赖文俊的《催官篇》所述极其相似。②由此可知，江西派和福建派从风水理法的理论和技术看，极有“同源”的可能。此外，罗勇认为：明清时期，客家地区风水术的另一个发展变化是形法派和理法派出现了合流，除以上王青所据的史实可证明之外，更重要的原因在于，宋末蒙古人南侵，迫使赣南和闽西客家人大规模迁往粤东和粤北，同时将主要流行于赣南的形法派风水术和主要流行于闽西、闽中的理法派风水术带入了粤东及粤北，因此，很可能在这个时期完成了形法派和理法派的合流。③此后至今，粤东客家地区的风水术士既是以龙、穴、砂、水论理地势水流，又操罗盘度定方位。不过，从我们田野调研的资料看，杨筠松无疑是粤东客家人供奉的风水“先师”，很多围屋的堂内都设有杨氏及其徒弟的“神位”。

图 5-7 杨公先师符（中）、廖公先师符（右）、曾公先师符（左）梅县三角地州司马第

① 据《处州府志》记载：“伋，字肇卿，一字孔彰，其先汴人，祖纳因议王朴金鸡历有差，众排之，贬居江西赣州。伋幼务举业，再举不利，因弃家浪游江湖。爱龙泉山水，遂家于松源。明管郭地理之学，纳交于何管鲍张诸家，为之卜葬，随有何太宰、管枢密、鲍制置、张谏论者出。卒后，门人叶叔亮传其所著《心经》及问答语录，范公纯仁跋之，略曰：先生通径博物，无愧古人，异乎太史公所谓阴阳家者矣。”

图 5-8 杨公先师及其徒弟的“神位”
左上：梅县松口寺坑下李屋
右上：梅县松口寺坑成禄公祠
左中：梅县州司马第
右中：梅县松口石柱堂
左下：兴宁宁新东升围
右下：兴宁宁新豫章堂方围

围龙屋中的“杨公先师神位”，通常有一个容器（缸或盆），将顶上包裹着红布的“杨公柱”插在内盛的泥土中，客家人又称“杨公先师”为“符师”，因为“杨公柱”上画有法符，能赶杀一切凶神。“杨公先师神位”的造型来自客家人建造围屋的传统，粤东客家人在建造围屋之前须先搭一凉棚，内设“杨公墩”，并将“杨公柱”插于其上，整个建造施工过程中，所有参与建设的人每日早晚举行仪式，拜请先师保佑屋主和匠师平安。建筑完成之后，由风水师择吉日举行“谢符师”仪式，将“杨公墩”的泥土盛于一容器中，插上“杨公柱”后移至堂屋供拜祭。“杨公先师神位”一般设于上堂祖龛后右面的墙角，如兴宁宁新东升围、兴宁宁新豫章堂、梅县松口成禄公祠和梅县松口寺坑下李屋的“杨公先师神位”等，也有将其摆至更加显要的位置，如梅县三角地的州司马第、梅县松口石柱堂等（图 5-8）。梅县三角地的州司马第的“杨公先师神位”设于上堂的祖厅内，中间是德福伯公伯婆神位，其左则设杨公先师、廖公先师及曾公先师三神位。三个先师柱的符式均以红布包顶覆盖，起到了加强符式的作用。

② 王青编著．中国古代风水术 [M]．北京：北京师范大学出版社，1993：103.
③ 罗勇．客家与风水术 [J]．客家研究辑刊．1997，2.

三、风水术与围龙屋样式的稳定性

客家人的风水术和中国汉文化风水理论具有本质上的一致性，目的是为聚落和建筑寻找最理想的居住环境，使之与周围的自然地貌、人文环境处于和谐相融而非相冲的状态。基于传统的风水原理，作为一个聚落景观评价体系，客家人选择屋场大概有以下几个方面的内容需要通过风水术来定度：

（一）“相地”

相地即寻找阳宅建筑和阴宅墓穴的基地，包括山形、水势、土色、植被等。相地的风水目标一般建立于三个前提：①某个地点比其他地点更有利于建造宅第或坟墓；②吉祥地点只能按照风水的原则通过对这个地点的考察而获得；③一旦获得和占有了这个地点，生活在这个地点的人或埋葬在这个地点的祖先的子孙后代，都会受到这个地点的影响。[①]

相地的第一个步骤是“寻龙看脉”，“龙”即是山，风水术认为，土为龙肉，石为龙骨，水为龙血，草为龙毛，并以此去寻找龙脉（图 5-9）。风水术吸收中国古代水文地理的成果，将河流水系也比喻为龙。[②] 因此，所谓龙脉就是山脉的走势、起伏以及河流水体的围合关系。[③] 江西形法派风水术的核心理论就是村落及建筑所处的山川形势，如山系起、止于何处，水的源头、流向何在。山脉不仅在于藏风得水、储聚吉祥，而且山峰的形态还各有不同的五行属性。相地的第二个环节是“观水口”。水来处谓之“天门”，若来不见源头谓之“天门开”；水去处谓之“地户”，不见水之尽头谓之“地闭户”。“观水”在风水术中的重要意义并不亚于“寻龙”。水是龙的血脉，水构成了风水景观系统的基础，水还与“气”的生成密切相关，所以民间说“水曲则财禄聚”、“吉地不可无水”等。实际上，水的重要性在于它是人们生产和生活的根本。围龙屋虽建造于山水之间，但屋前必有水塘，水塘的功能可以基本满足屋内人的日常生活使用（图 5-10），而且，水塘与化胎为相对应的两个半圆，各自代表着阴阳和天地。围龙屋大多面水背山建于丘陵坡地，按风水中的龙脉要求，围龙屋后的山势必须高大、连续、不间断，而且山梁植被必须茂盛，如此才谓之吉。[④] 围龙屋的选址是要找到“龙穴”作为建筑的基址，才能将龙脉引入屋内并且聚龙气于其中，让围龙屋内的龙厅、龙神、龙门和龙厅背等建筑的各象征部分有可能被“龙气”贯穿。

① 于希贤．法天象地 [M]．北京：中国电影出版社，2006：1.

② 程建军，孔尚朴．风水与建筑 [M]．南昌：江西科学技术出版社，1992：21.

③ 如《水龙经》中的水形图，详见程建军，孔尚朴．风水与建筑 [M]．南昌：江西科学技术出版社，1992：21.

④ 相反，被传统风水认为不适宜建阴阳宅地的山有五种：一是“童山”：寸草不生的秃山；二是“段山”：山梁中断生气受阻；三是“石山”：生气靠土中运行而非石头；四是“独山”：山非环绕难以生气；五是“过山”：生气无法聚集。

图 5-9 客家地区自然地理环境（左）
图 5-10 围龙屋与山水环境之间的关系（右）

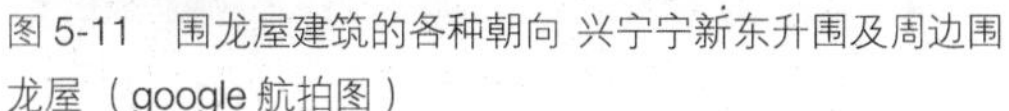

图 5-11　围龙屋建筑的各种朝向 兴宁宁新东升围及周边围龙屋（google 航拍图）

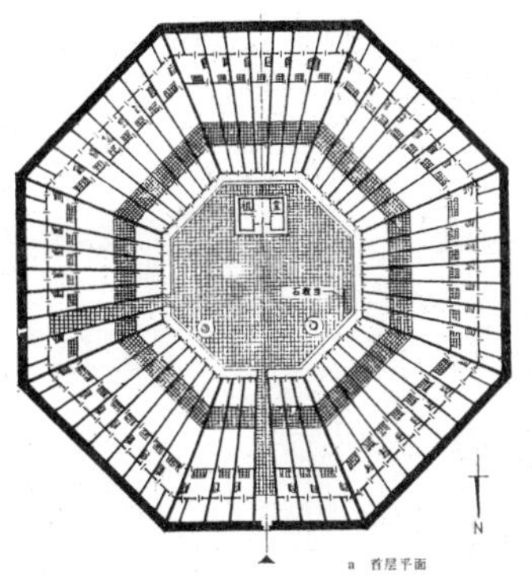

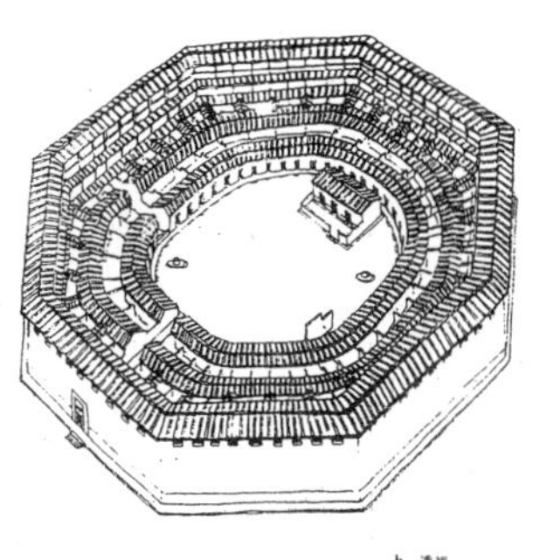

图 5-12　粤东饶平三饶道韵楼（选自吴庆洲《中国客家建筑文化》插图）

（二）建筑的朝向

朝向即围龙屋的向置，俗称向法。向法一般由风水师或大师傅来决定，依据本村大部分房屋的坐向、自然地形地貌、水流沟渠的方向、周围村落的格局以及屋主的“生辰八字”等综合各种情况来决定。虽然坐北朝南、负阴抱阳是最理想的向法，但在田野工作中我们发现，有不少围龙屋的坐向并非都是坐北向南，如梅县松口建于明代的围龙屋“世德堂”与建于清代的“源远楼”，两座建筑均为李士淳家族所建，两屋一前一后，却相互背靠，各朝相反方向，而且都不是南北朝向。又如蕉岭淡定建于清代的丘逢甲故居“培远堂”，坐西朝东。理想居住环境的聚落景观评价是一个复杂的体系，在风水说法上，对于具体不同的环境，因为禁忌、避煞、地形及礼制等原因，向西、向东者亦常见。很多围龙屋的朝向还以“八卦”或五行阴阳来度定，所以，在粤东还可见到各种朝向的围龙屋（图 5-11）。

利用“八卦”来为围龙屋选定建筑的方位及朝向，是客家地区风水术应用的方法之一。八卦，相传为伏羲氏所作。《易纬》：“卦者，挂也，言悬挂物象以示于人，故谓之‘卦’。”以一长横（阳爻），一断横（阴爻）两种为根本，由三个阳爻、阴爻，或一阳爻配二阴爻，或一阴爻配二阳爻，共为八种形式，故曰八卦。八卦象征天、地、雷、山、火、水、泽、风八种自然现象，八卦之两卦，两两相叠又成六十四卦，以象征自然现象和社会现象的发展变化。粤东饶平三饶的“道韵楼”，建于明万历十五年，整座建筑以八卦为营造模式，全楼三进三环围共同构成八卦的爻画。同时，建筑以八卦为布局，以“八”为模数，如屋内水井 32 眼，天窗 16 个，72 户开间共 112 架楼梯等。楼内广场左右有两个公用水井，据说井底垫有八卦石，为太极图之两仪图像（图 5-12）。在粤东兴宁调研中，有些清代的围龙屋内至今仍然保留着围龙屋的建筑平面图，如兴宁新陂上长岭的“彭城堂”和兴宁宁新的“老逢昌”（图 5-13、图 5-14）。在两座围龙屋的木刻图版上，明显标注着八卦及其方位，充分说明围龙屋的建造具有严格的风水理论指导，风水师在粤东民居建设过程中起到了决定性的作用。

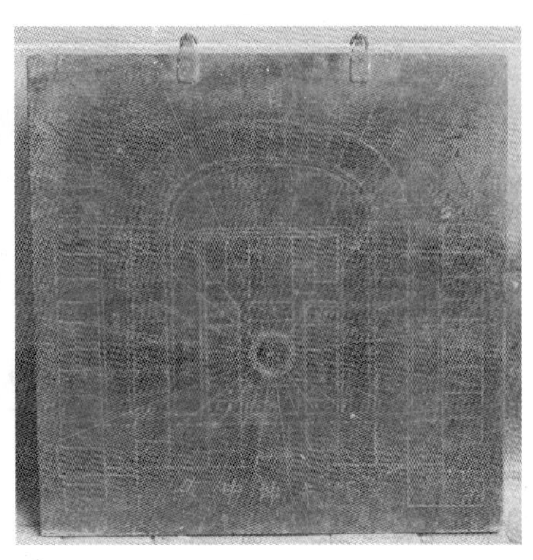

图 5-13　清末留下来的围龙屋设计图样　兴宁宁新洋里老逢昌（左）
图 5-14　清末留下来的围龙屋设计图样　兴宁新陂上长岭彭城堂（右）

（三）选择围合的方式

"风水宝地"是一种最理想的居住环境模式。客家人在山区建宅，必以主龙为靠山，建筑基址的左右还要有小山以环抱之状作为主山的护卫，左侧称"龙砂"，右侧称"虎砂"，形成背山面水左右围护的格局。[①] 龙主人丁兴旺，砂主功名官禄，水为财。前有流水，后有靠山，左、右有小山护卫，从这种山环水抱的环境中选择地势平坦开阔之地，便是最理想的以山和水构成的自然围合。环抱围合的风水模式同时体现于围龙屋的建筑格局，依据这种风水理论，围龙屋在建筑中通过化胎、水塘象征山水，以横屋及围龙象征"砂"，形成与"背山面水，左右围护"的山水格局同构的围合建筑形态（图 5-15）。

① 选择哪一种建筑类型、如何选择是个有待研究的课题。同一个宗族、在同一个地点会出现两种不同围合方式的围屋，选择的动机取决于什么，仍然难以找到文本的记载或从现存围屋的众多个案中寻找规律。

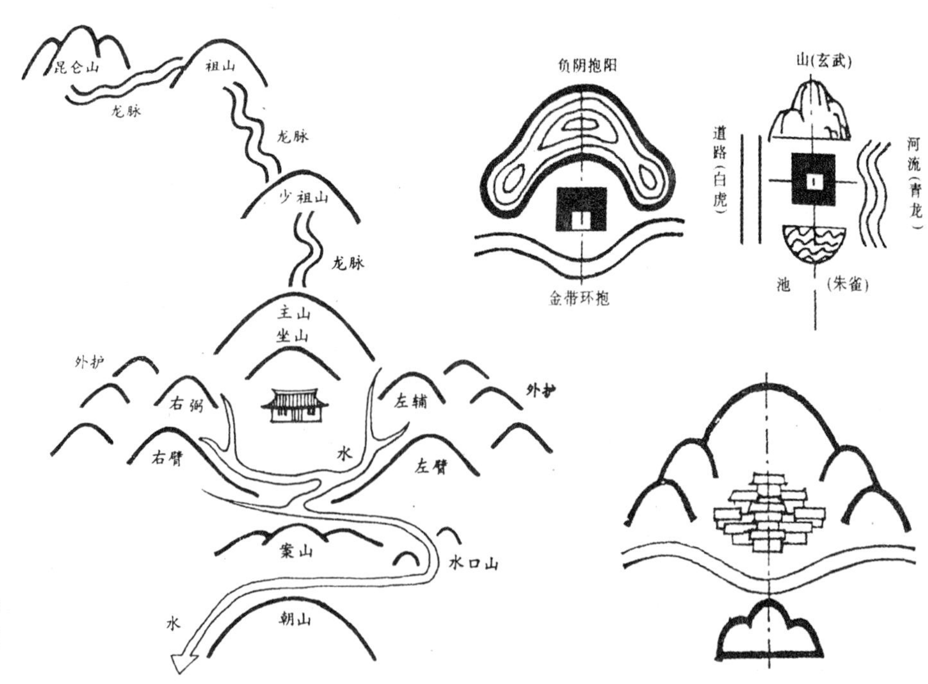

图 5-15　理想的风水宅地模式（选自程建军，孔尚朴《风水与建筑》）

（四）建筑的形制、空间组织

“龙穴”是建筑的基址，围龙屋内的围龙、龙厅、化胎、龙神、祖堂和水塘等围龙屋的基本构成要素——竖向排列在“龙穴”的中轴线上，横屋以祖堂为核心朝横向延展，形成围龙屋建筑类型的基本形制，由这些建筑元素组合而成的基本形制，是一个完整的稳定的自我体系，这个体系的源头显然来自传统的风水理论（图 5-16）。清代客家著名的风水师林牧，曾经为此作过归纳：“有屋式以前后两进 ，两边作辅弼护屋者为第一。后进作三间一厅两室 ，或作五间一厅四房，以作主屋。中间作四字天井，两边作对面两廊。前进亦作一厅两房。后厅要比前厅深数尺而窄数尺。前厅作内大门，门外作围墙，再开以正向或旁向之外大门，以迎山接水。正屋两旁，又要作辅弼屋两直，一向左，一向右，如人两手相抱状以为护卫。辅弼屋两边，俱要作长长天井。两边天井之水俱要归前进外围墙内之天井，以合中天井出来之水，再择方向而放出。其正屋地基，后进要比前进高五六寸，屋栋要比前进高五六尺，两边护屋要做两节，如人之手有上、下两节之意，上半节地基与后进地基一样高，下半节地基与前进地基一样高，两边天井要如日字，上截与内天井一样深，下截比上截要深三寸。两边屋栋，上半截与前进一样高，下半截比上半截低六七寸。两边护屋，墙角要比正屋退出三尺五寸，如人两手从肩上生出之状……此为最上格。其次则莫如三间两廊者为最：中厅为身，两房为臂，两廊为拱手，天井为口，看墙为交手，此格亦有吉无凶。”[①] 可以肯定的是，在林牧之前几百年，围龙屋的建筑形制已经形成了规范，只是我们目前无法得到比林牧的“阳宅作用图式”更早的图像资料（图 5-17）。通过林牧的《阳宅会心集》的“阳宅作用图式”，我们可以得知：围龙屋的建筑形制存在某种数理的关系，数理的概念源于阴阳五行，五行相生相克的基本原理与天地大千的运行和变化绝不会被风水术士所忽略。[②] 我们可以相信，数理关系的原则掌握在风水师和建筑工匠大师傅手中，另外，古时的风水术士拥有客家民居的各种建筑图谱，何

① 曹春平．闽西南地区土楼的形态 [M]．建筑史论文集．北京：清华大学出版社，2003：118-119.

② 围龙屋中的每一个部分、各个部分之间必有一定的数理关系，而且这种数理关系肯定有一个基本的原则或者是“模数”。我们目前尚未能在围龙屋的建筑测绘中整理和归纳，也未能从历史的文献中记载得到。

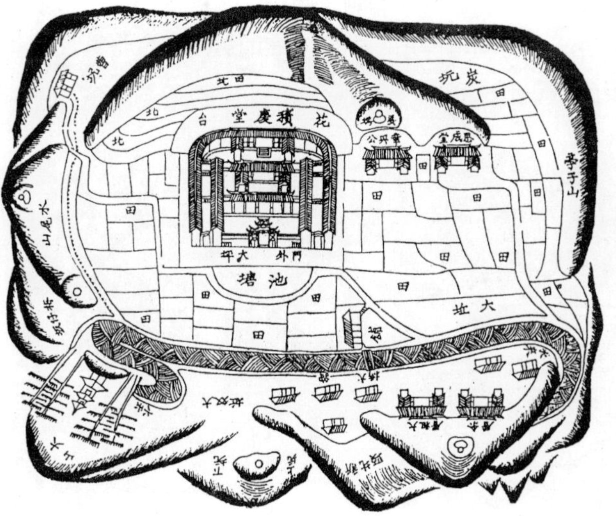

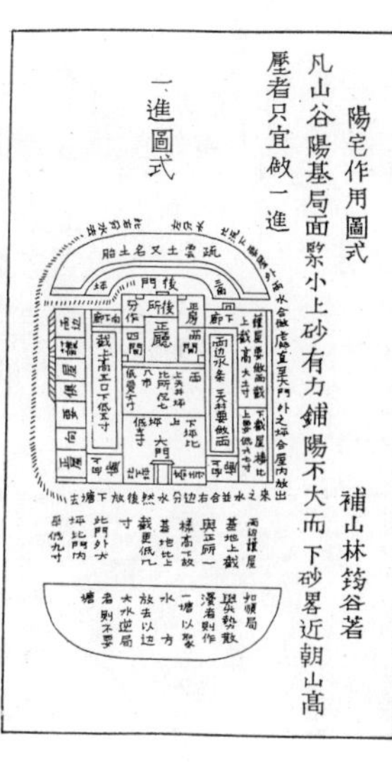

图 5-16　客家风水图谱：豫章罗氏族谱积庆堂图（选自吴庆洲《中国客家建筑文化》插图）（左）

图 5-17　林牧《阳宅会心集》中的阳宅作用图式（清嘉庆十六年刻本，选自曹春平《闽西南地区土楼的形态》）（右）

种地形适合选择何种样式的围屋，风水师可能比屋主更有话语权，可惜我们现在已经无法得知是哪些因素被“取决”于围屋样式的选择。还有，“阳宅作用图式”中对围屋的大部分构成元素都有说明，而且这些“范本”性的建筑图谱是可以按照具体的山形水势，按照围屋主人的“局势”作微调的，当然，这种调整的尺度和分寸由风水师把握，如关于半月形水塘，林氏在图中就注明了围龙屋主人“如顺局”或“逆局者”应该如何处理。

风水观念对于客家村落的形成和围屋的建造起着重要的作用。风水术士精通山形水势的风水原理，将各种复杂的山水形态归纳为若干种易于表述和理解的类型，以适应自然环境的千差万别。风水术士还掌握了客家围屋各类建筑的样式图谱，每一种样式有固定的“章法”，包括规范的阴阳、尺度、数理、形状、结构及方位等关系，以备在不同的地理环境下供选择，并有各种风水理论和五行运行学说对选择的样式作文本的解释。 可以肯定，各样式建筑形制的图像和文本通过风水师代代相传，一方面成为了风水术士从事职业的法宝，更重要的是，图像和文本的传世对民居建筑保持稳定的形制及世代延续具有规范性的意义，无论这种规范是积极的还是消极的。

第二节　围龙屋的“围龙”

一、围龙的功能

围龙在建筑的空间上连接了堂屋两边的横屋，在围龙屋的建筑围合构成中起到了关键的作用。围龙的房间分布以一个圆心为中心点作放射性的开间，除化胎之上正中间的“龙厅”比较方正，其他每个房间的大小、形状几乎是统一的。围龙运用通廊式的开间形式，环绕式的内廊空间将每一个局部连为一体，形成统一的、整体的、序列的空间视觉效果（图 5-18）。这样的空间构成导致每个局部相连的空间隐含着整体的平等关系，我们感觉不到围龙与围龙之间内部的空间关系在视觉形态上的任何区别，每一个房间与前后围龙及左右的房间完全相等，甚至几乎失去了方位的识别参照（图 5-19）。

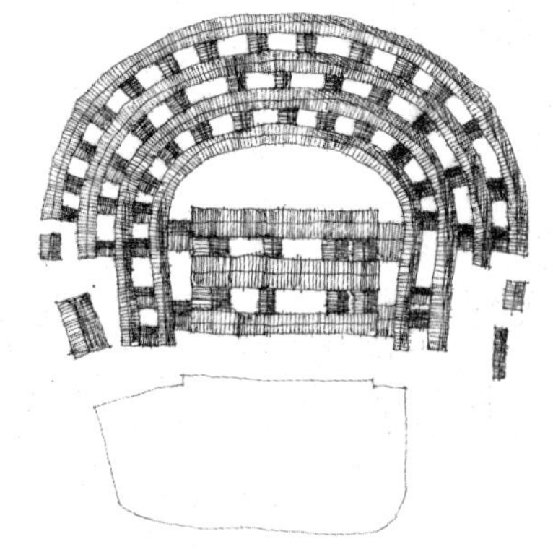

图 5-18　兴宁叶塘黄雀湖黄屋：航拍图（兴宁市文化局提供）与屋面图

（一）围龙的日常生活功能

将围龙屋与圆形围楼作一个比较，可以发现围龙屋的围龙与圆楼的楼层有着共同的功能分区方式。围龙屋的平面结构吸收了中原府第式居住建筑的传统，堂屋及两边延伸的横屋为住房，半圆形的围龙间一般为厨房或是杂物间，如果是多围的围龙间，则第二、第三围及之后的房间作为住房。而方形、圆形的通廊式围楼，底层房间一般用作厨房，二层为仓库（仓库高于地面一层，可以远离地湿，加上底层厨房的热气，可以保持二层楼板的干燥），三层及以上为住房。这两种围屋形态具有功能划分的内在联系，其共性在于建筑使用功能完全是为了日常生活的方便，是客家人日常生活方式的反映（图 5-20）。有的学者将围龙屋中围龙的功能划分方式视为圆楼各楼层的平面化，是圆形围楼的分解或是蜕变，这种观点未免失之片面。首先，围龙屋的围龙并不是像圆形围楼那样一次性建造完成，有很多的围龙屋，除第一围是与堂屋横屋一起建成外，之后的围龙为后代所建设，并且很多的围龙屋几百年来一直保持单围围龙；而且，围龙是水平方向的空间扩展，除围龙建筑，其扩展还包括堂屋两边可延伸的横屋，并不像圆形的围楼，是垂直的圆形的多层建筑空间；此外，围龙屋与圆形围楼在设计理念上有着根本的不同，防卫性一直是围楼在建筑设计中考虑的首要因素，而围龙屋本身就是一个开放的建筑空间体系。因此，围龙屋的建筑空间形态以及功能的划分方式与围楼之间并不存在袭承的关系。

图 5-19　缺乏方位识别感的围龙屋建筑内部空间

（二）围龙的形态及扩展

围龙屋的围龙，有效地解决了宗族人口增长所带来的居住空间不足的问题。围龙屋最少有一围的围龙，多的有五围、六围，甚至七围（图 5-21）。在目前的

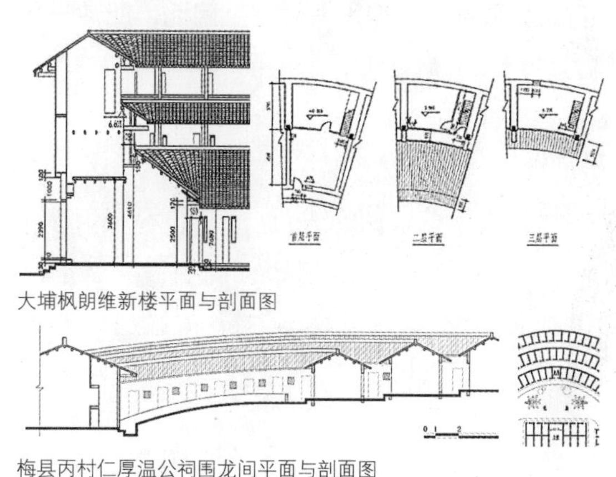

大埔枫朗维新楼平面与剖面图

梅县丙村仁厚温公祠围龙间平面与剖面图

图 5-20　围龙屋与圆形围楼建筑空间的比较

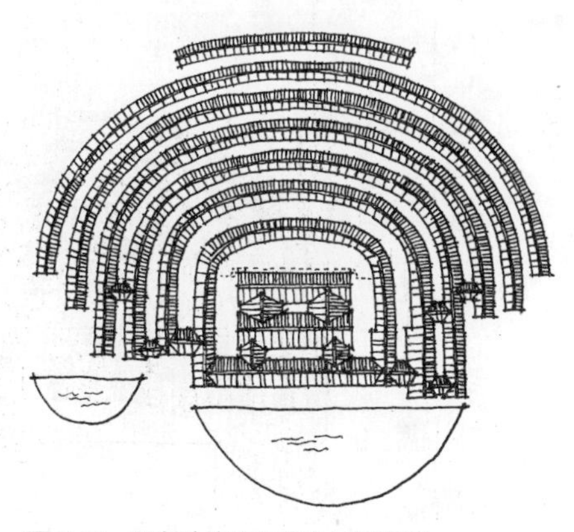

图 5-21　兴宁叶塘琵琶塘老屋屋面图

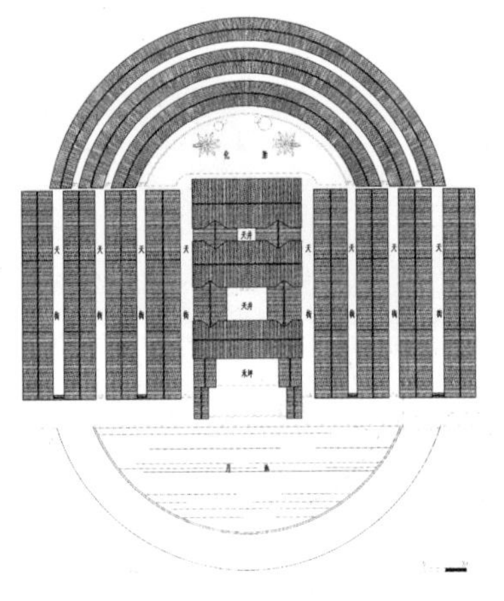

图 5-22　梅县丙村仁厚温公祠屋面图

田野调查中，我们发现一个普遍的现象，即围龙屋的第四或第五围之后的围龙大部分是不完整的，这固然有因为建造年代久远或失修而造成的严重毁坏，但重要的事实是，这些不完整的围龙屋很多在历史中本来就没有完成，多围围龙屋的不完整与围龙的生成原理即宗族的扩大和围龙的建造程序有密切的关系。

第一，我们知道，堂屋是围龙屋的建筑核心，是围龙屋不变的稳定元素，而横屋和围龙则是可变的动态元素，它们最终的数量并非一次形成，而是按围龙屋内宗族人口的发展数量而递加。如梅县丙村罗塘面上的“仁厚温公祠”，是由丙村李氏第十二世斯润于明嘉靖年间（1560 ~ 1609 年）开基建造的，整座建筑原为“三堂八横三围龙”，共有 480 多间房，但据族中长者称，大屋并非一次完成，最后一围围龙的部分建筑 20 多年前还在建设（图 5-22）。

第二，围龙以同心圆的方式扩展，越是往后，围龙的半径就越大，房间就越多，如兴宁宁新松口岭围屋，原有六围围龙（20 世纪末因修建道路拆除了一部分围龙间），共有近千间房（图 5-23）。客家人因此普遍认为，每增加一代人围龙屋就增加一围围龙，以此满足宗族的正常发展，实现聚族而居、累世同堂。但是，在发展的过程中间，往往会出现各种变化，如宗族内部房与房之间有“分家”的可能，分家必然导致族人“冲出”围龙屋，另立天地。还是以仁厚温公祠为例，开基祖斯润生五子为五房，长子以仁首先突仁厚祠而出，在离仁厚祠约 1 公里处的西边围子哩建造了“奠廷温公祠”（图 5-24），四子以和相继在朱斗窝建造了“以和温公祠”，现居住在“仁厚温公祠”的人基本上是三房所传的裔孙。[①]

第三，宗族之间由于每一“房”的生育状况不同，导致了每一房系子孙发展的不平衡。因为所谓的同一“世”人，并不一定就是同一年或相隔一两年出生，可能会相隔十几年甚至一两代人，有的房系甚至可能没有后继。因此，所谓一代

① 房学嘉．围不住的围龙屋——记一个客家宗族的复甦[M]．花城出版社，2002：37.

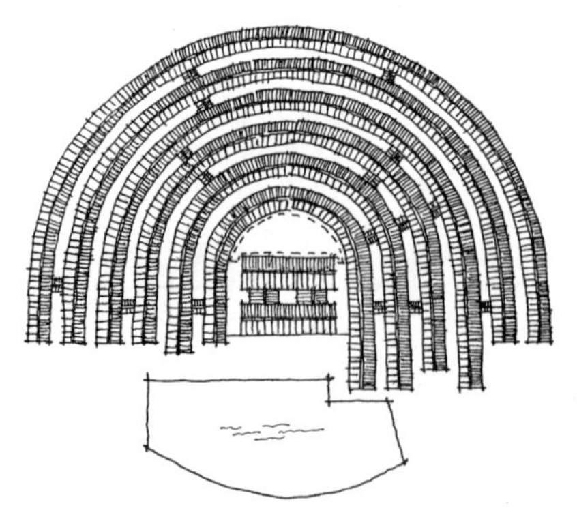

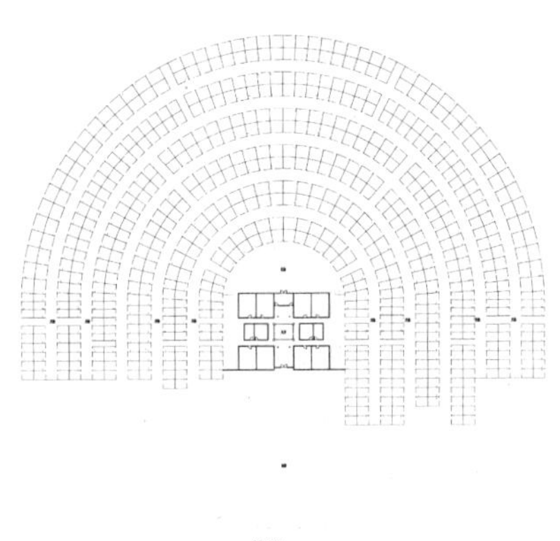

图 5-23*a*　兴宁宁新松口岭围屋屋面示意图（左）
图 5-23*b*　兴宁宁新松口岭围屋开间示意图（右）

人建一围只是建筑发展的规划，或者说是宗族兴旺的理想模式。

第四，建筑基地空间也在某种意义上限制了围龙的向外扩张，因为围龙屋的围龙数量是动态的、不确定的，在建设堂屋及横屋的时候并不一定有明确的规划，在一个基地范围内，可能出现不同的宗姓或相同宗族的不同房派，各自建造相邻的围龙屋，若干年后，相邻的围龙屋分别扩展围龙就必然出现矛盾。冲突的结果，不同宗姓之间可能是以中线为界各自结束围龙，同宗之间可能将围龙相连（图 5-25）。梅县松口下梁村的“有容堂”和“安定堂”是两个并置的单围围龙屋，两个围龙屋又被一个大的围龙包围，这是围龙屋建筑形态中的一个特殊案例（图 5-26）。按族谱记载，梁氏宗族是梅县松口的第二大宗族，开基祖于元末皇庆年间（约 1312 年）来松口定居，共生四子：天锡、天与、天爵和天位，后代分别在梅县的松口以及潮州、揭阳等地繁衍发展。其中，天与房派及后代基本上留在梅县的松口等地，天与房派传至第十世有洲、润、涧三子，据乾隆丙子二十一年（1756 年），十五世膺楷撰《九世尝薄序》记载：“我祖洲公与润公、涧公原同居以（于）杨梅口。”1560 年前后，润迁居寺前建“绍川公祠”，涧返迁松口村塘腹哩，洲迁下梁建立“竹溪公祠”即“有容堂”。尔后，洲之后裔又在“竹溪公祠”旁边为十四世建立分祠“安定堂”，裔孙再建双层围龙将两座祖屋包围。[①] 梁氏族谱记载了一个宗族近三百年的繁衍、迁徙过程，并通过围龙屋留下了历史的痕迹，围龙屋建筑谱写的历史又为族谱作了最完整的注释。从“有容堂”和“安定堂”两座合并的围龙屋中我们可以了解到，“有容堂”的建造时间约在 1560 年，即明代的嘉靖年间，由天与房派第十世洲完成，而“安定堂”则是第十世洲之后的第十四世后代所建，两个围龙屋的建造前后相隔百年。“有容堂”建筑满足了至少四代人的日常生活功能（不排除有的人在百年当中向外发展），当建筑需要扩展时，第十四世的后裔没有选择增加围龙，而是相邻另建一座与“有容堂”相同的围龙

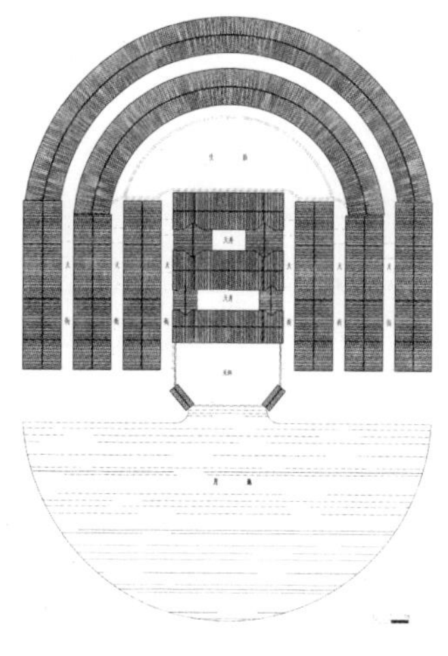

图 5-24　梅县丙村奠廷温公祠屋面图

① 房学嘉．粤东古镇松口的社会变迁 [M]．广州：花城出版社，2002：26-29.

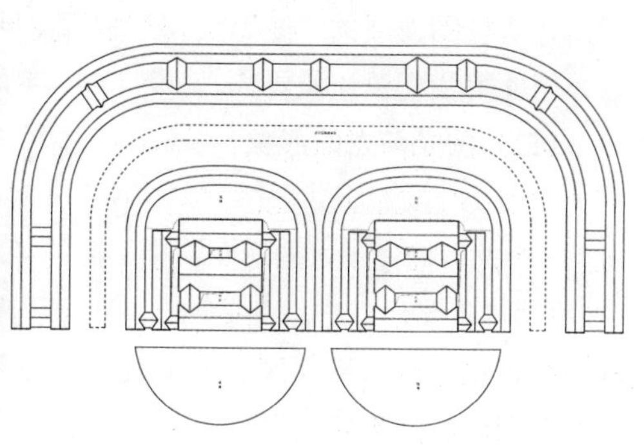

图 5-25　围龙之间的扩展与冲突　兴宁刁坊（google 航拍图）（左）

图 5-26　梅县松口下梁村有容堂和安定堂屋面图（右）

屋“安定堂”，这样既能保证族人的居住需求，兼能以此纪念十四世的恩德。随着人口的继续增长，两座围龙屋必定不能满足后代的生活需要，在诸多的解决办法中，他们选择的是建一围更大的围龙，即现存的连体双围龙，将两座围龙屋围合成一个整体。如此，一座分三次建设，由三个部分组成的看似完整的建筑，实际上是在三百年中陆续建造而成的，强烈的宗族观念保证了这一座围龙屋的建筑完整性。现在居住在围龙屋内的第二十五世老人告诉我们，在大围龙建造的时候，两座围龙屋与大的围龙之间还预留了位置，准备再加建一围围龙。据我们现场的测绘，大围龙与两座围龙屋之间的场地足够再建一围围龙，可以肯定，当时确有此规划意识，否则大围龙将更加紧靠两座围龙屋而建。

分析围龙屋的生成及扩展的原理，说明围龙与横屋同样是围龙屋中的动态元素，具有不稳定的、发展的形态和数量，围龙变化和发展的内在动力是宗族的繁衍和围龙屋的居住功能，因此，围龙屋的建筑规模和形态是动态发展的结果。

二、围龙的“龙”义辨析

（一）围龙屋的别称

关于“围龙屋”，建筑学界还有几个不同的称谓：围拢屋、围垅屋和围陇屋[①]。三个不同的表述虽各有一字之别，但它们却有着不同的意义指向。称“围拢屋”者，强调的是建筑形态的聚集以及围合，如郭璞的《江赋》载：“拢万川乎巴梁。”称“围垅屋”者，大多是按“垅”字形“土”为边旁，将围龙屋与整个“土楼”的概念相联系；称“围陇屋”者，是从历史地理的角度来形容围龙屋，因为“陇”在《说文解字》里解释为“天水大阪也”，在今甘肃东部。《乐府诗集·横吹曲辞·陇头流水歌辞》：“陇头流水，流离西下……西上陇坂，羊肠九回。”“陇”在此希望表达的是客家与中原的文化渊源，至今在粤东的客家和潮汕两大族群中，凡李姓家族一般都延用“陇西堂”作为屋宅堂号。围龙屋的三个别称，虽然与围龙屋建筑形态的某些基本特征吻合，但都未能真正理解“围龙屋”确切的建筑内涵，没有真正指出围龙屋中“龙”的意义所在，甚至否定了围龙屋这个名称中的关键词——“龙”。事实上，无论出自何种依据，有一点无法否定的就是居住在围龙屋的客家人，他们世世代代从来就称他们所居住的建筑为围“龙”屋。因此，辨析围龙屋的“龙”义，理解围龙屋与“龙”之间究竟有哪些文化上的关联，很值得我们关注和研究。

① ’2000客家民居国际学术研讨会论文集《中国客家民居与文化》收集的论文中，主要有围龙屋、围拢屋、围垅屋和围陇屋等四种称谓。陆元鼎．中国客家民居与文化．广州：华南理工大学出版社，2001.

（二）围龙与龙的形象

中国历代文献记述龙的神态往往多于对龙的具体形象描述，至宋代，罗愿撰《尔雅翼·释龙》描述了龙的形象，李时珍的《本草纲目》鳞部第四十五卷中有记载：“按罗愿尔雅翼云：龙者鳞虫之长。王符言其形有九似：头似蛇，角似鹿，眼似兔，耳似牛，项似蛇，腹似蜃，鳞似鲤，爪似鹰，掌似虎，是也。其背有八十一鳞，具九九阳数。其声如戛铜盘。口旁有须髯，颌下有明珠，喉下有逆鳞。头上有博山，又名尺木，龙无尺木不能升天。呵气成云，又能变火。”龙的这“九似”说[①]与宋代绘画中表现的龙的形象非常相似[②]，是后人描绘龙的形象的文字依据，而且，龙的“九似”造像规范一直延续至明、清以后（图 5-27）。然而，中国的龙在造型上却经历了“由多元化向规范化、由宗教化向艺术化发展”的过程。[③]历史上龙的图像随时间和地域的不同而丰富多彩，有鱼龙、鸟龙、猪龙、牛龙、马龙甚至狗龙。[④]所以，张光直先生在论述商周青铜器的动物纹样时说：“龙的形象如此易变而多样，金石学家对这个名称的使用也就带有很大的弹性：凡与真实动物对不上，又不能用其他神兽（如饕餮、肥遗和夔等）名称来称呼的动物，便是龙了。”[⑤]（图 5-28）从目前发现的有关龙的造型来看，最早期龙的形象多呈环形或半圆形彩虹状，特别是作为饰物的龙，如玉佩、器皿等，基本上没有《易·乾卦》描述的那种“飞龙在天”、“或跃在渊”的动感，而是造型简洁、单纯、饱满（图 5-29），但同一时期的青铜器上面的龙纹

图 5-27　明代永乐年间青花云龙纹瓶（选自王东《中国龙的新发现》）

图 5-28　商早期的龙形玉（选自刘志雄、杨静荣《龙与中国文化》）

① 中国古代通常以“九”言“极多”。清代汪中在《述学·释三九》曾言：“凡一、二之所不能尽者，则约之以三，以见其多；三之所不能尽者，则约之以九，以见其极多。”

② 刘志雄，杨静荣．龙与中国文化 [M]．北京：人民出版社，1992：12.

③ 同上，第 131 页。

④ 王维堤．龙凤文化 [M]．上海：上海古籍出版社，2000：15-56.

⑤ 张光直．美术·神话与祭祀 [M]．沈阳：辽宁教育出版社，2002：40.

图 5-29　商代中晚期龙形玉（选自刘志雄、杨静荣《龙与中国文化》）

图 5-30 南宋陈容墨龙图（广东省博物馆藏）

却是比较抽象和纹饰化的。至汉代，画像砖上的龙纹形式多样，出现了生动活泼的飞龙图像，而且有纳吉的含义，龙的形象越来越丰富多样，造型越来越复杂。宋代，已有从事画龙的专业画家，如董羽等。[①] 董羽所著的《画龙辑议》，首次以画论的形式提出了画龙的要领——“三停九似”，后经郭若虚的《图画见闻志》等宋代画论的阐述，使龙的形象有了一个基本统一的标准（图 5-30）。[②] 宋人将画龙纳入艺术创作的范畴，论画龙之法，强调的是龙的传神及气势，而不是为宗教服务的符号，龙的造型从此成为了具有审美意义的艺术形象。

围龙屋的“围龙”是否与龙的造型有关，特别是龙形对建筑平面的影响，是一个值得推敲的问题。纵观历史上龙的造型，不同的时代和地域有不同的龙，龙的形象具有时间和空间上的意义。龙的造型在历史中是如此的不确定，以致我们难以将围龙屋的建筑形态与龙的形象相类比。不过，从历史上龙的形象来看，商、周时代的玉环，就有环状和半圆状等各种造型，正好与客家圆形的围楼和半圆形的围龙具有相同的造型元素，尤其是汉代画像砖刻画的半圆形的龙与围龙屋的围龙形态几乎一样，从这里似乎可以找到客家围屋建筑类型的历史“原型”（图 5-31 ～图 5-33）。

龙作为我国中原地区古老的崇拜图腾，尽管在中原文化区内有各种不同的形象，但在造型上都具有一定的共性。我们知道，图腾的图像肯定比建筑图像的出现要久远许多，建筑物完全有理由和有可能模仿龙的造型，尤其是大型的祭祀性建筑或帝王的生活场所。但是，我们的考古学研究至今尚未在中原一带挖掘到圆形或半圆形的建筑遗址，甚至除粤东、闽西和闽南之外，也没有在其他地区发现有类似圆形或半圆形的建筑类型。新石器母系氏族公社时代的西安半坡和临潼姜寨氏族聚落的挖掘，发现了以房子为主体，有广场和公共活动空间，布局合理的圆形聚落。居住区周围有极具防御功能的壕堑设施，这种向心性围合的聚落布局，

① 郭若虚《图画见闻志》记载：“董羽，毗陵人……俗号‘董哑子’。善画龙水海鱼，始事江南，为翰林待诏，既归朝领真命，为图画院艺学……及归朝后，太宗尝令画端拱楼下龙水四壁，及其精思。及画玉堂屋壁海水，现存。羽始被命画端拱楼龙水，凡半载功毕，自谓即拜恩命。一日上与嫔御登楼，时皇子尚幼，见画壁惊畏啼呼，亟令杇墁。羽率不受赏，亦其命也。”

② 董羽的《画龙辑议》成书一百多年之后，郭若虚在《图画见闻志》的“叙图画各意”中也阐述了画龙的“三停九似”论：“画龙者，析出三停（自首至膊，膊至腰，腰至尾也），分成九似（角似鹿，头似驼，眼似鬼，项似蛇，腹似蜃，鳞似鱼，爪似鹰，掌似虎，耳似牛也）……”郭氏在书中还专门有“论画龙体法”。

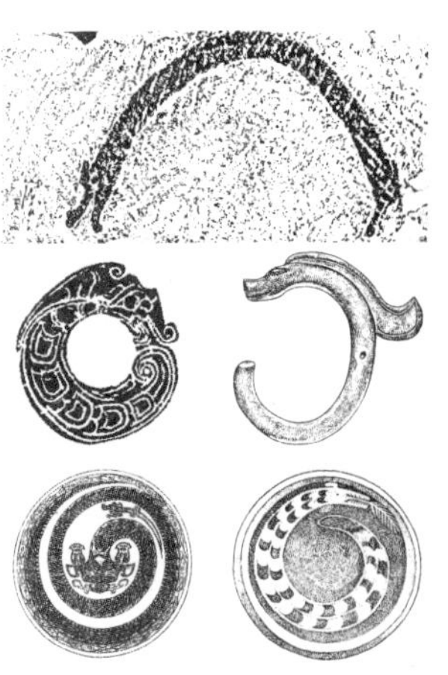

图 5-31 商代和汉代龙形（选自刘志雄、杨静荣《龙与中国文化》）（左）
图 5-32 山东嘉祥汉画像“雷公雨师图”中的龙形彩虹（选自刘志雄、杨静荣《龙与中国文化》）（中）
图 5-33 江苏镇江市效东晋画像砖“青龙”（选自刘志雄、杨静荣《龙与中国文化》）（右）

充分反映了氏族社会的社会结构及人们在生产和生活中的集体性质和成员之间的平等关系。聚落中的大面积公共墓地除了反映氏族制度以外，还表明当时已经存在着原始的宗教信仰，他们相信灵魂不死，企求在另一个世界中的生存与团聚（图5-34）。[①] 这说明圆形围合聚居的居住观念有着很远久的历史，至于其中的圆形聚落组织形式是否与龙图腾的造型相关，仍有待研究。遗憾的是，目前并没有进一步的史料发现能够说明这些远古的居住形态与其相隔近万年之遥的客家建筑有什么内在的、直接的关系。

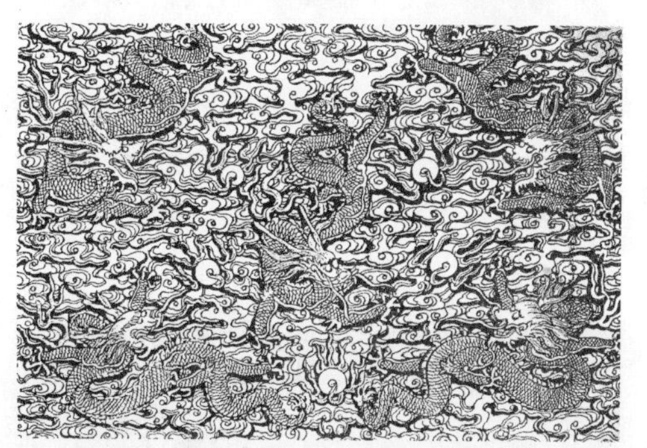

从上到下

图5-34　陕西临潼姜寨氏族聚落复原模型　甘肃省博物馆

图5-35　宋代银器龙纹样（选自潘鲁生《中国龙纹图谱》）

图5-36　元代瓷器龙纹样（选自潘鲁生《中国龙纹图谱》）

图5-37　明代丝织龙纹样（选自潘鲁生《中国龙纹图谱》）

图5-38　清代龙纹样（选自潘鲁生《中国龙纹图谱》）

在比较历史上龙的造型时，我们已经取得到了一个较为共识的判断，就是直至宋代之后龙的形象才逐步趋于规范和统一，而宋代龙的造型与秦汉前后的环形、半圆形的龙已经相去甚远（图5-35～图5-38）。宋代前后正是客家族群逐步形成的重要历史时期[②]，宋代的理学思想和士大夫观念随着大批南下的北方汉人在粤闽赣地区传播，其中必然包含着龙文化。在黄河流域、长江流域至粤闽赣三地相交区域，数百年的迁徙历史和数千里的空间移位过程中，无论在出发地、栖居地，还是目的地，我们仍然没有发现有任何建筑与宋代前后的龙的造型有某些联系。事实上，就龙的形象而言，中原地区在时间上有几千年历史，在空间上有着广阔的地域，龙的造型千差万别，难求统一，企图从历史上龙的造型中去寻找圆形或半圆形的建筑“原型”，或者以某一个龙的造型来说明或对应客家围龙屋建筑，显然是不科学的。同理，主观地仅凭围龙屋的建筑形态来感受“龙”的存在，希望说明它与“龙”在造型之间存在某种形态上的联系也同样是不现实的。

（三）围龙的“龙”与龙崇拜

既然我们认为围龙屋的“龙”不是“垅”、“拢”和“陇”，并且围龙屋与龙

① 中国社会科学院考古研究所．陕西临潼姜寨遗址（公元前5000-前4500年）．新中国的考古发现和研究，北京，文物出版社，1984.

② 谢重光先生曾做统计，从各种谱牒中筛选出78个客家姓氏族谱、家谱，从中整理出其156次迁徙情况，结果为：“唐末以前的迁徙为9次，占统计总数的5.8%；唐末五代宋初为49次，占31.4%；宋代为38次，占24.4%；两宋之际为20次，占12.8%；宋末（或宋元之际）为38次，占24.4%；另有不明时代者占2次，占1.3%。”

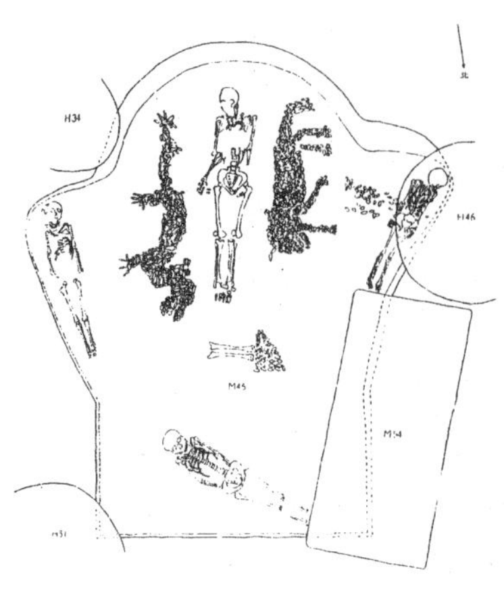

图 5-39　河南濮阳西水坡 45 号墓（选自《文物》1988 年第三期）

之间不存在“象形”的关系，围龙屋的“龙”只能从龙的崇拜以及龙的“气脉”在建筑构成中的内在关系中去寻找。

1. 围龙屋的“龙”与闽粤一带古代图腾崇拜有关

近年的考古成果证明，龙图腾崇拜早在六千多年前就已经存在。1987 年，在河南濮阳西水坡遗址中，M45 号大墓内的主人骨架东侧，发现有用白色蚌壳刻意摆成的龙虎图案，约距今 6460 年（图 5-39）。[①]

龙与中华民族尤其是汉族文化历史有着密切的关系。《礼·礼运》云:“麟、凤、龟、龙，谓之四灵。” 所以，龙是中国古代传说中身体长有鳞、有角、有脚、能走、能飞、能泳、能兴云降雨、变化莫测的一种神灵动物。汉代许慎的《说文》将 “龙”定义为“鳞中之长，能幽能明，能小能大，能小能短，春分而登天，秋分而潜渊”。显然，龙不可能是自然界某一种真实、具体的生物；而是高度神化和艺术化了的多种动物的综合形象。关于龙的起源、形成、演化，历史上有各种不同的解释，如生物组合说、神话意象说、生命符号说、综合图腾说等多种观点。[②] 相对于对龙的起源持单一论的观点，刘志雄、杨静荣在《龙与中国文化》中则认为，在古代的中国有六种龙的原纹，而且分布在不同的地区。“迄今发现的六种原龙纹，发布于四个文化区之中。其中辽河流域的猪纹分布在燕辽文化区；渭水流域的鲵纹分布在甘青文化区；太湖流域的虎纹分布在江浙文化区；渭河流域的鱼纹、漳河流域的鳄纹、汾河流域的蛇纹都分布在中原文化区……”[③] 这些龙的原纹来自不同的动物原型，有着独特的特征和稳定的形态，在商以前的漫长历史中，它们互不关联。但是，尽管它们来自多种动物原型，无论是猪纹、鲵纹还是鱼纹、蛇纹等，它们都是我们现在意义上所说的龙或龙的前身。古籍也有记载，《左传·昭公十七年》中记：“太昊氏以龙纪，故为龙师而龙名。” 太昊氏伏羲，为东夷族的部落联盟首领，其下有青龙氏、赤龙氏、白龙氏、黑龙氏、黄龙氏等以龙为图腾的部落。伏羲和女娲都属神话传说的人物，形象为人面蛇身，也即人面龙身（图 5-40、图 5-41）。当时东夷族的人以蛇的出入蛰为物候指标，

图 5-40　山东嘉祥汉画像石的伏羲、女娲 （选自吴庆洲《建筑哲理、意匠与文化》）

图 5-41　四川重庆沙坪坝石棺中的伏羲、女娲（选自吴庆洲《建筑哲理、意匠与文化》）

① 濮阳市文物管理委员会等．河南濮阳西水坡遗址发掘简报 [J]. 文物．1988,3.

② 生物组合说认为龙是由蛇、蜥蜴、鳄鱼等为原型组合成的形象。（何新，《神龙之谜》）神话意象说认为：“龙凤并不是某些生物的神灵化，而是自然现象被生命化、拟人化后产生的神话意象”。（何新，《诸神的起源》）与此相似的观点有虹原型说：“龙的原型来自春天的自然景观——蛰雷闪电的勾曲之伏、蠢动的冬虫、勾曲萌生的草木、三月始现的雨后彩虹等。……其中虹是龙最直接的原型，因为虹有美丽、具体的可视形象。”（胡昌健，《论中国龙神的起源》）生命符号说与神话意象说有类似之处，“龙……是原始人按特定观念组装起来的，是一个组合体……马的头、鹿的角、蛇的身、鸡的爪。蛇身体现了原始人的生命观念。原始人很少看到死的蛇，以为蛇年岁大了，蜕一层皮就年轻了。鸡爪也是一种生命的符号……马齿也是这样：‘几岁牙口？’鹿角每年换一回……鹿角掉了，象征死，萌发象征生命、再生。因此，龙在文化含义中，象征着古人对生命的循环、死而复生的愿望。”（蔡大成，《河殇》）综合图腾说认为：“龙究竟是个什么东西呢？我们的答案是：它是一种图腾，并且是只存在于图腾中而不存在于生物界中的一种虚拟的生物，因为它是由许多不同的图腾糅合成的一种综合体。”（闻一多，《神话与诗·伏羲考》）

③ 刘志雄，杨静荣．龙与中国文化 [M]. 北京：人民出版社，1992：54.

把一年分冬夏两季。[1] 但真正的龙崇拜，则是在蛇崇拜的基础上对东方龙星的崇拜，其原因是这些星宿对远古先民的授时意义。东夷的“夷”在《越绝书·吴内传》中解释为“习之于夷。夷，海也”，即夷就是沿海居住的人，由于大海在中国东部，故称东夷。东夷与越人的区别在于“自淮以北皆称夷，自江以南皆称越”。[2] 据《史记·越世家》记载，越人以蛇为图腾:“越王勾践，其先禹之苗裔，而夏后帝少康之庶子也。”《列子·黄帝篇》也说:“夏后氏蛇身人面。”说明夏后世以蛇为图腾，因百越人为其后裔，所以亦以蛇为图腾。

秦汉之前，长江中下游以南分布着众多氏族部落，称为百越。闽人为越人的一支，称为闽越，以蛇为图腾。汉许慎《说文·析闽》有释:“闽”为“东南越，蛇种”;“蛮，南蛮蛇种”。宋王象之《舆地纪胜》称:“闽越地即古东，今建亦其地，皆蛇种。”另外，关于居于南方沿海及江河水域的蜑（即蜒、蛋）人，据明代邝露的《赤雅》记载:“蜒人神宫画蛇以祭。”古代的闽粤赣交界地区也是百越族聚居地之一，蛇是当地土著居民最主要的图腾崇拜。汉晋以来，随大量北方汉人南迁，为粤闽赣地区带来了佛、道等中原地区的宗教信仰，闽粤赣交界地区盛行的蛇崇拜习俗也随之被汉人所沿袭，一同融入了当地的民间宗教信仰之中。福建民间有崇蛇遗俗，境地内闽南、闽西、闽东地区都有蛇崇拜的民间信仰，各地自古就建有蛇王宫、青公庙，以奉祀蛇神。[3] 粤东潮汕地区至今仍然延续着青蛇崇拜，“青蛇民间称为青龙，建庙称青龙庙，神像是青龙王形象，是保护水土安宁的神”。[4] 坐落在潮州城南门外韩堤的青龙庙又称为安济圣王庙，至今香火不断。闽西客家地区还有“没有汀州府，先有蛇王宫”之说，说明蛇崇拜在客家先民达到之前已经存在。谢重光先生认为:“今日客家人的宗教信仰，确有以土著民的宗教信仰为主体改造演化来的成分。”[5] 因此，吴庆洲先生认为，粤东、闽南、闽西建筑中龙的形象源自蛇:“龙的形象主要来自蛇、蜥蜴和鳄鱼。随着中华各民族文化的融合，龙成为中华民族共同崇拜的神圣的象征物，而原先有蛇图腾崇拜的民族对龙更是崇仰有加……龙成为了建筑装饰最常用的题材之一。这就是闽、粤一带多龙饰的文化渊源。”[6]

实际上，很多研究龙的学者，他们都一致坚持蛇为龙的原型这一观点。闻一多先生在20世纪三四十年代也曾提出蟒蛇为龙的原型，并根据龙的图腾及人首蛇身等图像指出:“龙图腾……它的主干部分和基本形态却是蛇。这表明，在当初那众图腾单位林立的时代，内中以蛇图腾为最强大，众图腾的合并与融化，便是这蛇图腾兼并与同化了许多弱小单位的结果。”[7] 何新亮在《中国图腾文化》中，还系统地总结了蟒蛇为龙的原型的论据:时间越早的龙，形象越接近于蛇;古代史籍中关于龙的描写，最接近于蛇的基型;古人描述的龙的特性，最接近于蛇;在古人描述中，龙蛇为同类;在古代，蛇的图腾流行甚广;古人常把龙蛇并称。[8] 有很多的学者对龙的原型持多元的、综合的观点，却都同时证实了一点，就是蛇与龙有着比较直接的联系。客家人在漫长的历史中迁徙到了闽、粤一带定居，在信仰和崇拜方面很顺利地与原住民融合了，闽、粤一带

① 王吉怀．宗教遗存的发现和意义 [J]．考古与文物．1992，6:55-71.

② 吕思勉．中国民族史 [M]．北京:商务印书馆，1937.

③ 至今长汀罗汉岭、南平西芹、闽侯洋里及漳州、永春、水口都有蛇王庙，福清莆田等地称蛇王庙为“青公庙”。

④ 吴勤生，林伦伦．潮州文化大观 [M]．广州:花城出版社，2001:336.

⑤ 谢重光．客家源流新探 [M]．福州:福建教育出版社，1995:151.

⑥ 吴庆洲．建筑哲理、意匠与文化 [M]．北京:中国建筑工业出版社，2005:238.

⑦ 闻一多．伏羲考 [M]．神话与诗．南京:华东师范大学出版社，1997:27.

⑧ 何星亮．中国图腾文化 [M]．北京:中国社会科学出版社，1992:357-363.

的蛇崇拜与中原及其他地区的龙崇拜有着本质上的关联。[①] 因此可以说，围龙屋建筑形态中龙的观念是从中原南徙而来的移民对传统的龙崇拜意识与闽、粤一带的蛇崇拜意识的融合。

2. 围龙屋的“龙”与围龙屋的“气脉”有关

对于居住在客家地区的客家人，他们的祖祖辈辈一定不会对围龙屋建筑名称中的“龙”有任何的怀疑，因为世代相传的宗族祭祀传统里，有很多仪式都将“龙”奉为神而崇拜，形成了牢不可破的观念。再者，围龙屋将“龙脉”与“聚气”视为建筑选址和建造的首要因素，由此，围龙屋的“龙”与建筑哲理中的“气”发生了关联。“气”是中国哲学上用于表示物质存在的基本范畴，古代哲人认为宇宙由“气”生成。《周礼》说“眡祲掌十辉之法，以观妖祥、辨吉凶。”郑司农注“辉，日光之气。”阴阳、五行和堪舆都一致注重“气”与“人”的关系，即“生气”。《礼记·月令》说：“季春之月，生气方盛。”风水术对“生气”的解释为“凡宇宙间的大自然现象，新兴而生茁与萧杀相对的叫生气”，“生气”成为了与“死气”相对应的一个概念。风水师更加注重以“生气”调和阴阳、生发万物和祈福纳吉。围龙屋的“生气”源自“龙气”，“龙气”离不开“龙脉”，因此，围龙屋的建筑朝向（方位）、前后、高低都围绕着“气脉”而定，建筑基地必须附于“龙脉”之上，必须以“龙气”贯穿，围龙屋必须“藏龙聚气”。[②] 围龙屋的“龙”已经超越了建筑的具体形态而成为崇拜物。

程建军先生将中国传统的风水文化与现代环境科学理论相结合，认为堪舆就是要将中国的诸山山系作为山脉祖宗支派的大纲，“若要探寻龙脉之来源，先必洞悉以上诸山之支派，依此认‘龙’，按图索骥”。程氏还认为龙脉包含着山脉和水系，所谓的“风水宝地”，这个理想的环境模式为“背山面水、左右围护的格局，建筑基址背后有座山‘来龙’，其北有连绵高山群峰为屏障，左右有低岭岗阜‘青龙’、‘白虎’环抱围护，前有池塘或河流婉转经过，水前又有远山近丘的朝案对景呼应”。[③] 客家围屋的建设，一般经风水师的严格推算，从选址开始寻觅龙脉，必将围龙屋建于山怀水抱、面水背山的龙穴之位。风水师还根据宅地的山形水势将龙脉引进屋内，并且要将龙气聚于围龙屋中，贯穿龙厅、龙丘、龙神、龙门、龙脊及龙池等（图 5-42）。围龙屋的中轴线一般认为就是龙脉所贯穿之路线，从风水塘至祖堂、神龛，再经龙神五行石和化胎，上升至龙厅和风水林，是一个完整的系列，是龙气聚集所在。围龙屋的建筑理念和所有的象征意义，都围绕在这一中轴线展开。吴庆洲先生认为，围龙屋的龙脉和化胎中的龙神分别象征着男根和女阴，具有明确的生殖意义。[④] 在客家民俗中，每年的春节期间，客家

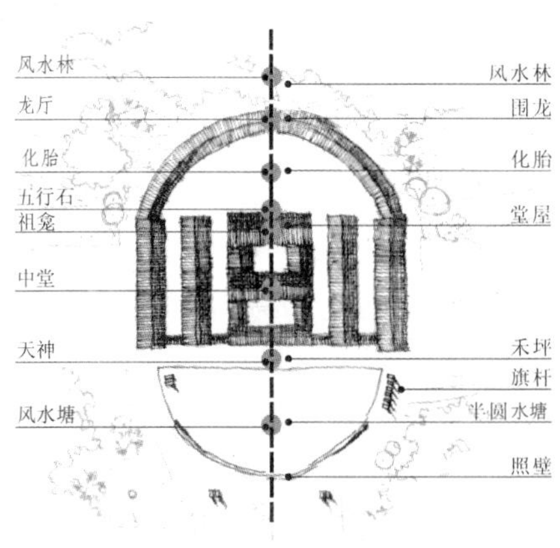
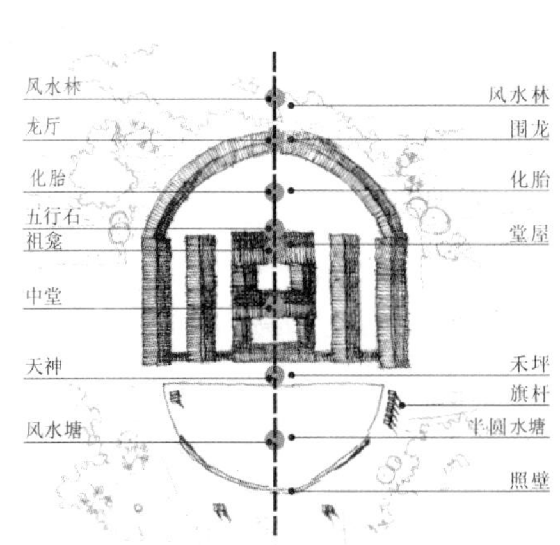

图 5-42　围龙屋中轴线上与龙相关的崇拜点

① 客家地区的龙文化中，所谓的“龙”，包括“大龙”和“小龙”两种，大龙来自北方，小龙的原型是蛇，民间如遇蛇进屋内，称为“龙入屋”而不杀。

② 甚至围龙屋所有房间的窗都不能开得太大以免“泄气”。

③ 程建军，孔尚朴．风水与建筑[M]．南昌：江西科学技术出版社，1992：22.

④ 吴庆洲．建筑哲理、意匠与文化[M]．北京：中国建筑工业出版社，2005：35-36.

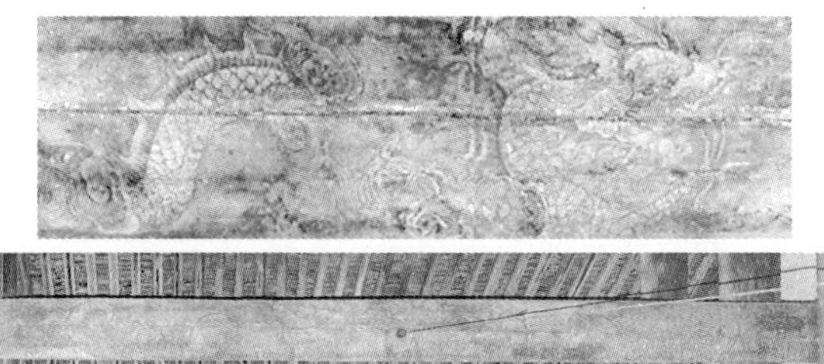

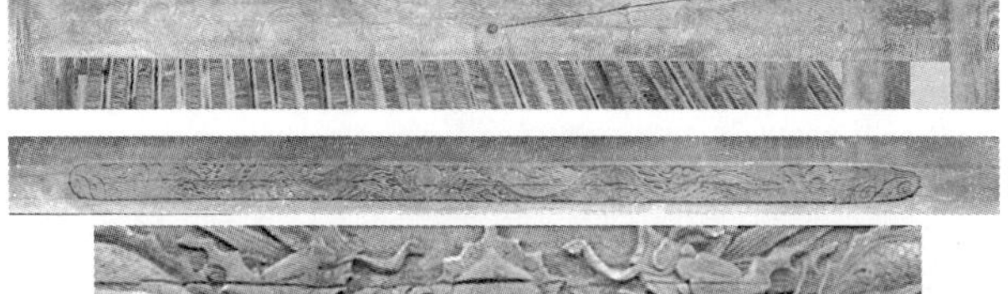

图 5-43 “龙灯”兴宁宁新东升围（左）
图 5-44 围龙屋内的龙纹梁饰（右）
上：梅县丙村仁厚温公祠
下：蕉岭文福白湖村大夫第

的大部分地区有一个“赏灯”的节日，凡生了男丁的家庭，一定要在围龙屋内“升龙灯”表示庆祝（客家话中的“丁”与“灯”谐音）（图 5-43）。[①] 兴宁宁新刘氏东升围，每年定制大型龙灯，举行隆重的仪式，在围龙屋的上堂升挂，目的在于加强龙气聚集，造福一方。由此可以知道，围龙屋内部有不少重要的建筑节点都与“龙”的崇拜有关，有很多的祭祀仪式与龙的气脉有关，建筑类型上以“龙”作为围龙屋的称谓，并不是一个孤立的名称，而是由建筑中诸多的以龙为神和建筑中贯穿的龙脉、龙气一起构成了围龙屋这一整体的建筑概念（图 5-44）。

如果说龙的观念是通过相应的建筑实体形态及空间形态才显示出它的意义，那么，在围龙屋内举行的各种与龙的气脉相关的仪式，就更能说明龙既是客家人古老的崇拜图腾，也是客家人的族群精神。“安龙转火”是粤东梅州地区一个古老的风水仪式活动。它的主要内容包括了“安龙”和“转火”两个环节。“安龙”即是请觋公从龙脉上将龙从围龙屋的龙厅经堂屋后门引进上厅，并安顿在祖宗神龛的下面。“转火”是将本次活动之前去世族人的亡灵请上祖宗神龛，与祖先一起被供奉。“安龙转火”活动的具体细节在客家的各地稍有差别。2005 年，梅县南口的“兰馨堂”，为配合围龙屋的修葺，潘氏宗族举行了“安龙转火”的活动仪式。活动包括了如下的基本程序：①谢土神、敬天神；②“仙人”会火；③分金点灯；④升祖牌、神牌；⑤请祖登龛；⑥祭祖；⑦引龙、接龙；⑧化“衣纸”；⑨发“龙水”；⑩点“龙灯”；⑪安龙祀土；⑫文艺节目。[②] “安龙转火”的活动一般在三种情况下举行：一是围龙屋尤其是涉及到堂屋以及祖龛的修葺，动了龙脉；二是宗族每隔一定的时间要为祖龛增加“仙人”牌位，需要举行“转火”的仪式；三是围龙屋的宗族长者认为围龙屋的龙气衰弱，举事不顺，或屋中发生了重大的事情。在这三种情况中，宗族可以根据具体情况选择单独举行“安龙”或者“转火”活动。“安龙转火”活动的目的是为了振奋龙气，让“龙气”更加旺盛，让祖、神按序排位登上祖龛，保佑本宗族人丁兴旺。可见，“安龙转火”的活动是要实现现实的人与祖灵的沟通，实现人与神的对话。“龙”是这个活动中的神，对“龙”的崇拜可以看作为是对远古祖宗的崇拜，龙是高于祖宗的神灵。

① 一般又称为“孔明灯”。以兴宁为例，每年的农历正月初九至十四为元宵“赏灯”期，具体日期按各地的惯例。所谓“赏灯”，具体的活动即每个围龙屋或其他类型的围屋中，由在刚刚过去的一年里新添了男孩的各个家庭，为新丁定制好一套“孔明灯”，也叫“龙灯”，于入夜后在敲锣打鼓、舞狮喧闹中，随着“高升”的吆喝，将龙灯徐徐送上天空。“灯”在客家话里与“丁”同音，念成“dian”的发音。“高升”含有祈求新丁未来“步步高升”之意。

② 详见张小聪．活着的客家“龙”[J]．客家研究辑刊．2006，1.

一旦我们深入地了解了客家的传统习俗和客家人的日常生活，就会感受到其在建筑形态及人的观念中所隐含的龙崇拜意识。尽管我们否定围龙屋建筑形态与龙的造型之间在图像上的关联，但却恰好说明了客家人的龙崇拜观念是没有任何“偶像”的崇拜，是一种内在的、发自心灵的意识。

第三节　围龙屋的“五行星石”

围龙屋堂屋和化胎之间有一道石坎，在石坎朝向祖堂的中间位置，也就是在围龙屋的中轴线与石坎立面相交处，嵌有五块石头，民间称之为“五星石伯公”，也称为“五方龙神”、“龙神伯公”或“龙神”。这五块石头分别代表“五行”，所以又称为“五行石”、“五星石”。它们的排列顺序大多数为：木、火、土、金、水，这种排列的顺序与“木生火、火生土、土生金、金生水、水生木”的“五行相生”理论一致，中间的那一块石属土，正位于中轴线上（图 5-45）。将五行作为一种符号以图像的方式出现在民居的建筑中，应该是粤东客家围龙屋的独特标志。

中国古代很多城市、寺庙、村落、民宅的规划和建造都建立在阴阳、五行的理论基础上，将天、地、人看作为一个内在的宇宙之间的循环系统。中国古代朴素的唯物主义哲学思想认为，水、火、木、金、土五种基本元素构成了大千世界的万物。[1]学术界一般视《尚书·洪范》为确立“五行”理论之始，其将“五行”确定为“金、木、水、火、土”五种元素：“五行：一曰水，二曰火，三曰木，四曰金，五曰土。水曰润下，火曰炎上，木曰曲直，金曰从革，土爰稼穑。润下作碱，炎上作苦，曲直作酸，从革作辛，稼穑作甘。”它不仅为五行排列了顺序，还明确了“五行”的属性和功能。“行”意思是运动不息，五行说的基本内涵包含着万物之间的“相生”和“相克”，即事物相互对立又相互依存的两个方面（图 5-46）。李约瑟提出五行是非物质性、非自然性的，他在对《洪范》提出解释的时候说：“五行的观念，并不是五种基本物质，而是五种基本的程序。中国思想特别着重在关系，而不在物质本身。”[2]所以说，“五行”的核心精神不是“金、木、水、火、土”这五种具体的要素，而是它们的关系，是五种物质的关系、运动和变化。因为，五行之间最本质的原理是相生相克，它意味着任何两种元素之间都无法回避“生”和“克”的关系，并且这种相互关系是唯一的。“由木、火、土、金、水构成的五行体系，在满足生克循环性的要求下，是所用元素最少的唯一体系。”[3]西周末年

① 李约瑟认为：“把自然界重要物质的基本属性作一假定性的分类，而这种工作的成果，也就是五行的理论。此地所谓‘属性’者，就是只有在他们受到变更时才会表露出来的那种性质。所以，用‘要素’或‘元素’这种名称来解说‘行’字，我们总会觉得它于义不足。”

② 李约瑟．中国古代科学思想史 [M]．陈立夫等译．南昌：江西人民出版社，1999：308.

③ 胡化凯．五行说的数学论证 [J]．科学技术与辩证法．1990，5.

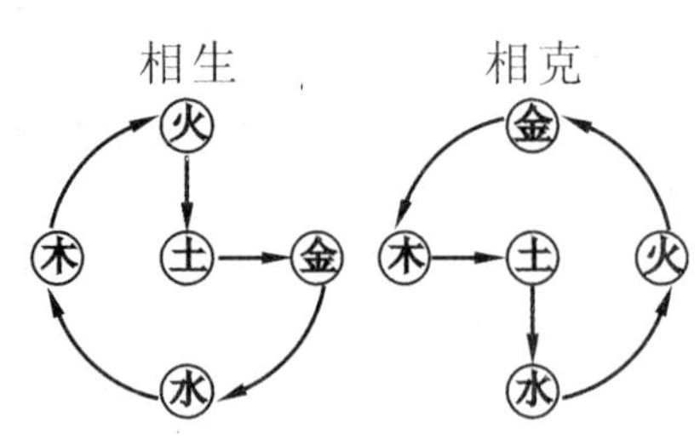

图 5-45　围龙屋的五行石 兴宁宁新东升围（左）
图 5-46　五行的相生相克关系图（右）

和春秋之后，“五行”学说成为古代思想家经常使用的概念，试图把自然现象和社会现象与五行相联系，以说明世界是一个有秩序的、统一的整体。这种肯定五行为世界的基础、万物之间存在着相生相克普遍联系的哲学思想，对古代的城市和建筑具有重要的影响，其中最为突出的可能就是将建筑视为内部包含着五行要素运动的整体这一思想。

一、 “五行石”在围龙屋的应用

我们完全可以将五行石理解为沟通大千世界、主宰围龙屋“气韵”平衡的象征物，五行石不仅仅因其代表着围龙屋内部的五行观念而成为崇拜物，更是因为五行石是围龙屋内外“龙神”崇拜的一个组成部分。作为形成围龙屋龙脉的重要穴位，五行石的存在与化胎的生殖崇拜连在一起，与祖堂的祖宗崇拜连在一起，构成了围龙屋超越现实的精神场所。[①]

（一）与化胎相连

化胎是围龙屋的一个重要标志，没有化胎的围屋也就不成为围龙屋。围龙屋的五行石与化胎具有密切的关系，在田野工作中，我们暂没有在围龙屋之外的其他围屋发现有五行石崇拜，可以说，有的围龙屋可能有化胎而没有五行石（或者原来有），但有五行石必然就有化胎，五行石与化胎是不可分开的一个整体，而“客家民居的胎土，正是风水穴位，即大地母亲子宫所在，有‘广生’的功能”[②]，所以，五行石的崇拜也就自然关系到宗族的传宗接代（图 5-47）。由于五行石还称为“五星石伯公”、“五方龙神”、“龙神”等，与围龙屋内其他的崇拜观念有意义上的关联，因此，五行石又具有“龙神”的含义。

（二）与围龙屋堂屋的后门相连

围龙屋的堂屋与化胎之间有开后门和不开后门两种，开后门的围龙屋居多，至于是否开后门取决于什么因素，我们目前无法得到任何文字的记载，据居住在围龙屋内长者的叙述，多与风水有关。围龙屋堂屋的后门位于中轴线上，凡有开后门的围龙屋，化胎下一般都有五行石，这与拜祭的程序有关（图 5-48）。如兴

① 据梅县丙村仁厚温公祠内的长者介绍称：每年除夕这一天，客家人在祠堂里祭拜祖先“敬祖公”的同时，要到“龙神伯公”神位上香烧纸，祈求快生、顺生。

② 吴庆洲．建筑哲理、意匠与文化 [M]．北京：中国建筑工业出版社，2005：35.

图 5-47　五行石与化胎的关系　蕉岭县城东海堂（左）

图 5-48　五行石与堂屋后门的关系　梅县三角地梁氏义孚堂（右）

图 5-49　五行石与龙脉相连　梅县松口成禄公祠（左）
图 5-50　五行石的“相生序”排列方式　兴宁叶塘黄雀湖外翰第（右）

宁叶塘黄雀湖“外翰第”，堂屋原有后门，“文革”期间被砌墙封闭，近年又重新破墙开门。由于有相当一段时间堂屋没有后门，改变了拜祭仪式的程序，致使人们遗忘了五行石。[①] 所以，后门被重新打开之后，仍然没有人拜祭五行石。这充分说明了五行石的拜祭与堂屋的后门以及拜祭的程序密切相关。

① 兴宁叶塘黄雀湖“外翰第”长者称：外翰第祖堂本有后门，但“文革”期间不知何故将后门堵封，之后整个大屋风水不好，男丁不旺。后来，围龙屋的老人们回忆起以前堂屋曾有后门，于是才又重新破墙开门。

（三）与围龙屋的龙脉相连

风水术中的龙脉指的是山势水流能否“藏风得水”，对于围龙屋来说，“龙”不仅是一个精神的概念，还有具体的物化形态，如“龙厅”、“龙神”以及由“龙气”将一系列“崇拜点”连成的龙脉，而五行石正是龙脉上的一个重要“节点”，所以，有些围龙屋虽没有五行石的图像，但屋内的人仍然在中轴线化胎与堂屋之间的石坎下那个特定的位置拜祭（图 5-49），说明它并不是独立的，与围龙屋内外的神灵崇拜具有内在的关系，是龙脉的一部分。

二、“五行石”中五行的排列

围龙屋的五行石如何排列、是否有一定的规范或者规律，是我们必须面对的一个问题。中国古代很多思想家都很关注五行的排列方式，连英国人李约瑟也极其重视五行中相生相克的关系，对五行中五个元素的排列顺序和相互关系作了很复杂但又是很有意义的比较。[②] 围龙屋五行石排列的基本特征可以归纳为两点：“相生序”的排列方式和“土”居中的“尚土”观念。

② 详见李约瑟．中国古代科学思想史[M]．陈立夫等译．南昌：江西人民出版社，1999：319-329.

（一）相生序：五行石的排列顺序

围龙屋中的五行石，作为表意的图像，每一块石都代表着各自的五行属性，依次分别为“木、火、土、金、水”（图 5-50）。通过对多个围龙屋的调查，我们认为，这个顺序是围龙屋五行石中五行排列的一般顺序，因为这个顺序在五行学说中为“相生序”，即五行相互产生作用的次序。我们可以在董仲舒的《春秋繁露》中的“五行之义”篇里得到关于“木、火、土、金、水”顺序的论述：“天有五行。一曰木，二曰火，三曰土，四曰金，五曰水。木，五行之始也；水，五行之终也。土，五行之中也。此其天次之序也。木生火，火生土，土生金，金生水，水生木。此其父子也。木居左，金居右，火居前，水居后，土居中央。此其父子之序，相受而布。是故，木受水，而火受木，土受火，金受土，水受金也。

诸授之者，皆其父也；受之者，皆其子也。常因其父以使其子。天之道也。”从实现整体功能的方式上讲，董仲舒的“五行之义”具有中国古典哲学的辩证意义，阐释了五种物质元素相互生成、相互制约的复杂关系以及五行内部实现有序、和谐及完美的理想状态。战国五行理论家邹衍提出“五行相生”和“五行相胜”的观点，即认为“木—火—土—金—水—木”具有顺次相生成的关系，“水—火—金—木—土—水”具有顺次相胜或相克的关系，很明显，董氏的理论源于邹衍。

图 5-51　五行之木－生命之始

围龙屋的五行石以“相生序”作为排列的顺序完全符合客家人的生命观，将围龙屋建筑看做是与“大宇宙”中万物之间存在的普遍联系一样，是一个包含着五行各要素的整体，五行之间通过相生相克的关系使围龙屋达到相对稳定和动态的平衡，形成一个自治的全息的生态平衡系统。在“相生序”中，围龙屋五行石“木、火、土、金、水”的排列次序以“木”为始，“是故木居东方而主春气。火居南方而主夏气，金居西方而主秋气。水居北方而主冬气。是故木主生，而金主杀，火主署，而水主寒。使人必以其序，官人必以其能。天之数也。”如果把围龙屋置于坐北向南的方位，五行石按“木、火、土、金、水”的排列次序，以土居中，木必然在东方，所以，董仲舒在《春秋繁露》的这番论述将木作为一年之始的春季，为万物生长之源，正是五行“相生序”的核心。围龙屋的五行循环，按照一年中五行相生的次序列“木主生”为五行之首，象征生命的开始（图 5-51）。由此所表达的意义显然是将围龙屋喻为一个五行相生的生命体，五行的各种因素在围龙屋这个生命体内运动不止，生命不息。我们可以将客家人对围龙屋五行石的崇拜理解为对生命生生不息的渴望，同样可以解释为什么对于将“祖”和“宗”视为至高无上的客家人，在正式的拜祭程序中把叩拜五行石排在“拜祖宗”的第一个环节。[①]

图 5-52　尚土意识－土为居中

（二）尚土意识：五行石“土”居中

可以肯定的是，围龙屋的五行石都是将“土”列为五行中最主导的地位，以“土”为居中，置于围龙屋的中轴线上（图 5-52）。五行说创立之始，五种元素仍处于同等的并列关系，《国语·郑语》记载，西周末年，周太史伯阳父在说明五行相糅杂的关系时提出：“先王以土与金、木、水、火杂，以成百物。”土在五行中的地位从此被提高，使五行本身具有了一种等级层次之别，促成了五行思想中的“尚土”意识。实际上，“土”本来就具有受推崇的物质性能，从五行的物质形态上讲，金、木、水、火均能从土中衍生出来，而且人类自古生

① 梅县松口官坪黄姓“炽昌堂”的村民：“每个宗族都希望自己的子孙来得多一些，使宗族更强盛，所以，这五星石伯公是保佑宗族的希望所在，每年的第一支香就应插在这里。”

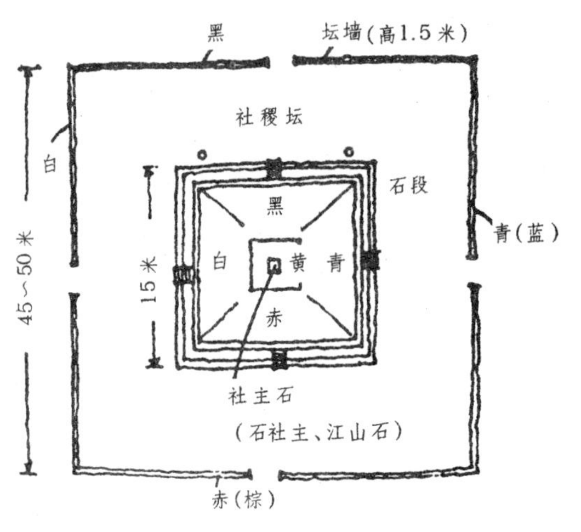

图 5-53 北京社稷平面（选自孙宗文《中国建筑与哲学》）

存于土地之上，始终以农业经济为主，他们重视农业，看重土地。五行的尚土意识强化了传统文化中以土地为根本的农业经济思想。土居中还包含着其他一些特殊的意义，如土在五行中属黄色，土居中意味着“黄”处于中心的地位，中华文化中的“黄”字常含有政治至尊的象征意义，有皇权意识(图 5-53)。因此，所谓“土居中央”的“中央”绝不是一种地理概念，而是一个系统中的层次等级。由于五行与东、南、西、北、中的空间方位结合，五行在构成上内含的完满性、整体性显得更为明确和突出。董仲舒的《春秋繁露》中“五行之义”篇进一步阐述：“土居中央，为之天润。土者，天之股肱也。其德茂美，不可名以一时之事。故五行而四时者，土兼之也。金、木、水、火、虽各职，不因土方不立。若酸、碱、辛、苦之不因甘肥不能成味也。甘者，五味之本也。土者，五行之主也。五行之主土气也，犹五味之有甘肥也，不得不成，是故盛人之行，莫贵于忠，土德之谓也……”五行原意为五气，五行之气其实是元气流行居方而成，董氏把土和气的概念连在一起，以土行为元气，居中主四方，为万物生长之本。具体地说，五行的运行基于围龙屋如同一个人的元气和经脉，围龙屋的中轴线是整个气脉的主干，居于围龙屋的中心，主干以“土”为“元气”，通过主气脉往周边运行，五行的各个元素互为相生，不断产生元气推动围龙屋内在生命的更新。这就是粤东客家人理解围龙屋的五行石以“土”为居中的观念基础。

（三）“土居中”：平衡与发展

五行强调物质的平衡和运动，这是自然界一切事物发生、变化、发展及消亡的根本原因。五行的相生与相克理论，说明事物存在着既相互滋生又相互制约的关系，在不断的相生相克运动中维持着动态的平衡，这才是五行学说的基本含义。围龙屋五行石的五行排列固然是以“相生序”和“土居中”为基本方式的，但田野调查中我们发现，在“土居中”这一基础上，有不少五行石并不是以“相生序”的顺序排列，有很多排列的方式我们难以解释，这是正常的(图 5-54)。为了达到人居环境的内在和谐和生命的更新，五行的排列顺序必然与围龙屋所处的具体地理环境有关，与围龙屋周边的建筑物的五行方位有关，同时与围龙屋主人的五行属性有关，甚至与阅读五行石的方式有关等。现存下来的五行石图像有其形成的理论依据。我们不能否定，五行学说在围龙屋建造的实际应用中，由于理论的传播及操作的程式等原因存在着“迷信”的成分，但必须承认，对于围龙屋的五行石仍然有很多内在的规律需要作进一步的解读。

图 5-54　火、水、土、木、金　兴宁宁中李和美资政第五行石（左）

图 5-55　图像化的五行观念　兴宁叶塘馨安围五行石（右）

三、五行石的图像

文字与图像是两种不同体系的传播语言。在我们掌握世界的过程中，这两种语言媒介都发挥着极为重要的作用。中国古代的《周易·系辞上》说："言不尽意，立象以尽意。"显然，图像与语词各自有其独特的优势，将二者的优势结合起来，方能达到对世界的完整认识（图 5-55）。

（一）五行的抽象符号系统

如果说五行理论阐释的是世界万事万物共有的基本结构和运行方式，那么，它必然有一套在一定的经验认识基础上运用理性思辨而构造的观念体系以及表达和传播这些观念的语言体系。从本质上讲，我们可以将任何语言都看做是一种符号体系，无论文字抑或图像。五行学说的语言符号体系的形成，为哲学、政治、文化以及堪舆、相术等提供了一套有效的传播方式，通过这种语言系统，五行学说才有运用的可能，而五行学说的广泛运用反过来又丰富和完善了它的语言系统。先人在用五行理论阐述不同事物的过程中，五行元素逐步成为了具有特定属性和功能的某类事物的代称或符号，于是，金、木、水、火、土不再是专指一种元素或某种自然物，每个元素的含义都成为了随不同的语境而变化的抽象符号，这种情况在文字语言的表述上显得尤为明显。一是同一个五行词语在不同的场合则有不同的含义和代表不同的事物，以"木"为例，在农学时令理论中代表春季和草木初生，在医学中代表肝脏及其相关部位和属性，在天文学中代表五大行星之一，在化学中代表一类物质成分和气味，在音律学中则代表五音之一和有关律吕；二是不同的事物也可归属于五行中同一个词语，如空间之东方、天干之甲乙、人体之筋目、气候之温和、数之八、色之青等，均可用"木"表示。[①]可见，木、火、土、金、水实际上已经超越了它们表面的字义，成为了一种抽象的视觉符号系统（图 5-56）。

① 胡化凯．五行说——中国古代的符号体系[J]．自然辩证法通讯．1995，3.

（二）五行石的图像化特征

围龙屋五行石的出现，意味着将五行这一庞大、复杂、抽象的观念体系通过视觉形态的语言加以图像化，以图像的符号代替了木、火、土、金、水五个抽象的文字符号，这是五行学说以最直观的方式运用在建筑上的范例（图 5-57）。

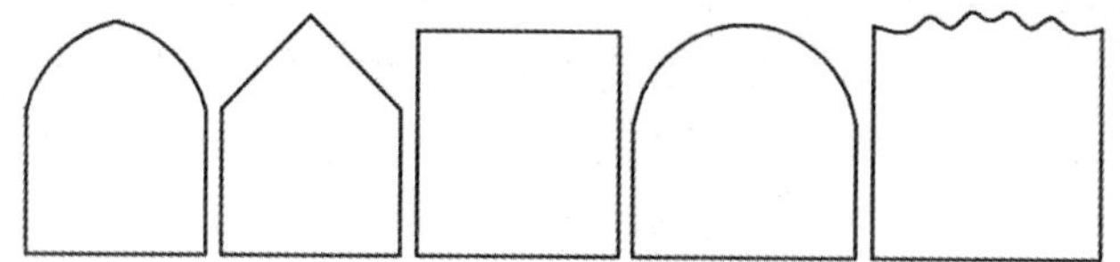

图 5-56　五行观念的视觉符号

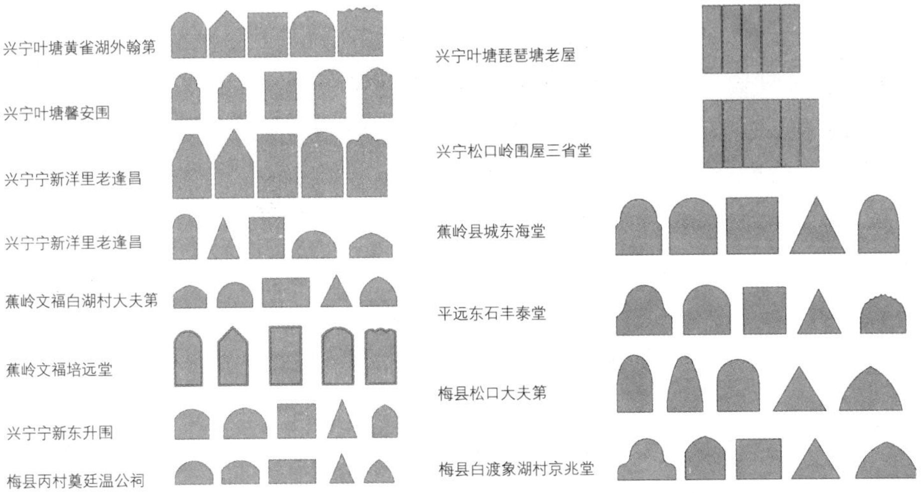

兴宁叶塘黄雀湖外翰第
兴宁叶塘馨安围
兴宁宁新洋里老逢昌
兴宁宁新洋里老逢昌
蕉岭文福白湖村大夫第
蕉岭文福培远堂
兴宁宁新东升围
梅县丙村奠廷温公祠
兴宁叶塘琵琶塘老屋
兴宁松口岭围屋三省堂
蕉岭县城东海堂
平远东石丰泰堂
梅县松口大夫第
梅县白渡象湖村京兆堂

图 5-57 围龙屋的五行石图像

第一,五行石图像是多维度的空间。语词的线性特征决定着语词只能“读”,诉诸声音与听觉,而图像的多维度特征决定着它适合于“看”,诉诸形状与视觉。“这种多维度的空间不仅会提供关于某些物理对象或物理事件的完美思维模型,而且能够以同构的方式再现出理论推理时所需要的各个维度。”[①] 图形与观念的同构关系恰好是五行学说传播的最佳模式。

第二,五行石图像比文字直观。语词的抽象性决定着它带有较强的人为规范性,需要后天的学习来熟悉文字、语法。图像则直接接近于事物的表象而容易被辨认,人为的规范性很弱。因此,五行石图像更直观,更具通约性,容易跨越年龄和文化程度的局限,让居住在围龙屋的每一个人从小就树立五行的思想观念,无论是否受过文字的教育。

第三,五行石图像长于唤起情感。图像的直观性容易唤起强烈的情绪反应,因为,五行石对于围龙屋而言,象征着生命周而复始,生生不息。在祭祀的仪式中,五行图像能够为拜祭设定一个“偶像”,传递某种“信息”。此外,五行的排列关系以整体的图像方式明确“固定”,五行相生和以土居中的意义也就成为了围龙屋建筑构成的原理及规范。由于图像与词语各自的优点非常明显,差异较大,五行石的五行图像对于围龙屋建筑具有简单、明了的图像表达意义,在具体的运用过程中,人们往往利用一方之长来弥补另一方之短。尽管“木、火、土、金、水”已经作为五行观念的抽象语言符号渗透在围龙屋的空间中,但五行石却更加具象地把五行理论“固化”在围龙屋建筑之中了。

(三)五行石的图像依据

我们至今尚未掌握五行石图像符号的运用始于何时,也尚未完全掌握五行石的每一个符号的“形”与五行元素完整的意义关联,但是,“木、火、土、金、水”与五行石的图形对应关系与风水理论中的山形图像却有较大程度的一致性。风水术辨审山势龙脉有“观势”、“喝形”和“星形”等多种方法,所谓“星形”即赋予山形以特定的象征——五星说、九星说等。[②] “五星者,金木水火土也,金头

① 鲁道夫·阿恩海姆. 视觉思维——审美直觉心理学[M]. 滕守尧译. 北京:光明日报出版社,1986:341.

② “势”指群峰的起伏形状,包括远观的写意轮廓及近观的具体山形。《管氏地理指蒙》“毫厘取穴第九十三”说:“有势然后有形”,“欲认三形,先观四势”。“喝形”指凭直觉观测将山比作某种动物,并将动物所隐喻的凶吉与人的凶吉衰旺相类比。

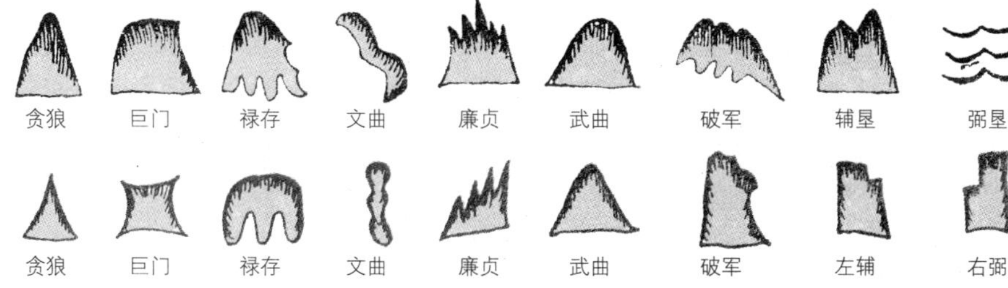

图 5-58 九星图

圆而足阔，木头圆而身直，水头平而生浪平行则如生蛇过水，火头尖而足阔，土头平而体秀。”“九星者，贪狼、巨门、禄存、文曲、廉贞、武曲、破军、左辅、右弼也。”[①] 因此，五行石与五星形的图像具有相同的自然星宿的“原形”和相同的文本依据（图 5-58）。木、火、土、金、水几乎与宇宙万物都可以发生关系，不仅与时令的春夏秋冬，方位的东南西北，颜色的青赤黄白黑等有着关联，而且与星宿也有名称上的对应及意义上的关联，并直接影响了五行图像的形态。

五行与五星的关系实际上来自古人对五大行星的称呼：金星——太白；木星——岁星；水星——辰星；火星——荧惑；土星——镇星。与金、木、水、火、土星对应的星名是中国古代对五大行星的命名。在古人看来，这些天上的行星与地上的万物存在着某种联系。《史记·天官书》已将行星与季节对应：木星主春，火星主夏，土星主季夏[②]，金星主秋，水星主冬；与颜色对应：岁星（木星）——青，荧惑（火星）——红，镇星（土星）——黄，太白（金星）——白，辰星（水星）——黑。[③] 在中国古代的占星学理论中，五大行星都有各自的大小、亮度和形状等变化，这些是古人凭观察行星运行到达各自轨道的不同位置或行星的表面温度而得出的结果，或者说是古人按五大行星的发光外形将“木、火、土、金、水”的形态与之相配，最终有了五星之说，同时有了五星之形（图 5-59）。

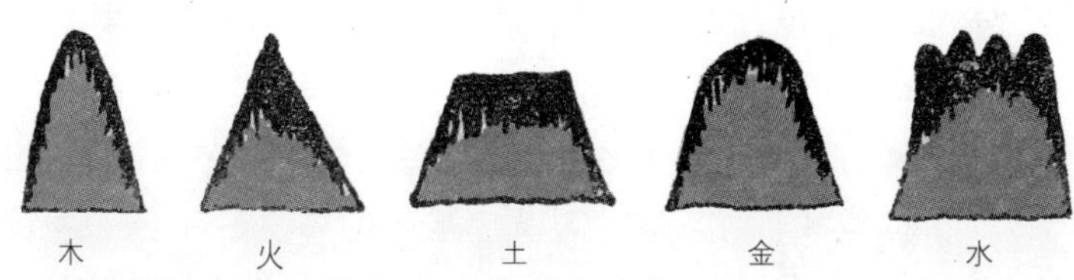

图 5-59 五星图

（四）对五行石图像的“误读”

严格说来，山形、五行石符号系统的图像来源追溯到星宿中的“金、木、水、火、土”五星，完全是建立在五行学说认为世界万物相互联系，彼此“生”、“克”理论之上的“自圆其说”。“五星”的图像是因为岁星、荧惑、镇星、太白、辰星有了相对应的名称，即木星、火星、土星、金星和水星之后，按照木、火、土、金、水五种物质的自然形态所赋予的。围龙屋五行石中五行的每一行图像，虽然以自然中的五种形态为“原型”，但毕竟是抽象性的符号，以“形似”而达到“对号入座”的认知方法难免失之于“神似”，其结果就是只能在比较中辨认或辅助于文字的

① 何晓昕编著．风水探源[M]．南京：东南大学出版社，1990：48.

② 所谓季夏“并无天文历法上的依据，是为与五行、五方等附会而造的。”季夏“被认为是在夏、秋之间，后又将每季末尾十八日抽出的办法，共得七十二日，以之与“中央土”对应，并生造了一个“劈”字以名之。
江晓原．历史上的占星学[M]．上海：上海科技教育出版社，1995：345.

③ 水星的“黑”，可以从五行、五星、五色的整体概念来解释。五星的五色与五行、五方、五帝是一个完整的系统，因此“黑”是五色除白、赤、青、黄外必须有的颜色。被五星说列为“黑”色的那颗恒星是仙女座B，星等为二，光谱型为Mo，相对显得红暗。古人为了符合五行说理论而将“暗红”色称为“黑”。
江晓原．历史上的占星学[M]．上海：上海科技教育出版社，1995：347.

图 5-60　五行石的不同图像及排列
左上：蕉岭文福淡定村培远堂五行石
右上：梅县丙村仁厚温公祠五行石
左下：梅县丙村奠廷温公祠五行石
右下：平远东石丰泰堂五行石

概念符号，才能准确的把握五行石中的每一个具体的五行属性图像。“土”的图像一般容易肯定，因为土是方形，来自中国古代“天圆地方”的观念，而且总是居中。而“水”与“金”、“木”与“火”、“火”与“金”之间往往容易混淆，尤其是“火”和“金”之间更是难以辨认。如蕉岭文福丘逢甲故居、梅县丙村仁厚温公祠、梅县丙村奠廷温公祠、平远东石丰泰堂等围龙屋的五行石图像中，如果按围龙屋五行石 “木、火、土、金、水”的“相生序”排列顺序，在“土”的右边应该为“金”。古籍说，“金头圆而足阔”，而在以上几个围龙屋五行石的“土”行右边，石块的形状却是尖的，“火头尖而足阔”，因此，这个图像究竟是“火”还是“金”就显得难以辨认（图 5-60）。据仁厚温公祠挂在堂屋后面墙上的“化胎与龙神伯公”的文字介绍（为旅游观光者准备的解说词），温公祠的五行石排列顺序为“金、水、土、火、木”。我们尚未知道得出这个结论的依据，但如果按照这个解释，五行石中类似正三角形一样的石头图像在这些围龙屋中同样是代表着“火”。同时，我们不能忽略这些围龙屋的五行石中的其他五行的图像，因为，除了一个方形，一个尖形，其他三个的图像显得比较一致，几乎都是大半径弧度的半圆形，其含义所指并不明确。

我们可以尝试这三种不同的五行石排列，通过对比来解释它们的图像意义（图 5-61）：

第一类为 a，五行排列的方式是“水、金、土、火、木”，如梅县松口大夫第、蕉岭文福培远堂。

第二类为 b，五行排列的方式是“金、水、土、火、木”，即仁厚温公祠自称的排序。

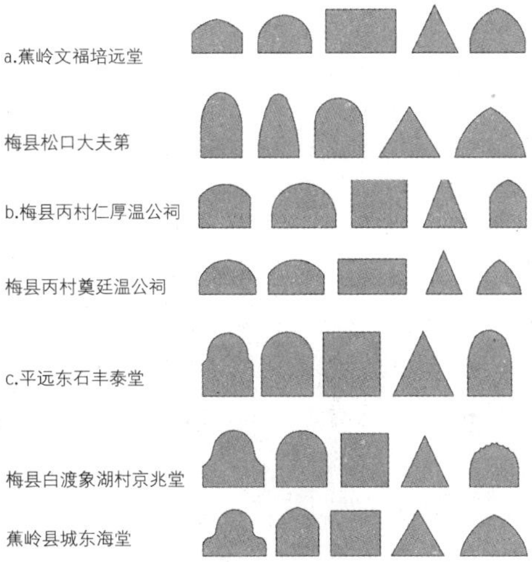

第三类为 c，五行排列的方式是“木、金、土、火、水”（以及在“土”、“火”相邻基础上的多种排序），如蕉岭县城徐氏东海堂、平远石正丰泰堂和梅县白渡京兆堂。

首先分析第一类五行排列 a，这一类的五行石的排列与围龙屋一般的五行石排列方式“木、火、土、金、水”实际上是同一种类型，只是解读的方式是由右至左。五行的相生序以木为始，由于建筑所处不同的坐向方位，所以“始”的位置可能不一。同时，五行理论的方位属性决定了人们在实际应用中，必然会考虑建筑的具体地理特点和屋居主人的生命属性，因此，我们有理由将这种五行顺序列为“相生序”的排列。第二类排列 b 为“金、水、土、火、木”和第三类排列 c“木、金、土、火、水”，可能是在制作五行石的时候，建造者对“金”行和“火”行的“误读”或制作的“笔误”。这种情况可能来自围龙屋最初建造的时候，也有可能发生在围龙屋维修的过程中。我们先看排列 b 中的五行顺序，我们几乎无法解释这种五行的排列次序，或许其中有更为复杂的哲学辩证关系，我们目前无法读解。在排列 c 的方式中，最左边的图像无疑为“木”，而“木”和“金”、“水”和“土”都是五行中彼此“相胜”的关系，五行“相胜序”的排列为“木、金、火、水、土”，所谓“相胜”指各“行”对其前一“行”起“克”的作用，即木胜土、金胜木、火胜金、水胜火、土胜水。按此推理，排列 c 中的五行顺序虽以“土”居中，左边和右边分别为一对“相胜”关系的元素，这不仅在五行运行中为五行自身相克，而且无法和居中的“土”发生关系，违背了五行学说内在的循环、运动规律。因此，可以认为，b 和 c 的五行石排列方式，是对五行石的解读及运用上出现的“误读”。

图 5-61　五行石不同排列方式的比较

（五）五行石图像的符号化

对五行石中“金”与“火”图像辨认的不确定性同样可以运用在对“木”与“火”、“金”与“水”的解释上。这就更加肯定了围龙屋五行石以“相生序”作为排列顺序的基本原则，同时又提醒了我们，对五行石图像的辨认必须考虑到两种影响图像的偶然因素：一是围龙屋的建造者，当然包括屋主、风水师和工匠，他们对五行元素图像形态的解读；另一个因素是在几百年历史过程中围龙屋的维修可能带来的图像误差或者对图像的“误读”，例如梅县丙村的仁厚温公祠和奠廷温公祠两个围龙屋的五行石，奠廷温公祠的五行石明显是重新制作的，而且是对仁厚温公祠五行石的模仿，因为两个温公祠同属一个宗族房支，不过，我们不能肯定，被模仿的仁厚温公祠在几百年的历史中是否与初建时保持着相同的五行

梅县三角地梁氏义孚堂祖祠

兴宁松口岭围屋三省堂

梅县梅城寿山公祠

梅县梅城州司马第

图 5-62　没有五行石图像的崇拜

石图像。潘诺夫斯基曾经指出："主顾们也经常为艺术家设定某些可供参照的'标题'（programmes）。倘若图像研究学家遇到主题不甚熟悉的绘画，他们的本能便是寻找该艺术家使用过的文本或方案。""为此，图像学家必须运用来自于其他领域的稽考知识与方法——社会史、宗教学、哲学和政治学，以求能够对更为宽阔深远的文化现象措置裕如。"① 自明代以来，客家地区随着围龙屋的大量建设，五行石也随之普及，作为一个"崇拜"的神物，五行石以图像的符号形式表达了抽象的五行概念，无论是观念的传播还是大众的认知，五行石都是积极和有效的媒介。我们一旦赋予了这个媒介特殊的意义，图像本身的形态反而就变得次要了。从五星、山形演变而来的五行石，因为"木、火、土、金、水"的排列次序和土居中的基本原则已经成为五行石造像的规范，它的符号意义逐步掩盖了它的图像形态，因此，五行石中的每一个"行"，它的具体形状作为个体的图像意义逐渐萎缩，让位于五行石这个整体的视觉符号了。在田野调查中，我们发现，有些围龙屋甚至在化胎底部连五行石的造型都没有（由于毁坏或者各种原因），但崇拜的位置和崇拜的行为却没有因此改变或中断（图 5-62）。

① 潘诺夫斯基．作为人文学科的艺术史[M]．选自艺术史的视野——图像研究的理论、方法与意义．曹意强译，中国美术学院出版社，2007：109-110.

第四节　围龙屋的"化胎"

化胎是围龙屋的一个重要识别标志。化胎，客家人又称其为胎土、花胎、花头，从这些名称我们已经可以知道，"胎"是化胎概念的核心。实际上，"化胎"这个名称既表形又表意，从形态上，它仿女性的腹部，是一个中间凸起，往前、左、右三个方向下斜的曲面体（图 5-63）；从意义上，她象征着母体将堂屋建筑抱在怀中，要向长眠在那里的列祖列宗承诺，保证居住在围龙屋的后代人丁兴旺。正是由于化胎形体与隐喻的完美统一，充满着神秘色彩，使围龙屋成为了客家民居中最有特征的建筑形态。

图 5-63 围龙屋的化胎 梅县丙村奠廷温公祠（左）
图 5-64 前低后高的围龙屋（右）

一、化胎与建筑的环境关系

客家人所生活的粤闽赣边界地区，山多田少，俗有“八山一水一分田”之称，山地间呈现出一块一块的小盆地，正是客家人安居乐业的家园，围龙屋就是在这样特定的地理环境下形成的独特的居住建筑。围龙屋一般是沿着山边建在平地与坡地连接处，由大大小小的盆地构成的山地或丘陵地，为围龙屋创造了从平地往坡地逐级向上延伸的建筑形态的自然环境，这种逐级上升的建筑一般依地势成前低后高，围龙屋的高差主要体现在化胎、围龙和屋后的风水林上（图 5-64）。建筑沿坡地逐级往上，至最高处是围龙屋的风水林，风水林的植被面积有的多达几十亩，一般选择种植适合在贫瘠的山地生长、生命力较强的树木或竹林。枝繁叶茂可以阻挡来自屋后的寒风，可以积蓄水源，还可以防止水土流失。由于坡地的原因，山上的雨水通过风水林的疏导，沿着围龙屋的外围排水系统流向围龙屋前的水塘，所以称其为“风水林”。[①] 因此，化胎、围龙和风水林与山地的自然起伏一致，围龙屋逐级高升的建筑形态也就成为了围龙屋样式中的基本规范。

① 客家人的迷信观念常常认为风水林中的大树被风吹倒，意示族中可能有老人不吉。

二、化胎与水塘的阴阳关系

粤东大埔和相邻近的福建永定客家地区有一种府第式的围屋，俗称为“五凤楼”[②]，有些“五凤楼”有化胎。五凤楼的造型在中轴堂屋的基础上发展，常见的是三堂式、三堂二横式、四堂式等。五凤楼的建筑立面也是花样繁多的，有的是后堂及其左右堂屋为二层楼，横屋为平房，中堂为低于后堂的一层加两厢正统间小阁楼，而下厅为平房；有的后堂整横为三层，横屋后半部及中堂部为二层，横屋下半部与下厅为平房；有的后堂的中心一堂为三层或四层，而后堂左右则为二层、三层，呈官帽状。但不管如何变化，一般离不开中轴大厅和前低后高的布局形式（图 5-64）。从建筑的基本构成来看，围龙屋和五凤楼都是以堂屋为建筑中轴线，以横屋围合的堂横结构围屋，屋前都有晒谷禾坪，坪前为照壁及半圆形水池；围龙屋和五凤楼屋后都有高凸的土坡造型，但围龙屋称之为“化胎”，五凤楼称之为“楼背”；围龙屋的堂屋和横屋通常是单层，而五凤楼则有多层；围龙屋在化胎之后至少带一围的围龙，而五凤楼则没有。正因为存在这些形态上的

② 《小学绀珠》：“五凤：赤者凤，黄者雏，青者鸾，紫者鷟鷟，白者鹄。”这是具有五行意义的随方之色，以东西南北中五方配五色五凤而得名。

图 5-65 围龙屋化胎与水塘的对应关系

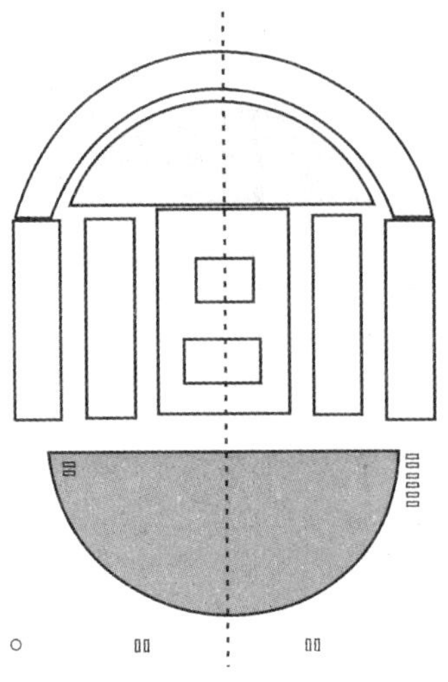

区别，学界一直将两种建筑区别看待。不可否定，围龙屋和五凤楼共同拥有的半圆形水塘和半圆形化胎表明，两者必然有内在相同的文化内涵，两者之间存在何种时间和空间上的关系有待我们的进一步研究。对此，吴庆洲先生说："这种形态的五凤楼，在背后半圆外加建围楼，就成了广东的围龙屋。"①

围龙屋堂屋前后有半圆形水塘和化胎，根据这两个半圆的呼应关系，很多研究者都肯定它的形态与"太极"图像有关(图 5-65)。关于"太极"，《周易·系辞传》说："易有太极，是生两仪，两仪生四象，四象生八卦。"北宋周敦颐著《太极图说》解释："无极而太极。太极动而生阳。动极而静，静而生阴……"明确指出了太极是产生"阴阳"的本源。从古代的典籍中可以知道，我国早在殷商时代就产生了"阴阳"观念，依靠甲骨文字的记录传播，古人的思想和观念从遥远的古代传递至今。《诗经·大雅·公刘》中的"既景乃冈,相其阴阳"是我国古代关于"阴阳"的最早的诗句。《周易·系辞传》第五章中的"一阴一阳谓之道"，可以看做是"阴阳"首次作为哲学的术语使用，强调大千世界中的两种原动力，或此或彼，强弱交替而运动发展。阴阳，从字义上看与黑暗和光明有关，后逐渐引申为夜和昼、寒和暖、女和男、雌和雄，从哲学层面而言，指的是正与反对立的两方。对先秦文献典籍的考察可以判定，"阴阳"观念作为一对哲学范畴是在春秋时期形成的，从反映事物及其属性的具体概念发展成为了具有普遍意义的哲学思想，"阴阳"观念经历了几百年的传播、发展和演变，成为了中国传统文化的一个重要概念。由此可见，围龙屋水塘和化胎的半圆形态来自太极的图像，代表着阴阳两极，有着深远的文化根源。

围龙屋的化胎与水塘所构成的阴阳呼应关系，其最基本的目的指向是一个"生"字，"生"一方面包含"生殖"和"生存"，另一方面指的是"生气"。中国古代普遍认为："独阴不生，独阳不生，独天不生，三合然后生"(《谷梁传》)，"道生一，一生二，二生三，三生万物，万物负阴而抱阳，冲气以为和"(《老子》)。在古代先民的观念中，天地是万物之祖，大地上的一切生物(包括人类)都为天和地交合而生。《易·系辞上》说："乾，阳物也；坤，阴物也。阴阳合德，而刚柔有体，以体天地之撰，以通神明之德。"《易·系辞下》说："乾，阳物也，坤，阴物也"，"天地氤包，万物化醇，男女构精，万物化生"。还有，"天地交而万物通也"(《易·泰》)，"天地感而万物化生"，"天地不交而万物不兴"(《易·归妹》)。化胎与水塘的阴阳关系与作为中国古代自然力崇拜之一的天地崇拜、生殖崇拜、日月崇拜、山川崇拜相结合，是围龙屋内崇拜体系中的重要内容。可以看出，围龙屋后面半圆的胎土或围龙代表阳，前面半圆的池塘象征阴，两个半圆合为一圆代表

① 吴庆洲．中国客家建筑文化[M]．武汉：湖北教育出版社，2008：282.

天，两半圆之间的方形代表地，其平面的构成关系表达了天圆地方、阴阳互动的统一。

三、化胎形态的图像分析

（一）化胎的基本造型原则

化胎的形状像龟背，也像是一个倒过来平放的锅底，它的曲面更像孕妇的腹部。显然，化胎不是一个容易说清楚的形体，因为它并不是某种标准的形体，很难用生活经验中熟悉的物体来描述。但是，我们可以通过归类、作图、分析的方法，总结出化胎造型的几个基本原则，帮助我们认识和了解化胎的形态（图 5-66）。

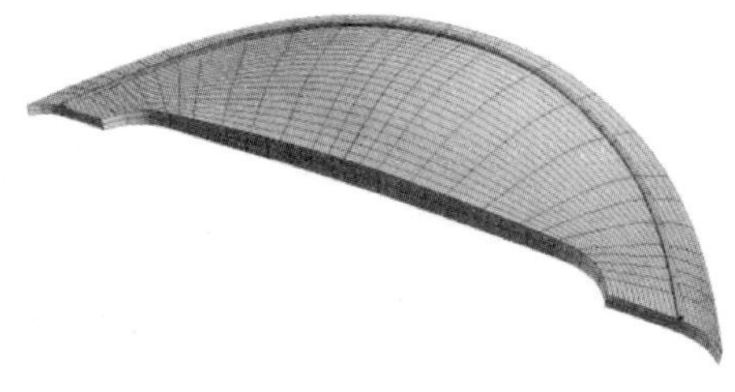

图 5-66 化胎的基本形态

1. 化胎的平面为半圆形或近似半圆形（从建造围龙屋的技术层面说，大多数化胎是半个椭圆形）。明代中期至清代末年，梅县、兴宁的围龙屋的化胎基本上是比较规整的半圆形。[①] 原因有二：一是由于围龙屋建造的基本形制规范，它必须和屋前的半圆形水塘形成呼应的关系，风水术士在这方面有绝对的话语权；二是半圆形更加方便工匠在施工时放线定位，但是，化胎的形态随着围龙屋建筑形态的发展和变异而改变，尤其是在清末，围龙屋建筑形态被移植到了粤中的东江流域，化胎的形态因失去适合建造的地理条件而逐渐失去意义。

2. 化胎的高峰一般在化胎的中间偏上。化胎不是 1/4 个球体，而且最高峰不在弧线周边，化胎的高峰不是一个点，而是过渡自然、渐变圆顺的曲面。

3. 化胎半圆形的弧线边界必须流畅缓和。化胎曲面的高点不是在化胎的半圆形弧线上，半圆的弧线紧接围龙，围龙间的所有房门都是沿着这一个交接面朝向化胎，因此，围龙与化胎的交接处是一个单曲面的弧形，是日常生活的主要通道。

4. 化胎半圆形的底边直线必须保证水平的状态。与化胎的底部相接的是堂屋，堂屋与堂屋间的尺寸加上天街往往就是化胎底边的宽度，靠近堂屋的天街虽然对着化胎，但不能进入，只有在横屋的走廊才有连接化胎通道的台阶。这显然是因为化胎的神圣性所限定的。

（二）围墙的演变与化胎的“神圣性”

在论述化胎的基本造型原则时，有两个重要的概念不能不引起我们的关注，一个是化胎上面的“通道”，另一个是化胎的“神圣性”。化胎的形态与化胎的表意表现为有机的统一，化胎又是围龙屋的一个神圣部分，处理好围龙、通道与化胎的关系才不至于有不尊化胎之嫌。我们在考察化胎的田野工作中注意到了化胎在历史中的演变，这个演变的过程所围绕的正是上面提及的化胎的“神圣性”。“变化本身就是一个时间的标记。这就是说，我们可以以此从一个变化着的系统中获得标志时间片段的侧重点。另一方面，变化又是形式在时间链条中的移动，换句

① 这一时期是客家族群开始壮大、人口发展较快、围屋建筑大量兴建的黄金时代。清末从梅县、兴宁往其他地区迁徙的客家人，带着围龙屋的样式在定居地重建，围龙屋的建筑风格逐步变异。

① 张光直．考古学 关于其若干基本概念和理论的再思考 [M]．沈阳：辽宁教育出版社，2002：23.
② 同上。

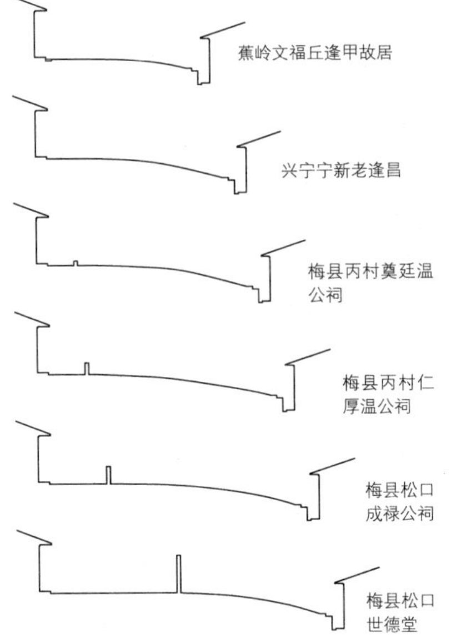

图 5-67 化胎的围墙在历史中的变化、对比

话说，我们可以根据变化来建立年代序列，我们也可以用两个相对的年代序列来强调变化，如果不能够正确使用不同层次的概念来进行比较，我们很容易就会陷入一种连环套中去。"[①] 这是张光直先生针对中国龙山文化分期问题提出的观点，"我们将根据整个遗址的具有普遍性的变化来重建变化的序列。"[②]

在研究客家建筑文化的过程中，我们认为，最重要的是要找到具有规律性的田野材料并且形成序列，在序列中寻找规律和得出判断。化胎对于今天的我们而言无疑是非常神秘和陌生的，就像我们几乎无法用肉眼在一个视野范围内观察到它的"全貌"，更加难以知道化胎所包含的全部意义，只有通过考察化胎的形态在历史中的演变，我们才能一步步地追寻出其中的意义（图 5-67）。早期的围龙屋要比后期的围龙屋更加凸显化胎的神圣性，有一个明显的标志就是化胎与道路之间关系的变化，这个变化体现在化胎围墙的演变过程中。从已经考察过的围龙屋来看，有两座明代围龙屋的化胎最能从形态上显现其"神圣性"的意义。

首先是明太史李二何（字士淳）之侄李椅所建的梅县松口铜琶村世德堂。梅州城乡建设志中有关于李二何曾于明万历四十七年（1619 年）倡建松口塔的记载，可见其应是明万历朝时人，世德堂亦当在此时前后建造。世德堂堂屋后面至围龙之间的总面积比较大，中轴线上，从化胎的底线至围龙间的前门约为 28 米，至 15 米处（即化胎中间）有一扇高 2.2 米的围墙，弧形的围墙半径比围龙小，同在中轴线上，但不在同一个圆心上。世德堂的化胎围墙有一个重要的特点，就是围墙与堂屋两边的横屋相连，通过这一围墙将世德堂建筑分成了两个部分，围墙内是化胎、围龙屋的祖堂、堂屋间和堂屋左右的第一横屋，是一个相对独立的建筑部分（图 5-68）。由此我们可以得出一个基本的判断，对于世德堂而言，围墙之内的部分才是真正意义上的化胎，围墙之外

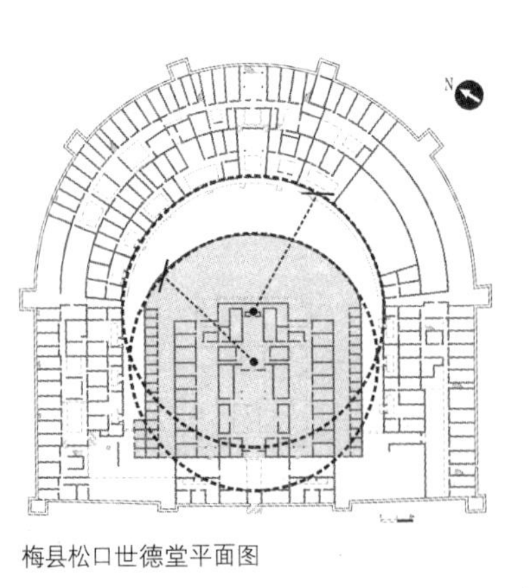

梅县松口世德堂平面图

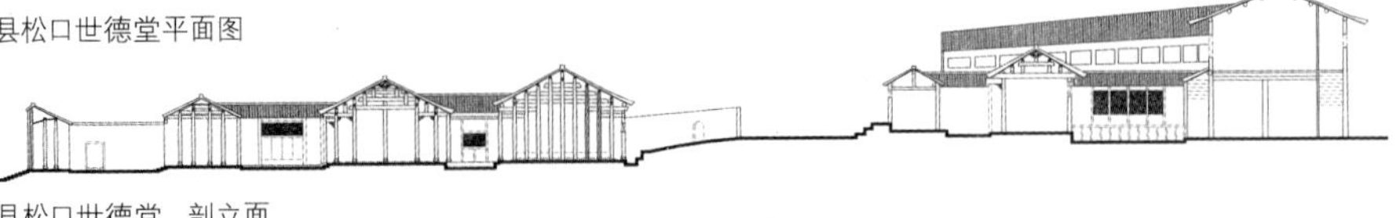

梅县松口世德堂 剖立面

图 5-68 化胎与道路的尺度关系

梅县松口世德堂的化胎、围墙及道路

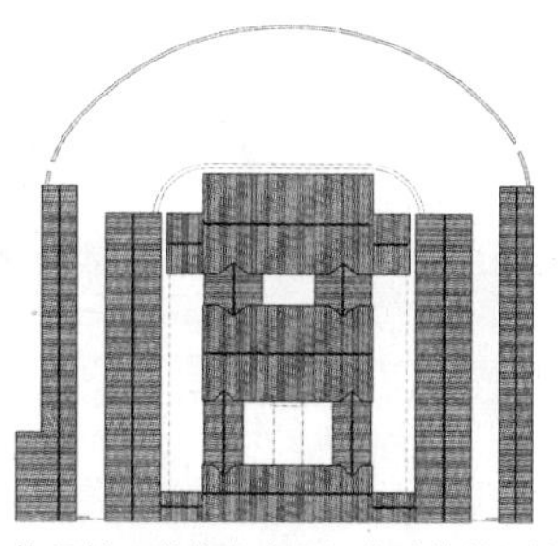

梅县松口世德堂堂屋与化胎的封闭性

图 5-69　化胎围墙与堂屋的独立性

图 5-70　化胎围墙与堂屋的非进入性　梅县松口成禄公祠

的部分是道路。因此，围墙的重要意义在于其封闭性，围墙的封闭性严格区别开了化胎与道路这两个具有不同功能和意义的部分，围墙的封闭性还表明了围墙的“内”与“外”，体现出了建筑等级的差别，在等级差别中体现化胎“神圣性”的意义（图 5-69）。

另一围龙屋是梅县松口寺坑李氏成禄公祠。成禄公祠祖祠的中堂有一块 1994 年的“修复成禄公祠序”石碑，其中记载：“成禄公祠历经五百多年……”加上开基祖至今的世代关系推算，我们可以初步认为这是一座明代中期的建筑。与世德堂一样，成禄公祠从堂屋两边的横屋开始，筑有一扇与围龙间同圆心的圆弧围墙，墙高约 1 米（村民反映围墙在 1958 年时拆除了一截，现场考察发现围墙的顶部不平整，确有曾拆除过的痕迹），将堂屋和化胎包围在一起，围合形成完全封闭的化胎，并且与道路隔绝（图 5-70）。

比较世德堂和成禄公祠这两座建于明代围龙屋的围墙，我们发现有两个共同点：一是各自围墙都在两边靠近横屋的位置留了一个进出口，以便必要的时候进出化胎和堂屋后面的通道；还有就是围墙内堂屋与横屋之间的天街没有设置台阶，不像连接化胎后面道路的天街专门设有方便日常生活上下的梯级。这个建筑设计的细节并非是建造者忽略了围龙屋内的交通流畅，相反是体现化胎的“神圣性”意义的刻意安排，从建筑上限定了在一般的情况下任何人不能随意进入化胎，“非进入性”进一步体现了化胎“神圣性”的意义（图 5-71）。可见，化胎不是一个日常生活中可以随意进出的公共场所，是围龙屋内部唯一一个不具有日常生活使用功能的空间。梅县丙村的仁厚温公祠（图 5-72）、大埔西河北塘村的青云世第，这些早期的客家围龙屋至今仍然保留着围墙，而且一样没有台阶可以从天街进入化胎（图 5-73）。

图 5-71 化胎与天街的关系 梅县松口成禄公祠(左)
图 5-72 化胎围墙与通道的关系 梅县丙村仁厚温公祠(右)

图 5-73 化胎围墙与通道的关系

大埔西河下北塘杨氏青云世第化胎与道路

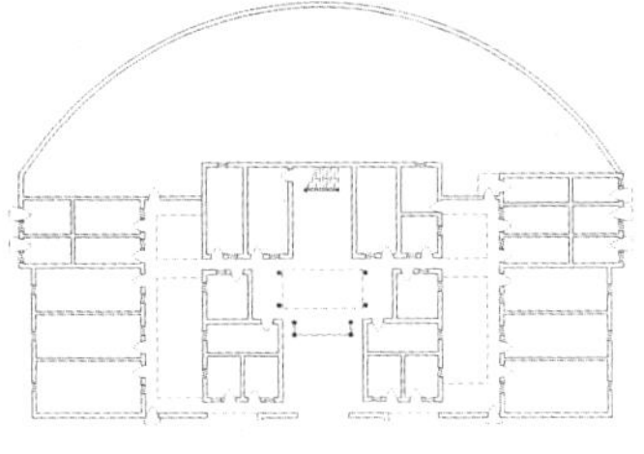

大埔西河下北塘杨氏青云世第化胎、围墙与堂屋的独立性

图 5-74 化胎围墙的萎缩 蕉岭文福培远堂化胎

图 5-75 化胎半径的缩小 蕉岭文福培远堂

围墙严格划分了化胎与通道两个性质完全不同的功能而成为了日常生活空间与神圣空间的边界，化胎和堂屋共同组成了围龙屋建筑的等级空间，化胎的封闭性和非进入性功能又进一步强化了它的“神圣性”意义。田野考察的事实客观地告诉我们，化胎的围墙在围龙屋的发展中并不是保持不变的固定格式，围墙随着历史发展而逐渐退化萎缩以至失去了它的功能和意义（图 5-74）。首先，最明显的一个变化就是堂屋的后墙至第一围围龙的半径尺寸越来越小。例如世德堂为 28 米，其中化胎有 15 米，而到清代的围龙屋，一般少有超过 20 米的，如建于清光绪二十三年即 1897 年的蕉岭文福淡定村的培远堂（丘逢甲故居），堂屋的后墙至围龙间的门口才不足 10 米（图 5-75）。第二是围墙从封闭至开放，从高至矮逐步萎缩，直至消失。尽管并不是所有的围龙屋都围有高墙，但重要的是，后期围龙屋的化胎与通道几

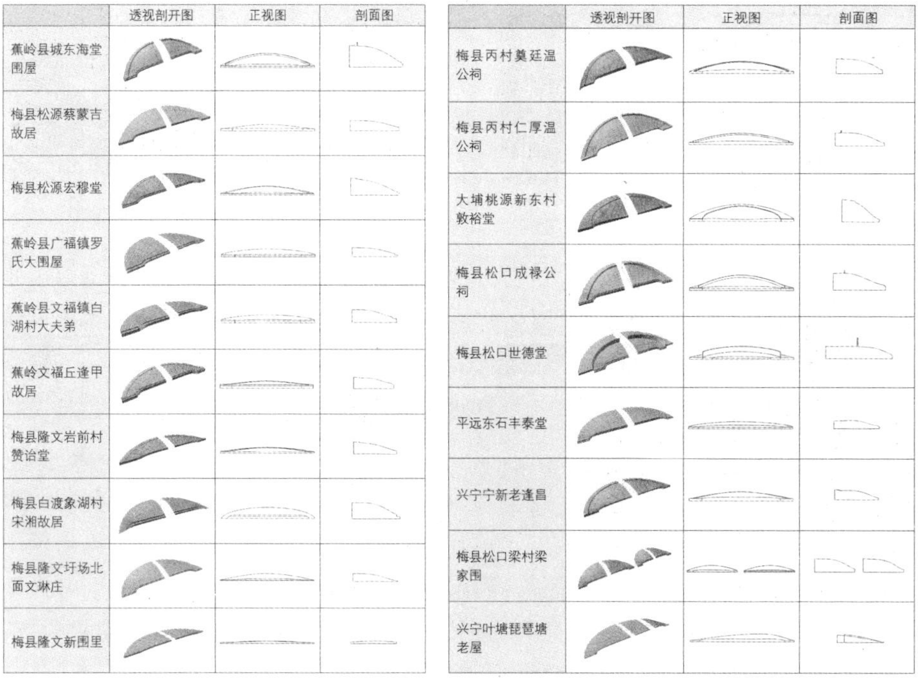

	透视剖开图	正视图	剖面图
蕉岭县城东海堂围屋			
梅县松源蔡蒙吉故居			
梅县松源宏穆堂			
蕉岭县广福镇罗氏大围屋			
蕉岭县文福镇白湖村大夫弟			
蕉岭文福丘逢甲故居			
梅县隆文岩前村赞诒堂			
梅县白渡象湖村宋湘故居			
梅县隆文圩场北面文琳庄			
梅县隆文新围里			

	透视剖开图	正视图	剖面图
梅县丙村奠廷温公祠			
梅县丙村仁厚温公祠			
大埔桃源新东村敦裕堂			
梅县松口成禄公祠			
梅县松口世德堂			
平远东石丰泰堂			
兴宁宁新老逢昌			
梅县松口梁村梁家围			
兴宁叶塘琵琶塘老屋			

图 5-76　化胎曲面形态分析比较图

乎没有了任何的限定边界，只剩下围龙间屋檐下稍高出化胎地面的通道部分。因此，任何人在任何时候可以从任何位置进入化胎。第三，化胎从围龙屋神圣的精神空间逐步变为日常生活的使用空间。因为打破了封闭的界限，化胎成为了晾晒衣物、日常交往、儿童游戏的场地，失去了化胎“神圣性”的意义。①

（三）化胎曲面的不定性和非规则性

可以说，几乎没有完全一样的两个化胎，这是基于围龙屋化胎形态的不定性，我们在田野调查中作出的初步判断。围龙屋化胎曲面形态的不定性和非规则性，使我们无法以几何学中的直纹曲面或可展曲面来描述或展示（图 5-76）。

① 围龙屋的老人都会教育小孩，不能在化胎上面玩耍，更不能在化胎上面大小便，这样会触犯胎神。

四、围龙屋中的化胎崇拜

不规则的球状曲面造型在建造技术的难度上是直线坡面无法比拟的，对于聚居在山区、建筑技术并不十分先进、建筑工具也相对落后的客家族群，围龙屋的建造却不惜以高难手段，舍直线而求曲面筑造一个化胎，可以想象，化胎对于围龙屋、对于客家人所具有的重要意义。化胎的崇拜意义至少可以从以下两个方面去认识：

（一）化胎：土地崇拜与女性崇拜

围龙屋的化胎崇拜是从对土地的崇拜开始的。化胎的底部中轴线上的五行石，以土居中的排列方式说明了客家人对土地的崇拜。实际上，土地崇拜是古老女性崇拜的延伸，它的自然属性来自生殖的神秘心理。如我国古代以“圜丘”代表大地，通过圆形或椭圆形的土墩，象征大地、象征地母，歌颂地母的多产之德，赞扬女

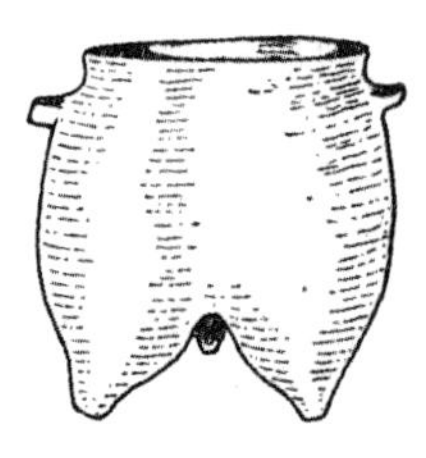 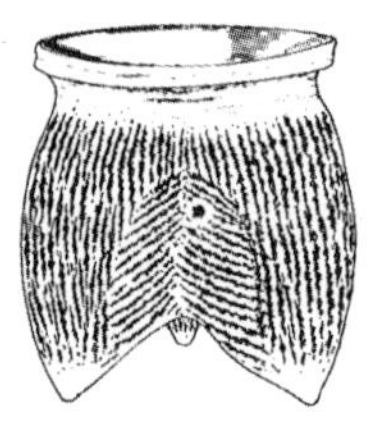 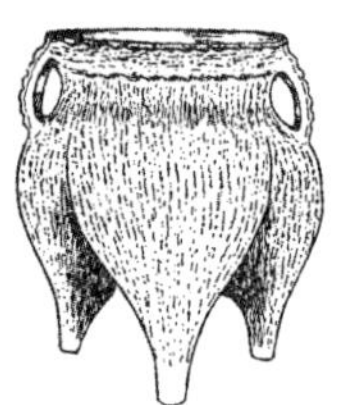 

图 5-77　象征母性的弧腹形器皿（选自文物出版社《中国陶瓷史》）

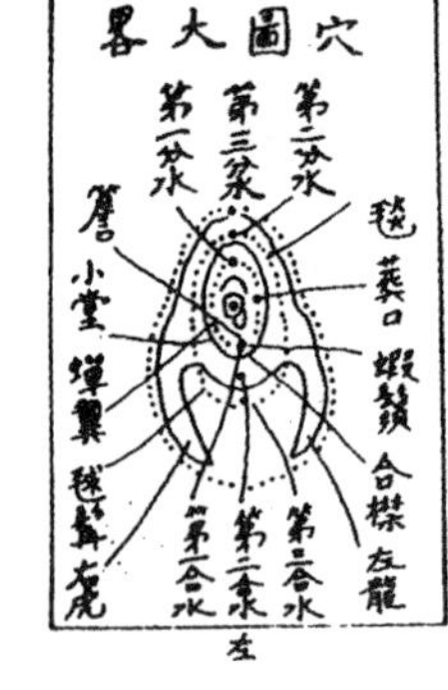

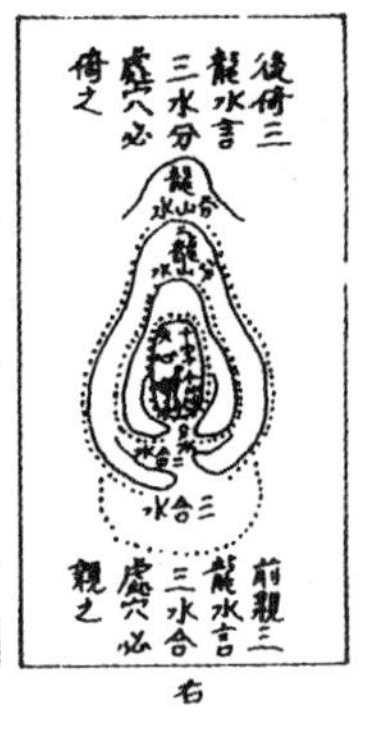

图 5-78　风水穴形图（选自吴庆洲《中国客家建筑文化》插图）

性的生殖之功。造型的隐喻语言通常以弧腹形——象征母性的腹部类比女性的形体，表达对女性的崇拜（图 5-77）。因此，女性崇拜往往与大地崇拜交织在一起。

《太平经》卷四五《起土出书诀》称："天者，乃父也；地者，乃母也。父与母俱人也，何异乎？天亦地也，地亦天也，父与母但以阴阳男女别耳，其好恶者同等也。"将天喻为父，地谓之母，天公地母以阴阳相对应，可以看出，这是大地人化或母性化的直白表述。中文的"地"是"土"与"也"的结合，《说文解字》释："也，女阴也。"这就是说，"也"曾经作为女子生殖器的象形，"土"与"也"结合而成为"地"。"地"的女性崇拜含义直接影响到了围龙屋选址的"龙穴"风水理论。围龙屋的化胎，胎土呈弧腹形，象征大地母亲的子宫。化胎之上为龙间，化胎之下为龙神五行石，其所在的位置正是风水穴位的龙脉所在。《青囊海角经》描述穴位："万里之山，各起祖宗，而见父母，胎息孕育，然后成形。是以认形取穴，明其父之所生，母之所养。天门必开，山水其来。地户必闭，山水其回。天门，水来处也。地户，水去处也……穴居其中，不居其旁……突中有窟，高处低也。窟中有突，低处高也。状如仰掌……"[①] 其中的描写显然是建立在女性生殖器的形态基础上的（图 5-78）。可以肯定，土地崇拜的潜在对象是女性生殖器，围龙屋的化胎崇拜本身蕴涵着女阴崇拜、母性崇拜、地母崇拜和生殖崇拜的意识。

① 吴庆洲．建筑哲理、意匠与文化 [M]．北京：中国建筑工业出版社，2005：56.

（二）化胎：母性崇拜与生殖崇拜

隐藏在母性崇拜现象背后更为根本的思想动机就是生殖意识，由母性崇拜的生殖意识升华为生殖崇拜，围龙屋的化胎最形象地体现了这一生殖崇拜的意识。在分析了大地崇拜与女性崇拜意义的内在关联之后，我们就容易理解为什么围龙屋必定有化胎，而且无可置疑地接受化胎独特的造型了。

罗香林在《客家文化导论》中描述："花胎，龙厅以下，祖堂以上，填其地为斜坡形，意谓地势至此，变化而有胎息。"[②] 所谓"胎息"，是围龙屋化胎的一个重要却又神秘的概念。唐代卜应天撰写、清代孟浩注解的《雪心赋正解》说："体赋于人者，有百骸九窍；形著于地，有万水千山……胎息孕育，神变化之无穷；生旺休囚，机运行而不息……胎指穴言，如妇人之怀胎……息，气也，子在

② 罗香林．客家研究导论 [M]．上海：上海文艺出版社，1992：180.

胞中，呼吸之气从脐上通于母之鼻息……故曰胎息。孕者，气之聚，融结土肉之内，如妇人之怀孕也。育者，气之生动，分阴分阳，开口吐唇，如妇人之生产也……夫山之结穴为胎，有脉气为息，气之藏聚为孕，气之生动为育，犹如妇人有胎、有息、能孕、能育。"[①] 此为对化胎和胎息最精辟的文本解释，似乎是专为围龙屋而作。其中，"胎息……化神变化之无穷……机运行而不息……气之生动，分阴分阳"说明古人将化胎描述为一个动态的系统概念，饱含生生不息的生命萌动，与围龙屋五行石中的"相生"循环理论一脉相承。由此，我们就不难理解为什么化胎的表面一般不用石块或三合土覆盖，而是用千万个类似鹅卵石的小石头铺设了，既是象征子孙千秋万代，小石头之间表面的缝隙还可让化胎内的"龙气"转化为"胎息"，这是围龙屋建筑中的生殖崇拜意识在建筑图像上的反映（图 5-79）。我们据此还可以证实，五行石其实是化胎的一个关键组成部分，甚至可以说五行石就是化胎唯一的出口，这无疑是来自远古的生殖器崇拜。不过，儒家的生殖哲学受到"礼"的思想影响，由原始的"生殖器崇拜"完全上升为"生殖崇拜"，崇拜物超越了性器官的具体象征，以更加抽象的象征方法完整地表达了围龙屋化胎的生殖崇拜体系。

图 5-79　化胎表面鹅卵石铺设　梅县丙村奠廷温公祠

① 吴庆洲．建筑哲理、意匠与文化 [M]．北京：中国建筑工业出版社，2005：56.

围龙屋化胎的生殖崇拜对于客家族群不仅是一种繁衍的需要，甚至可以说，更重要的是一种生存的需要。生殖崇拜涵盖了客家人繁衍和生存两大主题的全部内容。围龙屋生殖崇拜的深层内涵则是对宗族人口增殖的渴求。客家山区艰苦的生活条件，生产力水平的低下使其人口增长缓慢，而且随时面临着灾难和死亡的威胁，这样不仅影响了社会生产力的发展，甚至关系乎客家族群的存亡。

首先是生产和生活的需要。人类社会的生产分为两种，在农业社会之前，人类的生产基本上是人的生产，即人类的繁衍。进入农业社会之后，人类的生产增加了生活资料和生产资料的生产。粤东客家人生活的自然环境条件劣势于珠江三角洲和韩江三角洲，除了水稻农业，几乎没有其他经济作物的生产，而且山多田少，耕地分散，必须有足够的劳动力才能保证生产充足的粮食满足宗族成员的生活需求。

第二，捍卫宗族的生存需要人丁兴旺。宗族的独立和发展必须抵抗来自粤东山区原土著居民和外姓宗族的侵犯。客家人与土著之间、与不同宗族之间的争斗主要是为了争夺有限的生产资源和生存空间，如农田、山脉和水利。如明代嘉靖三十七年（1558 年），程乡县的林朝曦联合饶平县的张琏，拥有十万人的队伍，经常在粤闽赣三地聚众闹事[②]；嘉靖四十二年（1563 年），畲族人蓝松三发起了大埔、程乡两地畲民的起义[③] 等。关于宗族之间的械斗更是不绝于史书和民间牒谱。

② （明）郭子章．潮中杂记（卷六）.

③ 兴宁县地方志编辑委员会．兴宁县志．大事记．广州：广东人民出版社，1992.

① 清．乾隆嘉应州志（卷八）．

② 大埔县地方志编辑委员会．大埔县志（大事记）．广州：广东人民出版社，1992.

第三是抵抗来自自然界危及生存的力量。“雍正六、七二年，虎患甚，平远、镇平（蕉岭）连界地方，伤人尤多。”① “乾隆廿四年（1759 年）己卯秋，高陂老虎为患，伤卅多人。”② 客家人生殖崇拜的意识因此牢牢地凝固在围龙屋居住建筑上，不仅反映在建筑的构成、建筑的装饰上，围龙屋里一切的崇拜仪式都与生殖崇拜相关。

这三个方面的因素，决定了围龙屋建筑中的生殖崇拜意识，而且实质就是客家人对宗族延续、壮大和发展的祈求。

第五节　围龙屋的“堂”

③ 吴庆洲．中国客家建筑文化 [M]．武汉：湖北教育出版社，2008：27.

“宅祠合一”是客家围屋的建筑特点之一。“客家聚居建筑内存在两套性质完全不同的系列空间：以祠堂为主体的，具有礼制建筑特征的序列空间；以住屋为主体的，具有居住建筑特征的序列空间。”③ 这两套序列空间，无论是从客观的物质层面上看，还是从人们的心理意识层面上看，围龙屋具有的私密性居住空间所占的比例很小。围龙屋建筑中轴线上的水塘、禾坪、堂屋、化胎直至龙厅，这些建筑空间基本上都属于“公共性”的；再者，围龙屋的通廊式房间布局，对于居住其中的宗族成员而言，只有“大家”而没有“小家”的概念，因为，通廊式的住房分配原则并不以小家庭为单位将相邻的房间分给一个家庭，而是每一个家庭的房间都分散在横屋和围龙的不同地方，所以，从某种意义上说，围龙屋基本上是属于以公共空间为主导的建筑。

围龙屋建筑空间“宅祠合一”的“公共性”，还可以从建筑的名称“祠”的称谓中看出，如“仁厚温公祠”、“竹溪公祠”等。“祠”，表示春祭，含有“祭祀”的意思，《诗经·小雅·天保》曰：“禴祠烝尝，于公先王。”（禴：夏祭，烝：冬祭，尝：秋祭）“祠”还作“祠宇、祠堂”解，夏侯湛的《东方朔画赞》说：“徘徊路寝，见先生之遗像；逍遥城郭，观先生之祠宇。”客家围屋的名称通常有两个，一个是为纪念开基祖，以开基祖的名字将围屋称作“某某公祠”，强调的是“祠”（图 5-80），另一个是称“某某堂”，强调“宅府”的意思（图 5-81）。堂号一般来自该姓的郡望，郡望是中国姓氏文化中的特有范畴，可以指该姓人的祖先世居的地方，如李姓堂号为“陇西堂”，因李姓是陇西望族，故以陇西为堂号。但是，有的姓氏宗族不光以姓氏的总发祥地为堂号，而且还可能取其支系的郡望为堂号，如“颍川堂”、“松阳堂”、“西川堂”三个都是赖氏的堂号，而“颍川”是赖姓的总发祥地，

图 5-80　梅县丙村“奠廷温公祠”

“松阳”和“西川”则是赖姓支脉的郡望。还有一种情况就是多个姓氏的宗族共一堂号，是因为这些姓氏出自同一个地方，如陈、钟、赖、邬、乌姓氏的堂号都称“颍川”。“堂号”是姓氏的共识，寄托了对远祖的追忆（图 5-82）。

客家围屋“宅祠合一”的特征，意味着客家围屋的堂屋包含了多种不同的功能。一是祭祖的功能，二是拜神的功能，三是宗族议事的功能，四是日常生活中的婚庆、祝寿、治丧等功能。“堂”为这些不同的功能提供了一个神圣的“仪式”空间。

图 5-81　兴宁宁新新洋里老逢昌“豫章堂”

一、客家人的多神崇拜

孙尚扬在《宗教社会学》中依据各类宗教的社会组织建制情况，将宗教崇拜分为“制度型宗教”和“弥散型宗教”两种类型。所谓的“制度型宗教”指的是拥有自身的神学、仪式和组织系统，并独立于其他世俗建制，有自己的基本观念和自己的结构体系，作为一个独立的社会系统发挥功能，如佛教、道教等。“弥散型宗教”则没有独立于其他世俗建制的存在，但却拥有与世俗的建制以及社会秩序的其他方面紧密结合在一起的神学、礼仪和组织，并将其信仰与礼仪当成有组织的社会范式中的一个有机部分予以发展，作为世俗社会制度的一个部分发挥功能。[①] 由此可见，客家民间的“多神崇拜”，无论从祠堂的数量还是从礼拜的频率看，明显都是以客家人自发的弥散型宗教为主，而以佛教和道教一类的制度型宗教为辅，而客家人自发的崇拜中又以祖宗崇拜为先。多神崇拜实际上是我国古代宗教信仰的古老传统，聚居在赣南、闽西、粤东三地接壤的客家人，由于历史上交通相对闭塞，受外来文化的干涉较少，在中原与当地文化互动交融的过程中，保留了“多神崇拜”这一传统宗教的原生文化形态，并且吸收了当地的一些神灵崇拜以及巫术，形成客家多神崇拜的特征。

围龙屋的多神崇拜在各地不尽相同，就围龙屋内的崇拜而言，基本包括了祖先、五行石伯公、福德龙神伯公、杨公先师、天神、井神、灶神、观音等，在围龙屋外的神灵崇拜包括有树神、石头伯公、河神伯公、塘头伯公、水打伯公、后土、社官等，每个聚落还有不同的庵堂以及不同的“信仰圈”、“祭祀圈”和“游神圈”。[②] 祖宗和福德龙神是围龙屋最普遍也是最基本的崇拜，几乎所有围龙屋都不可缺少，而五行石伯公、杨公先师、天神、井神和观音等则视围龙屋的具体情况而定。兴宁宁新东升围就是多种崇拜集中在围龙屋的堂屋内，依照堂的空间等级序列，祖先的神龛被安放在堂屋中轴线的顶端，表明尽管有诸多的神明，但

① 孙尚扬．宗教社会学 [M]．北京：北京大学出版社，2001：197-198.

② 房学嘉．粤东古镇松口的社会变迁 [M]．广州：花城出版社，2002：75-91.

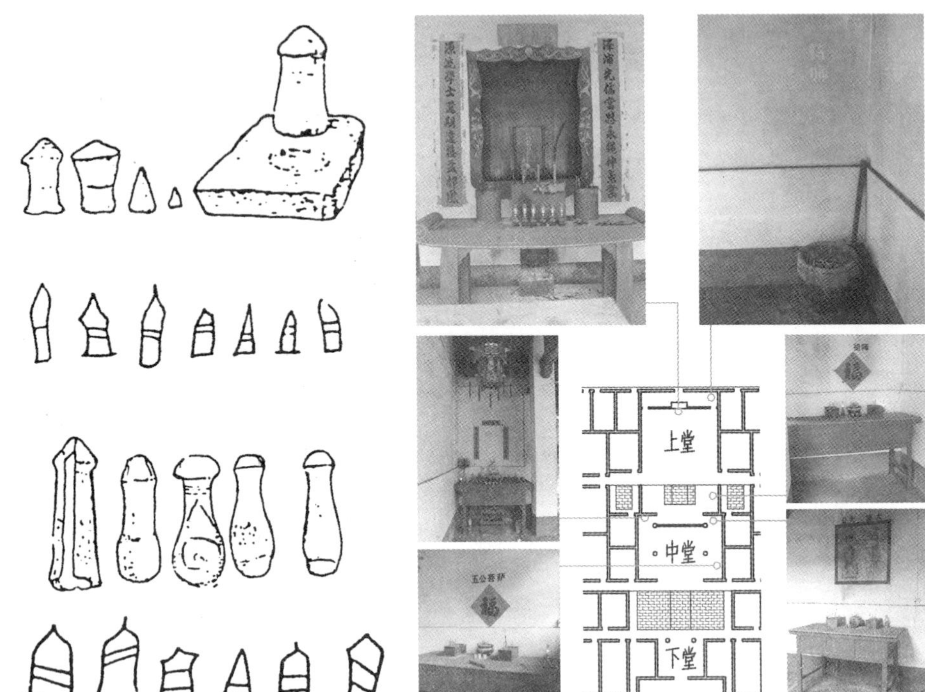

图 5-82　中国上古时代的“祖”与甲骨文、金文的“祖”字（左）

图 5-83　多神崇拜：兴宁宁新东升围堂内拜祭点分布图（右）左上：祖先，左中：观音，左下：五公菩萨，右上：杨公先师，右中：祖师，右下：公大，婆大．

对祖先的崇拜永远是至高无上的，然后依次为“符师”、“观音”、“祖师”、“五公菩萨”、“公大、婆大”等（图 5-83）。

从围龙屋内的多神崇拜可以看出客家人对“神灵”崇拜的依赖。一方面，在客家人的整体族群心理上，视祖先、神明、鬼魂为实现宗族愿望和目标的唯一外部力量，这一点与中国传统宗教信仰的理想并无二致；另一方面，多神崇拜具有明显的功利趋向，客家人祭拜神明、祖先、鬼魂，无不是和特定的目的、需要联系在一起的；最后，多神崇拜将持续性的崇拜对象与临时性的崇拜对象结合，既可以互换也可以累加。因此，“客家人的‘多神崇拜’是对中国传统宗教文化的一种继承，应是无可规避的事实。我们不能说客家人在这一点上与汉民族有多么大的不同，恰恰相反，应该看到，这是建立在民族共同信仰基础上的一种宗教认同，既是宗教认同的产物，同时也是社会知识的产物。”①

① 赖伦海．解读客家民间的“多神崇拜”[J]．粤海风．2005，2.

二、祖宗崇拜与祖龛的图像

“祭祖是宗族的重要功能，通过祭祖活动的组织、引导，使族人更真实地感受到一祖相传、血脉相通的宗族认同感和归属感，对加强族人的亲和力和宗族的凝聚力有不可取代的作用，尤其是对外殖他乡的族人，借祭祖之机，把他们同本地的族人召集在祖先的神主牌或墓茔前，将已经变得松散、淡漠的血缘关系重新拉紧，使族人散而宗族不散，巩固宗族已经取得的社会地位。”② 客家人的祭祖分为寝祭、墓祭和祠祭三种形式：寝祭也称为家祭，即单个家庭中的祭祀（图

② 孔永松，李小平．客家宗族社会 [M]．福州：福建教育出版社，1995：74-75.

5-84）；墓祭，即在清明、冬至等节气时的扫墓（图 5-85）；祠祭，即族祭，包括族人在本围屋内的拜祭和按祖先的辈分逐级往上拜祭，最后各房派的族人到开基祖的围屋内拜祭共同的祖宗（图 5-86）。因此，每个围龙屋的“祠”所代表的宗族地位是不同的。寝祭和祠祭都是通过“祖先牌位”崇拜进行的拜祭（图 5-87），因此又有祖传谱牒崇拜和祖先偶像崇拜（图 5-88）。祖先的偶像崇拜除在每年固定的日子里悬挂出祠堂供拜祭，有的宗族还抬着“偶像”在同一宗族下的聚居村落里巡游，如梅县松口李椅支派后裔，每年的元宵节时“要组织族人抬李椅偶像，巡视有血缘关系的十大聚居村落（即十座大李屋）”。[①]

图 5-84　寝祭　大埔湖寮罗氏静园公祠

① 房学嘉．粤东古镇松口的社会变迁 [M]．广州：花城出版社，2002：53.

图 5-85　墓祭　丰顺汤田吴氏四世祖崇鉴严质公春祭（2005 年 2 月 23 日）

图 5-86　祠祭　丰顺丰良建桥围保大堂祭祖仪式（左）
图 5-87　祖龛祖先排位崇拜　梅县松源镇蔡蒙吉故居（右）

祖堂对于客家人的宗族崇拜具有绝对的神圣意义。客家围屋通常是一屋一祠堂，但有些以围村聚居的大宗族，如丰顺丰良建桥围张氏宗族，由于历史的原因，祖先的拜祭分为几个祠堂。据《建桥围张氏族谱》记载，在建围的时候拟定建十个祠堂，也明确划分了祠堂的方位，由于种种原因，

图 5-88　祖先偶像崇拜 梅县松口诒燕楼

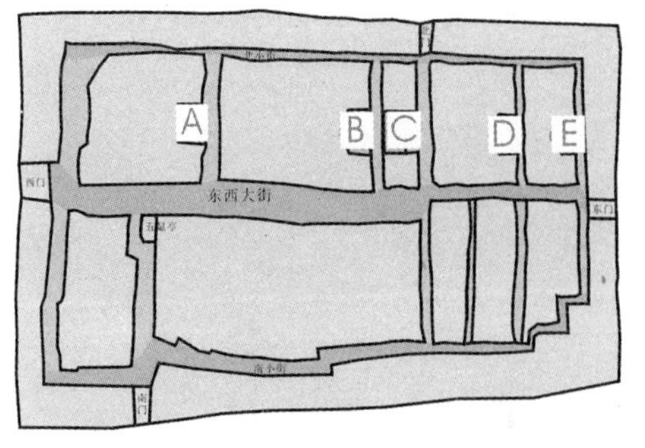

A.兼大堂
B.光大堂
C.中心堂
D.保太堂
E.树德堂

图 5-89　丰顺丰良建桥围祖堂分布图

有的祠堂尚未建设，场地就已经分给了族人建房，有的祠堂因族人外迁后无人管理导致荒废，现在围内供奉的祠堂主要有三座，即十世始祖仰云公的“光大堂”、会云公的“保太堂”以及际云公的“福泰堂”（图 5-89）。他们三个是同胞兄弟，据说，由于三弟际云公与晚年的九世婆（九世公早逝）同住，所以，他择祠堂位置居中，而且“福泰堂”供奉的有九世公、九世婆以及际云公，故“福泰堂”又称为中心堂，即图中“C”的位置，仰云公的“光大堂”位于福泰堂的西面，即图中“B”的位置，会云公的“保太堂”位于“福泰堂”的东面，即图中“D”的位置。

客家祠堂的主要功能之一就是祭祀祖先。由于围龙屋“宅祠合一”的建筑特点，围龙屋的堂屋就是宗族的祠堂，也是供奉祖先牌位、祭祀祖先的圣殿。祖先牌位崇拜和祖先偶像崇拜一般都是在围屋的祠堂举行。客家围屋的祖祠一般在建筑的中轴线上，堂屋分为二堂式和三堂式结构，上、中、下三堂之间有屏风隔开，无论是二堂还是三堂，供奉祖先牌位的祖龛肯定在堂屋的最终端，即上堂（图 5-90）。祖龛的上方一般写着堂号，有的悬挂皇上敕封的金匾。祖先牌位，客家人称之为“家神牌”或“阿公阿婆牌”，必须供奉在神龛上。祖龛祖先牌位的摆放形式因地方和宗族不同而有所不同，祖先牌位的设置可分为“独享牌位”和“共享牌位”。所谓独享牌位，一般是木制小牌，上面写着某某考妣之神位；共享牌位为木制大牌，上面写有历代祖先的名字（男性祖先）。[①] 祖龛的牌位内容也有不同，一般祖龛供奉的仅为已经不在世的祖先牌位，如梅县丙村温氏宗族祠堂仁厚温公祠的祖先牌位布局（图 5-91），神龛正中间供三列祖牌，上方为某氏历代祖先之神位，抱炉的为开基祖考妣之神位，中间为开基祖父母亲之神位，左右分立祖上神位。另一种就是有的祠堂祖龛里将还在世的长辈的牌位也摆放在内，即供设的牌位分为祖先的“神主牌位”和“长生牌位”两种。所谓神主牌，就是在牌上面写着祖先名讳和生卒年月，而长生牌表示的

① 李小燕．客家祖先崇拜文化——以粤东梅州为重点分析 [M]．北京：民族出版社，2005：32-33.

图 5-90　上堂　大埔湖寮蓝氏衣德堂（左）
图 5-91　祖先牌位　梅县丙村仁厚温公祠（右）

则是在世的长辈，不同的是牌上面必须覆盖一张红布，待长辈逝去便揭去红布，由长生牌变成神主牌，如丰顺丰良建桥围的保太堂祖龛。粤东客家人的这种祭祖观念，说明人们一直将祖先看做是现世的人，祭祖是对所有长者的尽孝，逝去之祖如同宗族的护神与世人同在。牌位的不同摆设并不影响宗族的拜祭，因为无论是哪一种先辈的排列方式，都根据他们的辈分来排序，而且每一个牌上都清晰地书写着他们的关系。因此，祖先牌位的顺序排列代表着一个谱系，正如罗香林所说："客家人士，最重视谱牒，所谓'崇先报本，启俗后昆'，皆以谱牒为寄托依据。虽以其上代亦以迭遭兵燹，文藉荡然，不易稽考，然以其人能靠历代口头的传述，其子若孙，于前代源流世次，不至完全忘却，宋明以来，修谱的风气更盛，虽其所追记的事迹，亦有挂漏的地方，然于其上世的迁移源流和背景，则还可借此推证而知。"[①]

图 5-92　专用的活动天井盖板　梅县丙村仁厚温公祠

① 罗香林. 客家源流考[M]. 北京：中国华侨出版公司，1989：13.

围龙屋的堂屋不仅用于祭祖、拜神等功能，各种仪式一般都在堂中举行，如长者做寿、族人婚庆、新丁满月、治丧守灵等。通常围龙屋的中堂为族人聚集的地方，每一座围龙屋都有一套专用设备，如桌椅板凳、锅碗瓢勺、锣鼓器乐等，还有专用的梁、板，在需要的时候将天井覆盖，以便增加空地摆设筵席或举行法事（图 5-92）。

三、福德土地伯公神位与围龙屋的生命图像

虽然客家人的崇拜是多神崇拜，但对于每一个围龙屋来说，神明崇拜的内容和数量是不尽相同的。一般的说，从围龙屋建筑造型的最高点风水林至围龙屋的最低点水塘，沿着建筑的中轴线，可以归纳围龙屋主要的崇拜点为：龙厅、化胎、五行石、福德土地神、祖龛、天神等（图 5-93）。图中的 A、B、C 分别代表了围龙屋崇拜的三个层次："A" 代表的是上天，象征着对未来的向往；"B" 代表的是现世，一个具体的日常生活世界；"C" 代表的是过去。客家人对世界、对生命的层次观念以及对过去、现在、未来生命的划分，这些不同的崇拜点分布的位置恰好与它们在建筑中所处的标高一致。从围龙屋神明崇拜的相互联系和不同层面的关系中，我们可以领会到客家人的族群生命观。日本学者渡边欣雄先生所著《汉族的民俗宗教》认为，汉民族的神灵观念把宗教性的宇宙分为三界，即天上、地上、地下，把宗教性的存在分为神明、祖先、鬼魂三种类型，这是一种民俗性的世界观。[②] 粤东客家人的拜祭对象，实际上也同样划分为天上、阳间、阴间，或者说天界、阳界、阴界。"多神崇拜" 的特征综合表现为神明、祖先和鬼魂，这三种在时间和空间上相互交错的崇拜形式，充分说明围龙屋的拜祭点正是客家人的世界观在崇拜活动中的体现。

② 渡边欣雄. 汉族的民俗宗教 [M]. 周星译. 天津：天津人民出版社，1998：234-239.

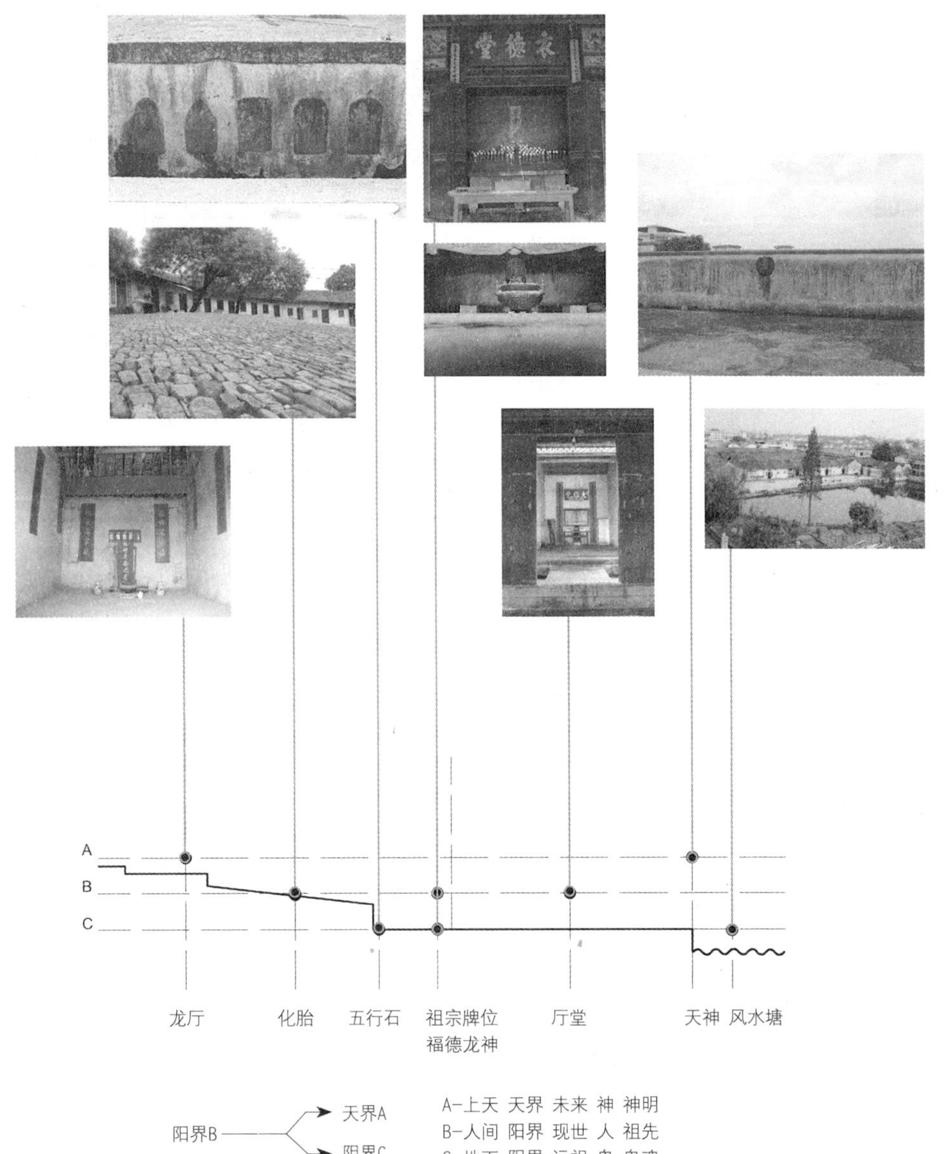

图 5-93　围龙屋建筑空间与客家人生命观的三个层面

在祖先神位下面有一个“福德土地神位”，“福德土地神”一般有一个香炉及一块书写有“福德土地龙神”的神牌，各围屋书写的内容有些不一，有的是“本家福德龙神”，有的是“本宅福德龙神伯公、婆神位”或“本祠福德土地伯公神位”等（图 5-94）。实际考察显示，围龙屋内凡有祖龛，下面必有“福德土地神位”；有不少的围龙屋，堂屋并没有其他神明崇拜，只有祖龛及 “福德土地神位”；有些甚至是有“福德土地神位”而没有祖龛。可见，“福德土地神位”是与祖龛具有同样意义的崇拜点（图 5-95）。

中国古代的星相学称木星为“福星”，又称为“福德”，从辰名。围龙屋的五行石排列顺序中，木是五行之始，象征着春天万物生命之初。《协纪辨方书·义例二·满》：“《总要历》曰：‘福德者，月子福德之神也。其日宜祀神祇、求福愿、修宫室、献封章’。《历例》曰：‘福德常居月建二辰’。曹震圭曰：‘建前二辰者，是月所生之子，以其当相气，在前为引，与我能为福为德之神也。故易卦以子孙爻为福德，其义一也。大抵子能制乎鬼，使不害己，故为福德。假令正月寅以火生辰，为子土，其土能制水鬼也。二月卯木生巳，火为子，火能制金鬼也……余仿此’。”[①]“福德”首先代表的是“福”，还代表“正气”，能驱邪制恶。“福德”实际上就是土地神，或者说是龙神、土神的结合。“福德土地龙神”的神牌安置处，地面一般留有一小块直接暴露的土壤，让土地神与大地连接。“福德”不仅掌管着围龙屋的生命线，而且掌管着围龙屋的阴阳、五行，如在“安龙转火”的仪式中，常张贴写有“土

图 5-94 围龙屋的祖龛与福德土地神位 兴宁叶塘磐安围

① 孙宗文. 中国建筑与哲学 [M]. 南京：江苏科学技术出版社，2000：584-585.

梅县松口一经分堂

大埔桃源新东村郭氏敦裕堂

梅县丙村仁厚温公祠

梅县松口石柱堂

图 5-95 福德土地神位

① 汪毅夫．客家民间信仰[M]．福州：福建教育出版社，1995：41.

奠中央，永镇斯土”、“土奠今朝”等的对联在“福德土地神位”两边。[①]

四、巫术与仪式的空间

围龙屋的堂是宗族活动的空间，具有祭祖、拜神以及做寿、婚庆、添丁、治丧等祭祀功能，祭祀活动本身就是一种宗教性的活动。这些活动，一是多与天、地、神、祖、灵等自然或超自然的概念相关联；二是祭祀仪式有专人主持；三是有相对固定的“程序”（客家人称为“下事”，读作 ha-si）与“言辞”（客家人称为“唱”）等。因此，祭祀往往带有巫术的色彩，祭祀场所往往成为巫术表现的场所。所谓巫术，是人类建立在某种信仰或信奉的基础上，企图对环境或外界进行可能控制的行为、活动。在巫术的仪式中，人们幻想依靠某种力量或超自然力，对客体施加影响与控制，以达到所祈求的目的。因此，巫术一般以“作法”或“法术”相称，国际上已将巫术上升为一种学术概念。

中国传统文化中的四时祭礼反映了我国祭祀之礼成熟较早，其中与巫术结合之传统在几千年前就已形成。儒家把祭祀仪式归之为人伦正礼，以其教冶化民，但其基本的方式却是原始巫术的祭法，不仅将其视为礼之所备，而且视为礼之所循。此外，中国巫术与中国的道教有天然的渊源，巫术或巫教活动中一些法事方式、心理定势，甚至仪式、功能，均为道教所吸收。可见，巫术作为一种仪式，不仅是民俗的心理和信仰，在中国的传统主流文化中同样具有重要的意义。一般而言，客家人的祭祖活动分为几个拜祭的层次，但是，“仪式由家户转移到祠堂的时候，这些仪式似乎并不伴随着纪念仪式。一旦祖先的灵牌放置在祠堂，他就终止了作为个人奉献的对象，而成为了宗族裂变群体仪式中心的一部分。”[②] 的确，祭祖仪式的表演强调了宗族内部的血缘亲和力，由“家”的概念上升为“族”的责任，最终使家族的成员能够按照族长的意志，通过祭祀的方式达到宗族的团结和敬宗收族的目的。客家人的祭祖过程通常具有明显的巫术形式，甚至可以认为是巫术的一种形态，不同的是，族中的长者替代了觋公的职能，主持了人和祖之间沟通的仪式过程，而其他很多活动的过程都是在觋公的主持下完成的。如建筑营造的开工和竣工的仪式、围龙屋的“安龙转火”仪式、治丧守灵的仪式、建造阴宅的选址以及“二次葬”等，连续几天的仪式才能完成这些过程，觋公在这些过程中是唯一的、不可替代的角色（图 5-96）。

② 莫里斯·弗里德曼．中国东南的宗族组织 [M]．上海：上海人民出版社，2000：11-12.

图 5-96　治丧仪式　梅县南口马缺头潘屋

客家建筑文化一方面以客家宗族体系之下的家庭制度为基础，另一方面以山区落后的农业社会为根基。在自然环境、生活条件、生产条件都比较落后的山区，人们相信自然界中普遍存在着人们不可见的种种联系和影响，相信外界（包括人死后的冥界）有种种可能对人们发生影响，甚至相

图 5-97 上堂梁上的避邪、吉祥吊挂物 大埔桃源新东村郭氏敦裕堂（左）
图 5-98 上堂停尸界线梅县丙村仁厚温公祠（右）

信人们也可以反过来对这些外界发生影响，就是人本身、人与自然之间、人与人之间同样可能发生某种看不见的影响。如此，巫术就不仅仅局限于巫师的活动，群众日常生活中的很多行为都显示出了巫术的色彩，如在围屋的房梁上挂些隐喻性的物件等（图 5-97）。梅县丙村仁厚温公祠的上堂，在堂两边的墙与地面交接之处，专门凸出一小块石头，作为治丧时停尸的界限（图 5-98）。

本章小结

客家山区的地理环境使风水的观念有了形象的依托，客家人强烈的生存和发展的渴求又正好为客家地区风水术的兴起和普及提供了客观的温床。客家人靠风水求耕地、求宅地、求科举，而且风水观念对于客家村落的形成和围屋的建造起着重要的作用。围龙屋的图像和文本通过风水师而得以传世，使围龙屋建筑保持稳定的形制及世代的延续具有了规范性的意义。

围龙与横屋一样是围龙屋构成中的动态元素，它们的变化发展受围龙屋使用功能的支配。建筑学界对“围龙屋”有几个不同的称谓：围拢屋、围垅屋和围陇屋。三个不同的表述有着不同的意义指向，但都没有真正指出围龙屋中“龙”的意义。围龙屋与龙的图像之间并不存在“象形”，围龙屋的“龙”与古时闽粤一带的蛇崇拜以及围龙屋建筑风水术中的“龙脉”和“龙气”有着密切的关联。因此可以说，围龙屋建筑形态中龙的观念是从中原南徙而来的移民对传统的龙崇拜意识与闽、粤一带的蛇崇拜意识的融合。围龙屋内部有不少重要的建筑节点都与“龙”的崇拜有关，很多的祭祀仪式都与“龙”的气脉有关，“龙”和建筑中贯穿的龙脉、龙气一起构成了围龙屋这一整体的建筑意义。

围龙屋的五行石被客家人理解为沟通自然、主宰“气韵”、平衡阴阳的象征物，作为形成围龙屋龙脉的重要穴位，五行石的存在与化胎的生殖崇拜和祖堂的祖宗崇拜联系在一起，构成了围龙屋超越现实的精神场所。作为一个“崇拜”的神物，五行石以图像的符号形式表达了抽象的五行概念。从五星、山形演变而来的五行石，以“木、火、土、金、水”的排列次序和“土居中”为基本原则，成为五行石造像的基本规范，它的符号意义逐步掩盖了它的图像形态。有些围龙屋并没有五行石的图像，但屋内的人仍然在中轴线的化胎与堂屋之间的石坎下那个特定的位置拜祭，象征的意义远比图像更加重要。

早期的围龙屋要比后期的围龙屋更加凸显化胎的神圣性，一个明显的标志就是化胎与道路关系的变化，这个变化体现在化胎与道路之间，围墙从高至低至最后消失的演变过程。围龙屋的化胎崇拜本身蕴涵着女阴崇拜、母性崇拜、地母崇拜和生殖崇拜的意识。围龙屋建筑中生殖崇拜意识的实质，就是客家人对宗族延续、壮大和发展的祈求。客家人生殖崇拜的意识因此牢牢地凝固在了围龙屋建筑的构成、建筑的装饰等建筑形态上，围龙屋里一切的崇拜仪式都与生殖崇拜相关。

客家围屋“宅祠合一”的特征，意味着客家围屋的堂屋包含了多种不同的功能：祭祖的功能，拜神的功能，宗族议事的功能和日常生活中的婚庆、祝寿、治丧等功能。“堂”为这些不同的功能提供了一个神圣的“仪式”空间。由于各类祭祀活动多与天、地、神、祖、灵等自然或超自然的概念相关联，所以各种仪式在不同程度上都带有巫术的色彩，有些直接就是巫术仪式的崇拜。围龙屋从建筑造型的最高点风水林，至围龙屋的最低点水塘，沿着建筑的中轴线，可以归纳围龙屋主要的崇拜点为：龙厅、化胎、五行石、福德土地神、祖龛、天神等，不同标高的崇拜对象体现了客家人生命观的三个层面，即天上、阳间和阴间。但祖宗崇拜“仪式”始终是围龙屋最重要和最基本的祭祀。

通过对围龙屋非功能性建筑构成的分析，充分表明了解读意义是建筑史的图像学研究的关键，围龙屋的象征意义不仅超越了建筑的构成，也超越了图像具体表达的内容。

第六章　围龙屋装饰图像的象征意义

装饰图像从一开始就带有强烈的功能目的，图像的功能和意义由装饰图像的内容与人们的心理、意识相互交织形成，具有深刻的历史和社会渊源。为了到达那远在彼岸却又似乎近在眼前的“仙境”，人们利用各种途径，企图与自然、祖先或神灵对话，装饰的图像以特定的艺术形式，以象征的、隐喻的表达方式，充当了特殊的“介质”。我国从彩陶时代或者更早，大自然中任何事物的灵性都被人们赋予了各种意义，与人的感情、意识发生关联，甚至与人的生命个体以及族群的繁衍相关联。这些符号化了的自然形态通过数千年历史的文化传承一直延续到今天。

传统民居的装饰在历史中形成了特定的图像意义，无论在题材上，如人物、动物、植物或其他器物，还是在形式上，如具有文学性情节的绘画、雕刻或是抽象的几何纹样，隐藏在题材和形式里所表达的内容，都与中国传统的哲学思想密切相关。这些复杂意义依附的题材，尽管可能是我们熟悉的事物，但往往不能直接从装饰所再现的图像中阅读出来，需要阐释与追寻。例如，在地域辽阔的中国，都有将“福”的意义作为建筑装饰的习俗，最为普遍的是在方形红纸上书写“福”字，张贴在家中门上或屏风、照壁上，谓之“接福”，而民间通常的做法是将书写的“福”字倒着贴，因为“倒福”等于“福到”。当然，表示“福”的意义，还有更多不同的装饰图像，其中蝙蝠是用于表示“福”这一意义最普遍的动物，以“蝠”喻“福”，如五只蝙蝠形象的平面组合可以构成“五福临门”的图像。同是一个“福”字，民间可以将“福”字图案化，做成圆、方、菱形等不同形状的适合纹样（图 6-1）；可以将“福”字的适合纹样通过不同的材料，如木、砖、石等处理成窗花或屏风；还可以将多个经图案化加工的，相同的或是不相同的“福”字（图 6-2）组合成各种适合纹样

图 6-1　福字装饰图样（选自王杭生、蓝生琳《中国吉祥图典》）

图 6-2　“福寿”窗花纹样　平远东石丰泰堂

图6-3 寿字窗花纹样 梅县松口承德楼

作为建筑的装饰构件，如“百福图”等（图6-3）。所以，在表达“福”的装饰图像中，其貌不扬的蝙蝠经过变形、抽象等艺术加工后，可以成为装饰性的吉庆图案元素，蝙蝠的装饰图像逐渐远离蝙蝠的生物属性，倒挂的“福”赋予了这个“福”字特殊的图像意义而区别于普通的“福”。作为中文的福字和作为动物的蝙蝠被赋予了观念和意义，成为了装饰图像，在建筑中被广泛运用。这是中华民族自古传流下来的习俗，也是民居装饰图像中运用谐音来表现意义的传统方法之一。由此可见，我国传统装饰的图像意义在历史中形成了特定的解读方式，如同“福”字和“蝙蝠”，在其表面所呈现的现象之外被赋予了特殊的内在含义，这些内在的含义历史地存在于传统文化的系统和结构中，只通过对图像的表象辨认往往无法揭示潜藏于图像中的文化意义。①

按照图像学的原理，在建筑装饰图像中，我们必须区分出图像意义的不同层次。首先就是与建筑构件协调统一的各种物像中具有强烈视觉效果的色彩、线条、形体等视觉元素（形象），这是图像中再现的“第一性的或自然的题材”。对建筑装饰图像作进一步的研究，必须在对传统文化深入研究的基础上，研究有关的事物、环境、特定的行为，甚至作为一个整体的图像，在其发生的时期中所具有的从属或象征意义，而且，还必须尝试确定这些意义可能存在的场合。通过“第二性的或约定俗成的题材”，对“表现在图像、故事和寓意中的特定主题或概念的世界”进行分析，寻求得到图像中再现事物所组成的象征世界，从所有相关图像的关系中揭示组成“象征”价值世界的“内涵意义或内容”。这正是图像学分析三个层次中最重要的环节，要把握这一层意义，就必须“对那些揭示了一个民族、一个时代、一个阶段、一种宗教或一个哲学信仰的基本态度的根本原理加以确定……这些原理既显示于‘构图方法’和‘图像志意义’之中，同时也能使这两者得到阐明。”②和绘画、雕塑等造型艺术作品一样，传统建筑装饰图像承载着文化的历史意义。还是以“福”为例，“福”是一个抽象的概念，有着无法量化的内涵，但“福”的文字形态包含着吃、穿、田地的构成。福相对于祸，《老子》认为：“祸兮福之所倚，福兮祸之所伏，孰知其极其无正。”它说明福与祸这一对矛盾的概念中彼此潜藏着对立统一的因素，福与祸在一定的条件下可以相互转化，通过人为的努力去祈求和争取成为了千百年来民间祈福的深层心理。人们常说“福如东海，寿比南山”，“福”的意义一般与“寿”联系在一起。“福如东海”出自佛家的《法华经·普门品》：“具一切功德、慈眼视众生，福聚海无量、是故应顶礼”，是礼拜观世音的颂词，意谓福之聚集如海水般无尽。“寿比南山”出自《诗·小雅·天保》：“如月之恒，如日之升，如南山之寿，不骞不崩”。“福”常常和“寿”连称，而以“寿”为先。《尚书·洪范》：“人有寿而能享诸福，故寿先

① 潘诺夫斯基对图像的功能划定了清晰的界线：一个图像可以再现一种事物，象征另一事物，而表达其他事物，这三种不同的功能可以通过一个图像得以实现。对于艺术史家来讲，这三个层面的意义是明确的：图像志解释前两个层面的意义，图像学的主要兴趣在第三层面的意义上，但它要解释全部三个层面的意义。因此，图像学的方法是综合性的而不是分析性的。

② 潘诺夫斯基．图像志和图像学[M]．象征的图像．上海：上海书画出版社，1990：412-439.

之。"《韩非子》曰："全寿富贵之谓福。"民间追求福的内容部分已经转移至对长寿的追求，民居装饰图像中以四个蝙蝠的图形构成一个负形，中间突出一个"寿"字，充分说明了它们之间的关系（图6-4），而且这些图像以及构成图像的原则可以在历史文本中追寻。所以，研究的方法是由简单到复杂，由表象到深层，由图像到文本，由内容到观念，从而一步一步地梳理建筑装饰图像中隐含的文化内涵。

图 6-4　五个蝙蝠构成的福寿图　梅县隆文文琳庄

客家围龙屋的建筑装饰与中国传统建筑的装饰图像一样，吉祥祈福是永恒不变的主题。客家建筑吉祥文化的装饰图像内容一般包括自然崇拜、生殖崇拜、祖先崇拜和鬼神崇拜等。各种各样的崇拜，其目的在于在心理上、精神上营造一个理想的居住空间环境。祈求吉祥既是对已经得到的幸福的守护，也是对未来世世代代的期盼。但是，通过建筑装饰图像祈福纳吉，在围龙屋的居住文化中并没有体现在所有的建筑个体中。历史上的客家围龙屋，尤其是清代之前，大部分除了上堂祖龛略有雕饰外，整座大屋极为朴素、单纯、清雅，几乎没有过多的装饰。[①] 很多研究客家民居的学者和专家忽略或回避了这一点。围龙屋的"装饰"以及装饰的方式是内在的、含蓄的，对自然、生殖、祖先和鬼神等几个方面的崇拜并不完全依赖具象的图像表达，还表现在建筑形态的构成中，通过一系列具象与抽象、文字与图像、造型与仪式的结合来实现。如围龙屋的自然崇拜观念就是由在建筑中轴线上的几个"点"来实现的：半圆形水池与屋前的禾坪中间，有敬"天神"的点[②]；在祖龛下面，有敬"德福土地神"的点；在祖龛后面、化胎前端的"五行石"则是对整个自然及神灵的拜祭。生殖崇拜在围龙屋的建筑构成中是最具特色的崇拜表现方式，可以肯定地说，没有其他民居建筑像围龙屋这样将生殖崇拜的观念作为建筑的一个基本构成——"化胎"加以规范，它是建筑不可分割的重要部分，以致我们今天仍然把"化胎"作为区别围龙屋与其他不同类型的客家围合建筑的重要依据。这种生殖崇拜观念的表达方式比任何绘画、雕刻、文字的装饰图像更直接，更具象，而且能够更加根深蒂固地将这一观念世代相传。

因此，为表达意义的装饰也就不能仅仅局限于雕刻、壁画等雕梁画栋上，建筑的平面、建筑的空间构成及空间序列等图像同样体现了居住者的思想和观念。只有这样，我们才能更加清醒地认识到建筑装饰并不是单纯的艺术表现，更不是仅仅为了取悦于视觉享受的某种奢侈观赏品，它是居住在其中的居民最深层的心理祈求的隐喻投射，这些图像从来就没有脱离过特定的观念指向。

① 相同的情况表现在福建的圆楼和江西的方楼中。是否客家人的天性就是简朴，是否客家人对民居的装饰另有认识，值得去研究。

② 客家人将"拜祭"这一行为过程称为"敬神"。一般有两种"敬"的方式：一是摆好香、纸、三牲（鸡、肉、鱼）、糖、果等祭拜；二是不备任何祭品的祭拜。

第一节　围龙屋建筑装饰的特点

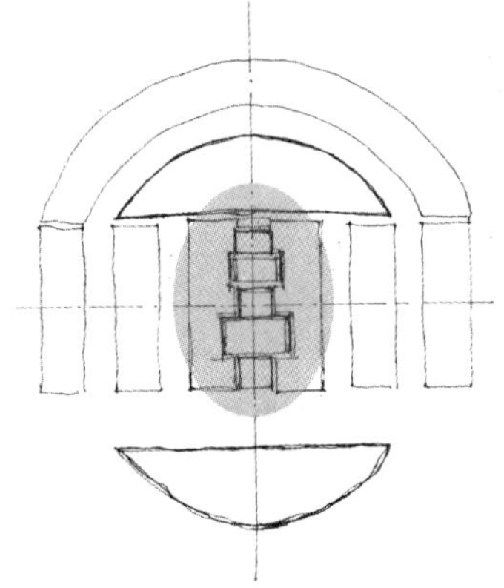

图 6-5　围龙屋装饰重点部位：中轴线上的堂屋及通道

围龙屋建筑装饰的特征基本上可以归纳为：

1. 年代较早的围龙屋几乎没有明显的装饰，越往近代装饰越多，而且越精细繁复。尤其是清末民初的围龙屋，建筑装饰手法多样、内容丰富。

2. 围龙屋的建筑装饰重点在建筑的中轴线上，依次为：大门、下堂、中堂、上堂、祖龛、龙神位、化胎、龙厅等（图 6-5）。中轴两边对称的横屋和围龙甚少或几乎没有装饰。

3. 围龙屋中宗族活动的公共空间一般有装饰，生活空间如卧室等几乎就是满足使用功能的基本结构和构造。普通的传统客家民居均以简朴为主，只有有宗族公共活动空间的建筑物才有较多的装饰。

4. 堂屋内的祖龛是围龙屋建筑的中心，尽管建筑的上、中、下堂都极为简朴，但祖龛一般都有雕饰（图 6-6）。

5. 围龙屋建筑平面图像的向心围合和两个半圆的呼应关系，不仅具有强烈的装饰性，而且还具有强烈的象征性。

6. 一些图像作为围龙屋建造的"原意"，可能是出于风水或其他象征和隐喻，通常未将其归为"建筑装饰"，但这些图像同样具有极强的装饰性，而且图像的形态与它的功能所指非常吻合（图 6-7）。

图 6-6　祖龛装饰　梅县梁氏义孚堂祖祠（左）
图 6-7　中堂主梁上的八卦图　大埔百侯肇庆堂（右）

第二节　围龙屋建筑装饰的生成原理

贡布里希指出："图像的正确解读要受三个变量的支配：代码（code）、文字说明（caption）和上下文（context）。"① 贡氏认为，对图像的实际解读

① 贡布里希．贡布里希论设计 [M]．长沙：湖南科学技术出版社，2001：109. 关于代码（code），很多不同观点的学者有不同的解释。其中，阿摩斯·拉普卜特（Amos Rapoport）认为"代码"（code）的形成在于"文化"，文化不只是结果，更是过程。这个过程是在已有的传统设计套路中进行一系列的选择。乡土建筑之所以比现代建筑更容易表意，秘密在于群体内部存在着理解建筑的共享"代码"（code）。参考拉普卜特《建成环境的意义》、《宅形与文化》、《文化特性与建筑设计》等著作。

必须具备“对各种可能性的预先知识”，画在庞贝城内一间房子门口的镶嵌画，“如果这幅画不是用来与那些可能读懂它的人进行交流的，那为什么要在门口画这幅画呢？”①这幅画表明了那个时代的社会习俗以及一些约定俗成的意义，理解和研究这些“代码”需要历史文本的支持和历史情境的重构。可见，掌握“代码”是解读图像的前提，而“代码”的形成是历史的，具有时间和空间的性质。传统的建筑装饰是中国吉祥观念的集成，吉祥观念来自现实自然中的吉祥物，这些被赋予了吉祥寓意的事物具有可读性、可知性、可视性和故事性等特征，建筑装饰中的吉祥图像正是依循这些特性在时间和空间的发展中逐步成熟，形成了一整套具有文本意义的寓意图像，成为了民间社会习俗的一个部分。

图 6-8　木雕“一路连科”
梅县隆文文琳庄

一、吉祥图像的可读性与谐音

“谐音”是利用汉字一音多字的特点，以语音的相同或相似，通过象征物名称的读音，音谐被象征的吉祥内容，以此表达吉祥观念。这是中国传统吉祥文化最普遍的表达方法，如利用蝙蝠、梅花鹿、绶带鸟这三种动物的读音谐“福”、“禄”、“寿”。有的概念有多种吉祥物的谐音，有的是表达一个概念同时利用几个动植物的名称谐音，如“一路连科”就是采用了鹭鸶、莲花、芦苇等吉祥物，寓意科考连捷、仕途顺畅（图 6-8）。客家话的谐音寓意吉祥还与日常生活习俗有关，如粤东地区在农历七月初七有吃“七样菜”的习俗，“芹、蒜、葱、韭、丸、鱼、芥”七种菜，按照客家话的谐音它们分别代表“勤、算、聪、久、圆、余、计”七个字，表达的吉祥意义为：勤劳勤快、精打细算、聪明能干、长长久久、团团圆圆、年年有余、有计有谋。②即使是在平时，这些菜色的吉祥寓意都是人所皆知的。

粤东客家围屋装饰中的“二甲传胪”图像，就是运用了谐音的方法，以两只螃蟹与芦苇组合而成（图 6-9）。古代科举甲科及第者，其名一般用黄纸书写，附于卷末，谓之“黄甲”。科举殿试后，皇帝亲临金殿，宰相将三份最优秀的考卷呈上并于御案前朗读，读毕拆卷看姓名，内阁人员奉命将姓名传呼于阶下，卫士齐声传呼，即金殿唱名，

梅县隆文文琳庄

大埔百侯肇庆堂

图 6-9　隐喻“二甲传胪”的蟹

① 贡布里希. 贡布里希论设计[M]. 长沙：湖南科学技术出版社，2001：108.

② 不同地方在名称和做法上有些不同，有的称为“七样羹”、“七宝羹”等，所包含的品种也有一些差别，但都离不开吉祥的寓意。如粤东的潮汕地区也有这种习俗，但时间是在正月初七，“七样菜”的组成也不相同，潮州人认为“七样菜”是“吃斋”，将葱、韭、蒜列为荤而不被选择，而客家人的“七样菜”中含肉。

谓之“传胪”，一般称二甲第一名为传胪。《明史·选举志》载：“士大夫通以乡试第一为解元，会试第一为会元，二、三甲第一为传胪。”螃蟹之所以成为科举及第的吉祥图像的主角，来自《事物异名录·水族蟹》：“蟹之大者曰蝤蛑，名黄甲。”所以，螃蟹寓意黄甲，两只大蟹，寓“二甲”，“芦”与“胪”同音，寓科举甲科及第之意。

二、吉祥图像的可知性与类比

图 6-10　仙鹤纹样　梅县南口南华又庐

类比的方法是指按事物之间的相似点，把某一事物比作另一事物。所谓的相似点指的是吉祥物的自然属性，人们将这些自然属性通过引申,寄予吉祥的内容和观念。如“鹤”和“松”,《淮南子·说林训》中有“鹤寿千年，以极其游”，古籍很多文本有“仙鹤”的记载。[①]《花镜》说：“松为百木之长……遇霜雪而不凋，历千年而不殒……”因此，松和鹤通常用于寓意长寿，是长生不老的吉祥物（图 6-10）。

① 鹤在传统吉祥图像中有多种象征：①长寿，《相鹤经》称鹤：“寿不可量”；②为仅次于凤的“一品鸟”，有“一品当朝”的寓意；③用于寓意品德高尚、修身洁行，一琴一鹤象征“鹤鸣之士”。

三、吉祥图像的可视性与同构

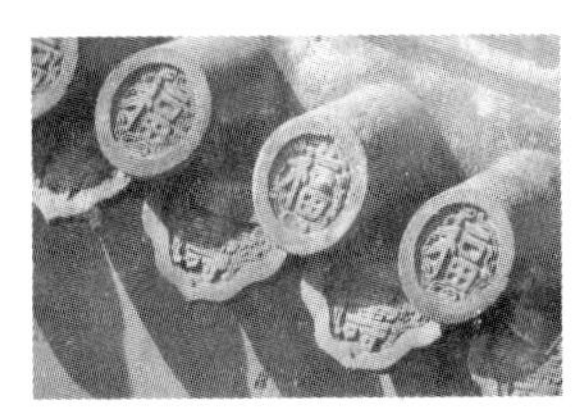

图 6-11　建筑构件装饰图样　“福寿双全”和“福如东海”（选自王杭生、蓝生琳《中国吉祥图典》）

同构的方法是对吉祥物、吉祥符号或吉祥文字的可视形态进行艺术加工，使其成为吉祥的图像运用于建筑装饰。同构的方法源于人们对外部形状的认识，建立在与已有的认识系统相比较、相联系的基础之上，对任何图像的认识过程必然地都要与观赏者原有的认识发生重叠才能完成，纹样艺术加工的过程实际上就是逐步把吉祥物的图形程式化。同构并不局限在装饰图像与吉祥物之间，还包括不同的艺术形式、不同的历史时期、不同的地域文化之间的内在构成要素的一致性（图 6-11）。由于吉祥图像的艺术加工的过程有地域和时代上的差异，因此对图像构成原理的研究有着较大的困难。所幸的是，不同于一般的绘画、雕刻等艺术创作，吉祥图像的制作和运用是有明确的目的、有历史的文本、有图像的规范的创作行为，无论是屋主还是制作者都同样以极其理性的思维去完成这些有特定意义所指的图像。[②]

四、吉祥图像的故事性与情节

“情节”是运用诗意或历史的故事来表达某种观念和情操。这种图像一般来自戏剧，因为是戏剧使历史的经典故事世代相传，让其中有教育意义的情节深入

② 在初期图像学的建构中，潘诺夫斯基坚持图像学的主要目的是发现和解释象征的价值，“这些象征价值对艺术家本人来说通常并不明了，甚至会与艺术家有意表现得完全不同”。图像学

图 6-12 三国故事壁画“张飞横矛当阳桥” 大埔枫朗黄氏硝山公祠堂

图 6-13 战国故事壁画“百步穿杨” 大埔枫朗黄氏硝山公祠堂

人心，如利用“东方朔偷食王母仙桃”的传说来寓意长寿，利用“刘海蟾弃官隐修”的故事寓意放弃功名而淡泊修行。或者是利用民间广为流传的故事情节祈求吉祥，如大埔枫朗黄氏硝山公祠堂内门头檐板部位的“张飞横矛当阳桥”图像，就是具有明确故事意义的情节(图 6-12)。故事出自《三国演义》第三十七回“张飞拦断当阳桥，徐庶自入曹操营”，壁画描绘了张飞手握长矛立于当阳桥上，挡住大群追兵的情节。东汉建安十三年(208 年)，曹操与刘备交战，刘备不敌曹操，溃退至当阳长坂，此时张飞手绰蛇矛，立马桥上，大喝：“燕人张翼德在此，谁敢来决一死战。”其声如巨雷，吓得曹操回马而走，众将一起西奔，弃枪丢盔者不计其数。小说中有诗云：“长坂桥头杀气生，横枪立马眼圆睁。一声好似轰雷震，独退曹家百万兵。”遂成千古趣闻。与“张飞横矛当阳桥”相对应的另一幅壁画，内容同样是具有情节性的战国故事“百步穿杨”(图 6-13)。

力求理解视觉形式中所暗藏和暗示的观念和思想，艺术创作被认为主要是无意识和非理性的活动，对视觉艺术的形式分析正是从这一观点出发的。然而在晚期的著述中，潘氏完全改变了自己的这一观点。在《早期尼德兰绘画：其起源与特征》(Early Netherland Painting: its Origins and Character,1953)中的纲领性章节“早期佛兰德斯绘画的现实与象征”里，他声称佛兰德斯大师杨·凡·艾克(Jan Van Eyck)“能够赋予十足的想象以完全逼真的伪装，而这个想象在现实中能被预见的象征方案所控制，这个控制是十分具体的”。此时，潘诺夫斯基断言，创作行为是一种理性行为，艺术家——至少杨·凡·艾克——在作品中有意识地设计和精心地表现了“经过伪装的象征”的详细方案。这样一来，图像学家的任务是破译和阐释隐藏在视觉象征符号之下的观念，而不是被视觉象征符号所反映的观念了。

围龙屋建筑装饰的吉祥图像和整个中华民族的吉祥图像具有相同的生成原理，依据某些历史的文本，将吉祥的观念与吉祥物之间所具有的特定的内涵相联系，通过艺术加工，成为有特殊意义所指的形象符号。客家民居的吉祥装饰图像从题材、内容中显示了客家社会的文化和生活，还可以从图像的装饰风格中去探究客家族群心理历程的内在意义。

第三节 意义的解读：建筑功能与装饰图像的统一

一、围龙屋脊饰的图像

中国古代建筑脊饰的文化渊源可以追溯到远古的生殖崇拜文化、图腾崇拜文化、巫术及宗教文化。[①] 官式建筑受到政府的严格规范，脊饰的造型和装饰必须依从典章制度的规定设计，而民居——代表大多数人的居住建筑，其脊饰则是传统思想与世俗观念结合的产物。刘熙载的《艺概》说：“白贲占于贲之上爻，乃

① 吴庆洲．建筑哲理、意匠与文化 [M]．北京：中国建筑工业出版社，2005：208.

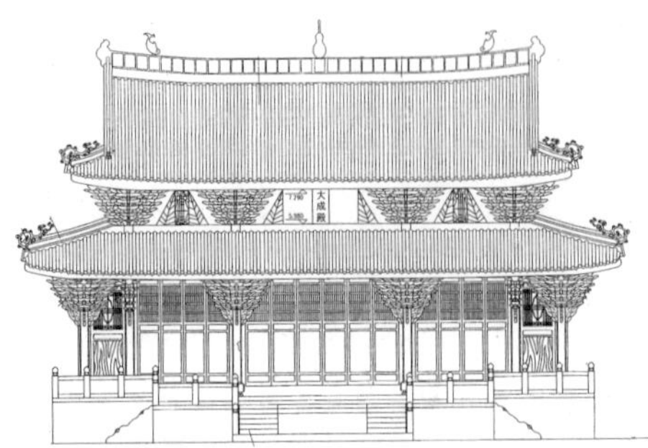

图 6-14　兴宁学宫的正立面图（选自吴庆洲《中国客家建筑文化》插图）（左）
图 6-15　梅县灵光寺（右）

知品居极上之文只是本色。”贲的意思是装饰，白贲即指绚丽斑斓，又归附朴实，白贲的境界就是我们追求的一种较高的艺术境界。脊饰的造型和纹样，从某一侧面可反映出地方文化，反映出具有代表性的工艺特色，更重要的是其中所代表的文化象征意义。

吾师吴庆洲先生在《建筑哲理、意匠与文化》中说到，中国古建筑脊饰中，“南方建筑多鱼饰”，“闽粤台多龙饰”[①]，粤东客家地区的学宫、寺庙建筑的屋脊装饰大多也出现鱼和龙的图像。如兴宁学宫内的大成殿，为重檐歇山屋顶建筑，上、下檐均为黄色琉璃瓦，正脊两端起翘，脊刹为一宝葫芦，两脊端为卷云状脊尾，各有一只相对而立的鳌鱼（图 6-14）。再如位于梅县雁洋阴那山的灵光寺，寺内大雄宝殿的脊饰有双龙戏珠，还有“佛祖看人家间”的人物造型（图 6-15）。灵光寺创建于唐文宗开成至唐武宗会昌年间（836 ~ 846 年），于明洪武十八年（1385 年）扩建，现有建筑面积 8000 平方米。相比之下，作为居住建筑的客家民居，屋脊则显得简单和朴素。

① 宋黄朝英的《靖康湘素杂记》引《倦游杂录》云：“自唐以来，寺观殿宇，尚有为飞鱼形，尾上指者，不知何时易名鸱吻，状亦不类鱼尾。”
吴庆洲．建筑哲理、意匠与文化 [M]．北京：中国建筑工业出版社，2005：227-238.

围龙屋的脊饰基本集中在堂屋，由于围龙屋的堂屋大多是硬山式屋顶的小式瓦作建筑，屋顶只有两个坡面，屋顶的正脊也没有复杂的饰件，脊梁仅仅是为满足建筑基本要求的纯构造表达，甚至极少有装饰，一般只在两端雕饰一些植物纹样和一对简单的翘角作为装饰。清末民初，粤东客家地区有不少人因科举入仕，升官发财，衣锦还乡，建造大屋，室内虽雕梁画栋，但也未必体现在屋脊处。此外，客家民居建筑的脊饰少见动物的图像，一般以植物装饰为主，尤其是卷草纹一类的装饰。所以，围龙屋屋顶装饰主要是在脊尾做“燕尾脊”（图 6-16）和“卷草脊”（图 6-17）两种造型，其中“燕尾脊”的屋顶造型占了大多数。

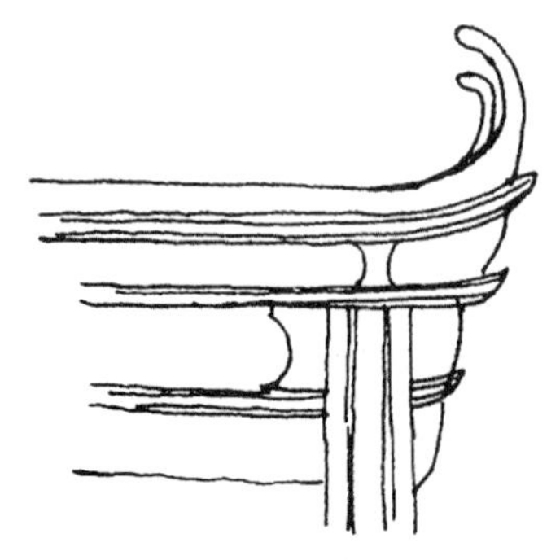

图 6-16　燕尾脊　大埔西河和平村杨氏州司马第（左）
图 6-17　卷草脊　大埔百侯杨氏上祠堂（右）

图 6-18 屋脊尾饰

左上：大埔西河上北塘积厚堂

右上：大埔西河和平村杨氏州司马第

左下：大埔西河下北塘杨氏青云世第

右下：大埔湖寮蓝氏泰安楼

“燕尾脊”饰指屋顶正脊末端弯曲、分叉，向上起翘，正面看，上端较大，下端较小，侧面看尾部分叉为二，形如燕尾，称为“燕尾脊”。燕子具有象征吉祥的意义：“燕子”古称“玄鸟”，又名“天女”，有吉祥鸟之称，冬天南迁，春来冬去，燕与春光同来，是春的象征。家中屋宇的檐间有燕子筑巢，为友善及家道发达的征兆。燕子喜双飞双栖，便以“燕侣”寓意夫妻和谐，生活美满。至明清两代，进士科考一般正是杏花盛开的季节，故有“杏林春燕”，昭示学业有成，进士及第。“燕尾脊”虽然造型简洁，但干净利落，含蓄大方，在建筑立面上起到了点睛的作用。

燕尾屋脊造型让本来比较沉重的坡屋顶变得轻盈，水平的屋顶两端模仿鸟翅向上微翘，形成具有内在张力的曲线，把人的视线带进了神秘天空。也许中国建筑的屋脊上翘、四宇飞张的传统，来自先人将建筑坡屋顶的形态类比飞翔的凤鸟，因此赋予屋脊向上和腾飞的意义，客家人同样以此来寄托对中原文化的追慕和奋发向上的族群精神。自明代之后，从各地迁徙粤东客家地区的人数大幅增加，在远避的山区，客家人世代为了族群的生存、发展而挣扎，自强、耕读、进取、腾飞是客家人最为朴素的理想。

大埔西河下北塘杨氏外史第、大埔西河和平村杨氏州司马第、大埔西河下北塘杨氏青云世第、大埔百侯侯南村杨氏太史第，在脊饰中运用卷草纹，优美地将“卷草”回首，与主枝连接，保持了纹样的动感节奏（图 6-18）。“卷草脊”由卷草纹构成，“卷草纹”是中国传统装饰纹样，即在一条连绵的“S”形上，饰以花草及装饰纹样，构成图案化的特有纹饰。“卷草纹”于魏晋时期发展起来，流行

图 6-19　卷草纹（选自雷圭元《中国图案作法初探》）

图 6-20　太极纹（选自雷圭元《中国图案作法初探》）

图 6-21　忍冬纹（选自雷圭元《中国图案作法初探》）

图 6-22　"卷草纹"造型雀替　大埔湖寮龙岗黄氏"中宪第"

于唐代，又称之为"唐草纹"。"卷草纹"的构成是将植物以一种藤蔓卷草的方式，以二方连续的方式展开，形态婉转曲折，富有运动感与节奏感，表现出了植物充满活力的生命特征。"卷草纹"因其结构连绵不断，有"生生不息"、"子孙延绵"的象征意义，被民间称为"万寿藤"（图 6-19）。图案学家雷圭元依据"唐草纹"图像的阴阳相生、互制互补、充满生机、周而复始，认为它的构成方式是太极图像的展开和变体（图 6-20）。[①] 唐草纹的原型为忍冬纹，忍冬属金银花科的多年草本植物，南北朝时期，佛教兴起，忍冬纹由于在佛教中隐喻坚忍不拔，所以大量地在佛教绘画中运用（图 6-21）。同时，还吸取了传统的"云头纹"和"云藻纹"流动、卷曲、延绵不断的基本形式。客家围屋运用在脊饰中的卷草纹并不像一般的二方连续图案的无限延伸，而是很巧妙地将"卷草"回首，与"S"形的主枝呼应结合，既保持了卷草纹运动的节奏感，又完整地成为了装饰屋脊的"适合纹样"。很明显，卷草纹由于它所具备的太极图像特点，不仅符合建筑屋顶的装饰功能，也符合客家人生生不息、坚韧不拔和顽强进取的族群精神。卷草纹因此在客家民居室内也有不少的运用（图 6-22）。

以卷草纹作为屋脊装饰与潮汕和闽越的建筑文化有关。福建泉州开元寺内，创建于唐垂拱二年（686 年）的大雄宝殿戗脊脊饰、福建泉州承天寺的大雄宝殿和天王殿的脊饰、福建闽侯的闽侯崇圣寺（始建于唐咸通十一年，明宣德元年重修，清光绪之后多次修葺）钟楼的脊饰，都有类似卷草纹的装饰，与粤东脊饰纹样相比，结构更加开放。如果说粤东客家民居屋脊上的卷草纹比较含蓄、内向、收敛，那么，福建历史上的寺庙和民居留下的屋脊卷草纹样则显得更加外露和张扬。特别是泉州开元寺的脊饰图像，卷草纹与龙头连在一起（图 6-23），这种图像的构成意义已不再是唐草纹所具有的太极图形的内在生命力，而直接就是龙身的几何化变体，这显然与古代闽越一带的地方图腾崇拜有关。[②] 就图案的分类而论，这种纹样可以归属于传统纹样学中的另一种纹样类型：拐子纹。可以肯定的是，福

① 图案学家雷圭元认为太极图形的运用有两种方式，"一种是比较严谨，另一种是运动感强烈，有'S'形的趋势而不落形迹。另外一种花边图案称为唐草纹的是很明显的'S'形构成"。雷圭元．中国图案作法初探 [M]．上海：上海人民出版社，1979：47.

② 闽台龙饰多的原因与其文化传统有关。"闽人以蛇为图腾，蛇又称为'小龙'。随着民族和文化的融合，龙成为中华民族共同崇拜的神圣之物，故原先崇拜蛇的闽人对龙尤为崇仰，尤喜用龙饰"。吴庆洲．建筑哲理、意匠与文化 [M]．北京：中国建筑工业出版社，2005：269.

建尤其是闽南和闽西的建筑形态和装饰图像，与粤东客家、潮汕有着风格上的关联，但它们之间的文化传承关系有待进一步的研究。

粤东客家民居的脊饰图像说明，同样是作为建筑的尾脊装饰，出自相同的装饰母题，却可以产生出两种外形相似却有着不同视觉效果和心理感受的图像形态。① 我们可以认为两种图像源于不同的文化，来自不同的“原型”（植物和动物），包含着不同的设计意图，因此，图像的意义所指也显然不同（图 6-24）。

彩绘和灰塑花脊在学宫、寺庙和祠堂建筑中较为常见，但客家居住建筑中少有运用。所谓的“花脊”，对于粤东客家民居而言，更多的是运用灰塑和“嵌瓷”工艺技术，在堂屋的正脊前后两面作装饰。“嵌瓷”是福建、广东、台湾等地建筑常用的一种装饰工艺②（图 6-25），就像卷草脊饰在福建和粤东地区流行，“嵌瓷”工艺同样是地域文化传播和交流的结果。就广东而言，广府、客家、潮汕地区的建筑中均留有精美的“嵌瓷”装饰。广东大埔历史上曾经是潮州府的辖县，大埔的高陂与潮州

图 6-23　脊饰纹样与龙头结合　泉州开元寺

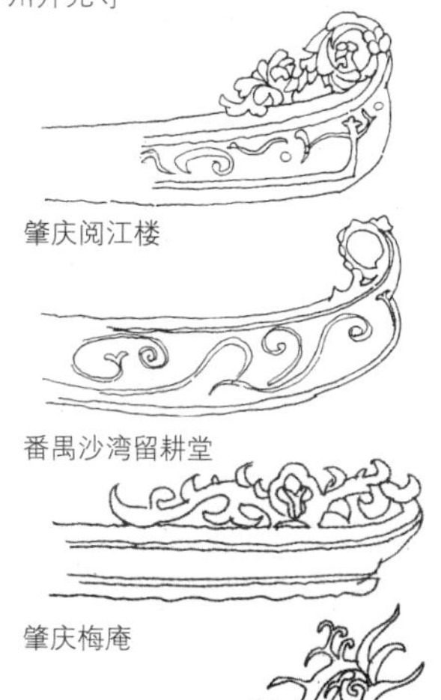

图 6-24　脊尾装饰

图 6-25　广府、客家、潮汕、福建地区共有的“嵌瓷”工艺

左上：大埔百侯肇庆堂建筑屋脊嵌瓷装饰

右上：潮州韩文公祠嵌瓷装饰

左下：“喜鹊登梅”漳州民间建筑嵌瓷装饰

右下：潮州枫溪宫前“老爷宫”嵌瓷装饰

① 阿洛瓦·里格尔（Alois Riegl 1858-1905）一直把应用性的装饰视为重要的艺术表现形式之一，力图清除横隔在大艺术和小艺术之间的界限。正是早年在所谓的低等艺术方面的经历激起了他对形式与母题的功能与生命力的兴趣。他着力于研究特定的装饰图案是如何进入艺术，获得一种特定的样式，然后发生变化的。里格尔声称“从古埃及王国直至伊斯兰世界（因而直至现在），装饰艺术历史上存在着从未间断的连续性。”更确切地说，里格尔从一些基本花纹的永恒中看出了这种连续性，虽然这些花纹在外表上已产生了很大的变化。参考 Riegl, Alois. Problems of style: Foundations for a History of Ornament. tr. Evelyn Kain, Princeton University Press, 1992.

② 三地之间都拥有和运用“嵌瓷”（台湾和福建称之为“剪粘”）工艺技术，但目前尚未知最早源于何时、何地。中国明代之前的建筑几乎未见有运用此种工艺。王耀华主编的《福建文化概览》认为“嵌瓷”是“闽南独有的彩色碗片剪粘装饰”。《潮汕大百科全书》认为“嵌瓷”是“潮汕特有工艺美术传统品种”。

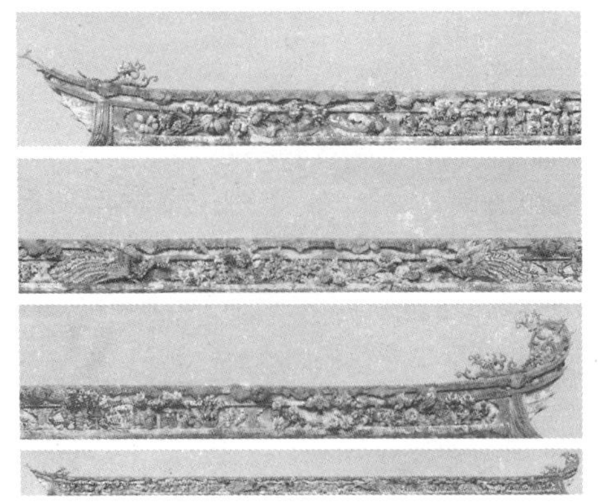

图 6-26*a* 堂屋屋顶脊饰 大埔百侯肇庆堂（左）
图 6-26*b* 堂屋屋顶脊饰线描图 大埔百侯肇庆堂（右）

的枫溪从宋代起就已经逐步成为中国古代陶瓷生产基地。韩江流域水上运输的便利，促进了客家与潮汕族群之间的经济往来及文化交流。正因如此，大埔民居建筑的装饰比其他的客家地区更多地采用了与潮汕传统装饰工艺类似的手法，如金木雕和嵌瓷技术等。

明末清初之后，客家民居开始注重装饰，在"燕尾脊"和"卷草脊"两种脊尾造型的基础上，在围龙屋屋顶的正脊前后立面和垂脊上做些彩塑或者嵌瓷装饰，称之为"花脊"。大埔百侯的肇庆堂，是一座二堂二横的清末客家传统建筑，作为传统客家民居屋脊装饰的典型，肇庆堂留给了我们难得的精品（图 6-26）。肇庆堂堂屋脊饰集中在下堂屋脊和院门屋脊两个部分。在堂屋屋脊的正脊装饰中，最上面的部分是灰塑的浮雕祥云，云纹有意识地做成传统"如意"的造型。脊身的主体部分约 13 米长，分为五个盒子，盒子的内边轮廓是几何形，但在盒子与盒子之间，几何直线却过渡为曲线作为云纹，蓝底白线勾勒。每一组盒子连接处的上方都有一只灰塑小狮子。盒子与云纹之间，等距离地有几个琴棋书画装饰，盒子与瓦面之间有一条半圆形的黄色琉璃瓦，将屋脊和屋面隔开。院门的装饰方式，包括题材内容、装饰材料、表现手法，与堂屋基本一致。

肇庆堂堂屋脊饰图像的画面构图共分为五个盒子，三大内容。左右两边对称的第一个盒子为第一部分的内容，主题是"长春白头"；第二和第四个盒子，是对称的两组"博古纹"，为第二部分的内容；中间盒子是第三部分的内容，主题为"双凤呈祥"。

第一个主题是由菊花、月季花和白头翁组成的"长春白头"（图 6-27）。现存下来的画面中白头翁肯定少于原建筑装饰的数量（因为留有粘贴过装饰物的灰泥痕迹），白头翁的羽毛以朱红色和黄色组成，色彩丰富、过渡自然，特别强调了头顶的白色，表明这些吉祥鸟是白头翁。菊花和月季花花瓣写实，枝叶生动，白头翁穿插在花叶丛中。在中国传统装饰图像中，月季花又称为长春花，象征四季常春，菊花寓意长寿。

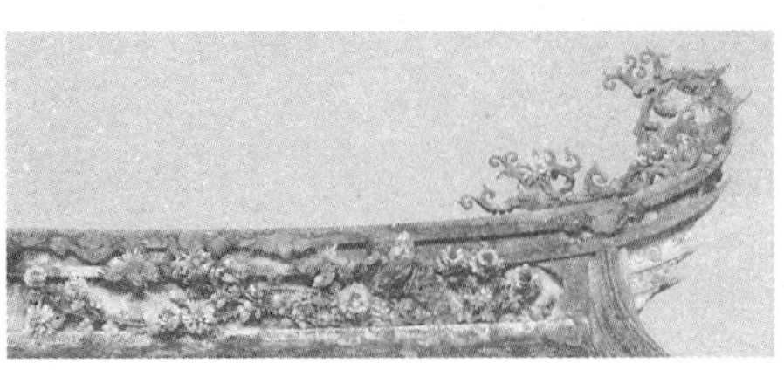

图 6-27 堂屋脊饰第一个主题 大埔百侯肇庆堂

图 6-28　堂屋脊饰第二个主题　大埔百侯肇庆堂（左）
图 6-29　堂屋脊饰局部　大埔百侯肇庆堂（右）

图 6-30　堂屋脊饰第三个主题　大埔百侯肇庆堂

在这座建筑的入口，院门的脊饰则是以红色的牡丹花和白头翁构成的画面，喻义富贵。整座建筑的装饰图像要传达的意义已经清晰明了：花开富贵，永葆青春，白头到老。

第二个主题由两组博古纹组成（图 6-28）。在肇庆堂堂屋脊饰图像的博古纹中，每一组出现不同的器皿约七八个，包括有花瓶、古鼎等，并且嵌塑了四五种花卉，还有一些寿桃和柑橘等吉果。博古纹饰起源于北宋，宋徽宗命大臣王黼等集宣和殿所收藏的古代器皿共 839 件，编绘成 30 卷的《宣和博古图》，从北宋大观初年（1107 年）始，成书于宣和五年（1123 年），历时近二十年。后人将利用古代器皿如花瓶、鼎炉、玉器、书画或由文房用品、花卉、盆景等构成的图案统称为博古纹，成为钟鸣鼎食之家的象征，喻义读书之人知识渊博、清雅高洁。肇庆堂堂屋脊饰图像中，特别突出的是其中的一盆水仙花（图 6-29），建筑装饰借水仙“清香淡雅”之性格显示主人的高贵。宋代朱熹的《朱文公集·用子服·韵谢水仙花》有：“水中仙子来何处，翠秀黄冠白玉英。”由于水仙的“仙”与神仙的“仙”谐音，水仙还表示吉利、长寿，与水仙花周围出现的菊花、仙桃、柑橘等具有相同的象征意义。

第三个主题是肇庆堂堂屋脊饰图像的重点部分，由一对“鸟中之王”凤凰和“花中之王”牡丹花组成了“双凤呈祥”（图 6-30）。《说文》：“凤，神鸟也。天老曰：凤之像也，鸿前、麟后、蛇颈、鱼尾、鹳嗓、鸳思、龙纹、龟背、燕颔、鸡喙、五色备举，出于东方君子之国，翱翔四海之外，过昆仑，饮砥柱，濯羽弱水，暮宿风穴，见则天下大安宁。从鸟，凡声。凤飞，群鸟从以万数，故以为朋党字。”凤凰在民间传说中为瑞鸟，凤凰不啄活虫，不折生草，不群居，不乱翔，非竹食不食，非灵泉不饮，非梧桐不栖，是仁义礼德信五种美德的象征。“按照古代阴阳家五德始终的学说，汉为火德，崇拜火鸟朱雀即凤凰。火忌水，故东汉定都洛阳，将‘洛’字去‘水’加‘隹’，变洛阳为雒阳。《后汉书·光武帝纪》记载，建武二年‘立郊兆于城南，始正火德，色尚赤’，也是凤鸟脊饰流行的原因之一。”[①] 客家民居中以凤装饰屋脊并不普遍，但肇庆堂屋脊的嵌瓷凤饰，无论是从造型或工艺上看都是客家民居装饰中的精品。两只凤凰对称而立，凤的翅膀张开一半，但已经“飞”出构图的盒子，将灰塑的祥云“抛”在身后，有欲腾云飞翔之势（五行学说称中间脊肚配双凤朝牡丹为坤）。在对称的凤凰之间，有一组盛开的牡丹花与花叶，花枝组合成层次分明、疏密有致、生机勃勃的花丛。牡丹花在传统图像中寓意富贵、祥瑞，整个装饰图像充分表现了围屋的主人祈求吉祥的愿望。屋脊嵌瓷凤凰的羽毛依红、黄、绿、紫、白五色，工匠将预先烧制好的瓷器“钳剪”成羽毛单元件瓷片，按传统凤凰图像的“五彩色”羽毛结构和曲线嵌贴。关于凤凰的形象，许多古籍有文本的记载，如《尔雅·释鸟》“凤，其雌皇。”郭璞注：“凤，瑞应鸟，鸡头、蛇颈、燕颔、龟背，五彩色，其高六尺许。”《山海经·南山经》“又东五百里，曰丹穴之山……有鸟焉，其状如鸡，五彩而文，名曰凤凰。”《山海经·西山经》：“西南三百里，曰女床之山……有鸟焉，其状如翟而五彩文，名曰鸾鸟，见则天下安宁。”可见，客家地区的居住建筑虽然朴实，但建筑的装饰却继承了中华民族的传统文化，装饰图像具有深刻的文本意义。

肇庆堂建筑屋脊装饰的装饰手法和工艺特色同样值得我们去研究。尽管正脊的立面装饰分成五个盒子，包含三个主题的内容，但是画面效果连贯，一气呵成。其艺术手法和工艺技术可以归纳为以下几个方面：

1. 正脊的脊饰图像造型以花卉贯穿。脊饰中有三个部分的内容，但整个正脊的图像造型以“花开富贵”作为主线。图像中出现的花卉大约有七八种，分别以自然生长和博古陈设的方式表现，花枝和藤蔓表现流畅生动，每一朵花，每一片叶子都充满生命活力。一片叶子以一块瓷片表示，由于每一块瓷片都呈球突状，因此叶子显得尤其饱满厚实。[②]

2. 图像主体的装饰材料统一。装饰图像的主体使用的材料只有瓷片，在制作工艺上，每个单体形的瓷片的基本形都制作得写实、精致，大小各异，与要表现的对象吻合一致，如花瓣、花叶及羽毛等，加上镶嵌准确、精细，表现出来的花鸟和花朵细腻、生动。画面的“底”（背景）和外框采用灰塑，形成了质材的纹理在疏密上的对比，使主题图像更加突出。

3. 瓷片色彩单纯但搭配丰富。脊饰主体的装饰材料是上彩釉的瓷片，由于受限于烧制技术，装饰画面上只有六种釉色的瓷片，分别是：草绿、蓝绿、朱红、紫红、中黄和白色。画面就凭这六种色彩，通过色与色、花和叶、花与花之间的穿插、对比，使画面色彩丰富，层次分明（图 6-31）。如凤凰和白头翁羽毛的色彩排列，将朱红和中黄并列在一起，通过羽毛形状的相互穿插，在视觉上合成了橙色（图 6-32）。在表现叶子的时候，往往是同

图 6-31　屋脊装饰局部　大埔百侯肇庆堂

① 吴庆洲. 建筑哲理、意匠与文化[M]. 北京：中国建筑工业出版社，2005：217.

② “嵌瓷”工艺使用的瓷片，传统的加工制作方法是由烧制好的器皿（如碗、盘、花瓶等）敲、剪碎而成（故闽、台地区称此工艺为“剪粘”），所以瓷片的表面一般呈球突状。由于对瓷片进行敲、剪等工艺，因此要求瓷质必须坚硬，烧制温度须达 1300℃以上。近十几年来广东潮州有一种新的工艺方法，是按造型需要，先用瓷泥做好各种不同的基本形，上色釉烧制而成。有的屋脊的陶瓷装饰是将花头或其他造型（如人物、器物）预先烧制好粘贴上去。潮汕及珠三角一带屋脊装饰中的花卉、人物“公仔”常用此法。

时使用草绿和蓝绿，加上叶子和花朵并没有受到盒子框架的局限，往往跳出框外，因此增加了叶子繁茂的层次感和立体感。这些灵活巧妙使用彩釉瓷片的工艺，是在熟悉嵌瓷工艺的基础上精心构思的艺术设计，扬长避短地克服了瓷片烧制颜色的限制。从现存的建筑实物看，盒子之外是蓝色，盒子的内底当时应是黑色。[①] 在黑色的衬托下，瓷片的色彩更加艳丽突出。

图 6-32　凤凰和白头翁的刻画　大埔百侯肇庆堂堂屋脊饰

二、围龙屋的山墙图像

正是由于围龙屋的结构方式大多是硬山式屋顶的小式瓦作建筑，除了堂屋可能使用飞扬的燕尾脊或卷草纹脊饰外，横屋及其他附属建筑基本上使用山墙。山墙顶端高起建筑的瓦面部分，它与墙后坡屋顶的垂脊相连。山墙一般有三个基本的功能，一是隔火，二是装饰，三是表达某种意义。最基本的防火功能满足之后，形式就成为了设计的重点，所以山墙一直是民居建筑造型和装饰的重要部位，是民居变化丰富、最具风格的标志性造型。

“客家民居受潮汕民居的影响，山墙也分为金、水、土、火、木五式。”[②] 五行山墙是继围龙屋的“五行石”后，将五行学说抽象的理论通过视觉形态表达出来的又一个独特的建筑图像。中国传统五行理论认为，金、木、水、火、土是构成万物的元素。《国语·郑语》引用了西周末年伯阳父所说的“土与金木水火杂之，以成百物”，明确了五行为万物之本。战国后，人们发现了五行元素在物理和化学上的相互关系，从而认识了五行之间相互影响、相生相克的学说。后人进一步把五行中的金、木、水、火、土与宇宙中的星相对应，具有五种不同的几河象征形态。卜则巍的《雪心赋》中的“详察五星之变化”有句注：“五星者，金、木、水、火、土也。山之圆曰金，方曰土，曲曰水，头圆身耸曰木，尖峭曰火。”[③] 因此，在风水术中常以五行的形态审视山脉水体，以五行辨别凶吉之方位，判断地形的优劣，依据五行生克原理附会吉凶休咎，作为寻龙点穴的基本准则。五行山墙造型是将风水术中辨审山水龙脉的方法运用在了具体的建筑上，视建筑的山墙为山峰的起伏，同样将建筑中的山墙造型划分为金、木、水、火、土五类（图 6-33）。图中：金（圆形）：线条顺滑的单弧状，木（直形）：呈较陡直单弧状，水（曲形）：由三个圆弧构成，有如水波起伏，火（锐形）由多个反曲线形成，形如燃烧的火焰，土（方形）：顶部呈平直状，即五行中的每一元素在建筑山墙中都有具体的造型。金、木、水、火、土五大类山墙，又派生出古木、大北水、大土、火星等细分的样式，各建筑按不同

图 6-33　五行山墙图

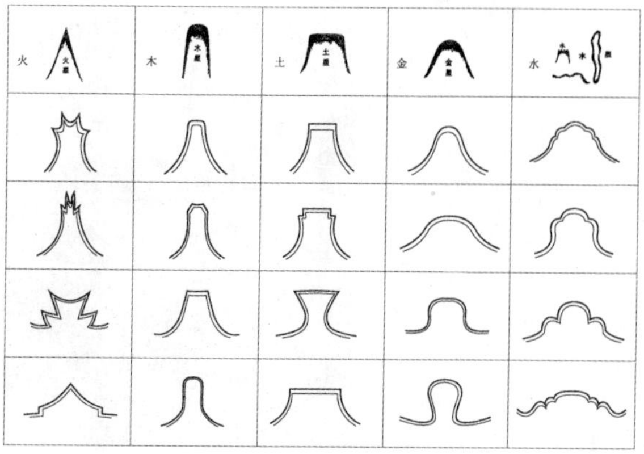

① 《礼记·檀弓》曰：“夏后氏尚黑”。越人为夏族之后裔，有尚黑之俗，故建筑、服饰等使用黑色，此俗有数千年之久。

② 吴庆洲．中国客家建筑文化 [M]．武汉：湖北教育出版社，2008：148.

③ 祥见孙宗文．中国建筑与哲学 [M]．南京：江苏科学技术出版社，2000：185.

的地理条件、建筑的方位朝向以及居住者的具体情况等因素，运用五行相生法等原理选定适合的山墙属性。在粤东客家民居中，有的建筑的多个山墙采用同一个属性的五行元素，有的则各个山墙不一，整个建筑采用两至三个不同属性的元素（图 6-34）。梅县松口铜琶村李氏的“世德堂”，是建于明万历年间的三堂四横围龙屋，与其他粤东围龙屋的不同之处是，世德堂的围龙和横屋以“单元式”分户开间共组成了 17 个相对独立的单元，围龙部分的每个单元均有各自的堂室门户，各单元的每一个“门户”之间都有代表五行的山墙装饰，集中运用了五行中的水和土两种元素（图 6-35）。这是围龙屋运用五行山墙比较集中的一个案例。

图 6-34　同一围屋中包含有不同元素的五行山墙　梅县隆文坑美村宝谦楼

五行学说在客家民居的运用是一个比较复杂的问题，围龙屋的“五行石”隐含着客家人对世界、对过去、对未来的朴素唯心主义的哲学思想，但到目前为止，我们仍然未能梳理出围龙屋“五行山墙”和“五行石”之间的关系和更具规律性的原则和方法，未能掌握有关五行学说在客家民居运用的文本及观念材料，因此也就难以重构客家围屋建造的历史情境。五行首先涉及到的是“位”，这与风水学中的“相地”有一定的关系，“位”还包括选址之后接着要解决的“坐向”问题，即建筑所处的自然地理位置和建筑本身的方位朝向。民间认为，建筑的选址是至关重要的，必须综合地理风水、阴阳五行来决定建筑的位置和朝向。五行的每一个元素都代表着“位”的概念：木位东方，火位南方，金位西方，水位北方，而土为居中。再者，五行的金、木、水、火、土之间有相生相克的内在关系，所谓相生，其顺序为木、火、土、金、水，即木生火，火生土、土生金、金生水、水生木，所谓相克，其顺序为土、水、火、金、木，即土克水、水克火、火克金、金克木、木克土。五行内部相生相克的循环关系意味着任一元素生另一元素，任一元素克另一元素，任何两种元素之间都必然发生相互关系，并且它们之间的这种关系是唯一的。[①] 建筑的选址定位既要符合五行的“位”，还要符合五行的“理”，

① 钱翰．略说五行之“五”[J]．北京：北京师范大学学报（社会科学版），2007，4.

图 6-35　化胎周边各户单元的山墙　梅县松口世德堂

因此，建筑在自然环境中的五行关系，建筑之间的形态关系，建筑的构成与人的关系只可相生而决不能相克。

梅县松口李氏“世德堂”是明代的建筑，它的自然地理位置为背水面山（图6-36），世德堂的后面是李氏家族十大屋场之一的“源远楼”，再后面就是松源河。世德堂的建筑格局是逐级上升，从第一个入口台阶至围龙屋最高的龙厅地面标高相差3米左右，而后面的“源远楼”其建筑空间秩序则正好相反，是从高至低的空间格局，由最高点的上堂（现在遗存的建筑上堂没有设专门的祖堂）至河岸入口的台阶同样也有3米多的高差（图6-36）。世德堂的中心轴线为坐东北朝西南，南偏西约60度。按照五行学说原理，世德堂主位的北方属“水”，西面属“木”，相对的西方属“金”，南方属“火”。因此，世德堂在其主屋前高筑夯墙的两个对称的碉楼屋顶设了属“水”的山墙，围龙屋的每一单元户之间侧房屋顶的山墙大部分以属“水”的山墙装饰。因为，屋场面对西“金”和南“火”，“金”克“木”故以“水”生“木”，而“水”又能克“火”，所以世德堂的山墙在东、南、西方都选择“水式山墙”。但是，在北方横屋三个单元的山墙却选择了五行属性中的“土”，是因为这些单元面朝东南，东“木”南“火”，取“土式山墙”达到以纳“火”而生“土”之目的。

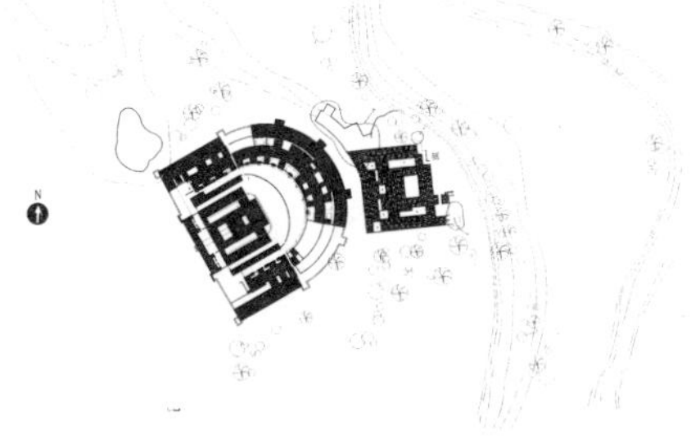

图6-36　梅县松口李氏世德堂和源远楼关系图

尽管围龙屋极为注重五行原理在建筑中的运用，但相对潮汕和福建民居，五行山墙在围龙屋的建筑形态中并非那么普遍，对五行的崇拜并非完全物化在建筑的山墙上，而更多是化胎之下，祖龛之后的“五行石”。“五行石”是围龙屋必设的龙神位，位于围龙屋的中轴线上，与祖龛、德福伯公、化胎一起构成了围龙屋最重要的核心。这就可以解释为什么在福建、粤东潮汕地区最为注重的代表五行相生的山墙装饰，在客家地区并没有被广泛运用。事实上，客家地区民居的山墙造型并未严格按照金、木、水、火、土五类造型建造，尤其是围龙屋，大部分都没有在建筑立面上强调山墙的造型，少部分强调山墙的围龙屋以及其他粤东客家民居的山墙装饰基本上以水、土形式为主，出现了将大土和大北水两种造型结合的变体山墙形式（图6-37、图6-38）。围龙屋的山墙与金字形的坡屋顶比较贴切，

图6-37　大北水山墙　梅县南口南华又庐（左）
图6-38　大土山墙　梅县三角地州司马第（右）

图 6-39　大土山墙　闽清民居（左）（选自《中国民居建筑》第四卷）
图 6-40　大北水山墙　福清民居（右）（选自《中国民居建筑》第四卷

在满足了分户及防火的功能基础上与五行装饰的造型吻合，而不像福建及其他地区的一些民居，是为了奢华而装饰，为五行而夸张（图 6-39、图 6-40）。从地域上来看，邻近潮汕的大埔客家围屋比较注重山墙的五行造型（如梅县松口李氏“世德堂”），而往东、北的其他地区，五行山墙的造型就不太严格。随着客家文化的传播和客家人往西北的迁徙，客家围龙屋的建筑形态和风格在粤中和东江流域扎根，山墙的造型和装饰风格也变得“广府化”，“五行山墙”逐渐变成了“镬耳式山墙”及其他变体（图 6-41）。

五行山墙在福建、广东（客家与潮汕两地）、台湾等地都有不同范围和不同程度的运用，它们之间由于族群的互动，有着地域文化的交流与传播，但其源、流之间的关系，我们却难以确定。梅县松源蔡蒙吉故居被认为是目前最早的围龙屋，因为蔡蒙吉（1245 ~ 1276 年）12 岁即应童子试，登丙辰科进士，于宋德佑元年为梅州签书，次年为抗元捐躯。蔡蒙吉的故居，尽管在之后的千年历史中多次改建修复，但普遍认为它是宋代的建筑制式，至少还保留了当年的建筑格局。在蔡蒙吉故居的大门两侧各有一座类似“大北水”的山墙，横屋的脊尾也有水和火式的装饰（图 6-42）。再者，世德堂是明代万历年间的建筑，如果这些五行山墙不是后人加建的话，则说明了客家地区五行山墙的运用具有远久的历史，至少在明代或许更早的粤东就已经开始运用五行的原理建造围龙屋，并且把山墙作为表达五行意义的建筑图像。

图 6-41　镬耳式山墙　深圳坪山大万世居（左）
图 6-42　大北水山墙　梅县松源蔡蒙吉故居（右）

三、围龙屋的槅扇图像

槅扇由于不具备建筑的结构功能，给了建造者更多自主发挥的余地。和南方其他地区的民居一样，客家围屋槅扇的运用与天井有关。屋内与天井连通的空间中通常不砌实墙而用固定或是活动的槅扇，包括堂屋内中堂与上堂的屏风、横屋的过厅与天井之间和里端的花厅与天井之间（图 6-43）。匠师可以在一个特定的位置上，按使用的要求将槅扇分成若干扇，开启状态下，槅扇可以被看做是门，关闭时则成为窗，槅扇因此而具备了门、窗和墙的功能。为了满足南方地区建筑通风采光的要求，上半部分槅心大多数为通花，而绦环板和裙板因私密性的要求一般做成实板，成为装饰的重要部位。有的民居把槅心做成直棂条，或利用槅扇小木作及通透这两个特点，把槅心做成精美的木雕，同时满足通风采光的实用功能和装饰的作用，所以槅心是槅扇最精彩的部分。槅扇的装饰一方面可以显示屋主的经济实力，另一方面，还可以寄托主人的思想。

正是因为槅扇与建筑之间不具有结构上的承重关系，而且又集门、窗和空间隔断等功能于一身，每一槅扇从上至下又分为绦环板、槅心、裙板，因此槅扇的装饰也就分成了相互联系的几个部分，如槅心组成一个装饰内容，环板的内容成为点缀。每一件槅心上的装饰既可能是系列中相对独立的内容，也可能是槅心表现内容组合中不可缺少的部分，如大埔枫朗肇庆堂的槅扇，在纹样组织中巧妙地衬托了“福缘善庆”这四个主题字（图 6-44），这是槅扇装饰的第一个特点。第二，与梁架、柱饰、壁画不同，槅扇的装饰只能在框定的范围内展开，每一个框内的构图都可能成为系列中的一个适合纹样，因此属于纹样设计的范畴。纹样的复杂性和多样性的基本特征，给槅扇的设计提供了更多的空间，内容包括人物、动物、植物、历史故事等具象或抽象的各种题材。但槅扇之间整体与局部的相互关系和槅扇、环板的构图制约又局限了装饰的内容，如情节性等。第三，围龙屋及客家民居的槅扇装饰基本采用木雕，除绦环板和裙板，槅心通常是可以前后观赏的双面透雕，按照粤东客家围屋的建筑装饰特点，我们将其归纳为拐子纹、博古纹、几何纹和适合纹样四个类别。无论槅扇木雕的装饰图像是具象还是抽象，无论以哪一种方式组合图像，都有一个不可忽略的原则，那就是装饰的实用功能与精神功能的完美统一，因为装饰的题材始终离不开一定的象征意义。此外，我们运用

图 6-43　槅扇与天井关系　梅县松口承德楼（左）
图 6-44　槅扇装饰“福缘善庆”　大埔百侯肇庆堂（右）

图 6-45 缠枝纹（选自雷圭元《中国图案作法初探》）（左）

图 6-46 龙纹 青铜器皿上的装饰纹样（选自雷圭元《中国图案作法初探》）（右）

装饰纹样的构成原理对客家民居的槅扇装饰作一个分类和分析，进行装饰艺术的风格要素和装饰题材原型的研究，说明装饰题材通过不同的构成方式可以达到相同的意义目标。

（一）拐子纹：缠枝纹、龙纹

拐子纹也称为拐子龙，由缠枝纹和龙纹两个基本纹样构成（图 6-45、图 6-46）。缠枝纹，又称为万寿藤，起源于汉代，宋、元、明、清历朝都常常可以看到这种以藤蔓卷草等植物为原型，经提炼、概括、变化而成的纹样在各个装饰领域中运用。缠枝纹的组织结构是将波状线变形为切圆或咬圆，用花朵、花蕾、果实、叶子或其中的一些元素组合于连绵不断的枝茎上，展示不同时空中花叶生长的过程。传统纹样的实际运用还可以利用这个带“S”形的结构框架，增加一些其他造型元素而生成新的纹样，如缠枝莲，缠枝牡丹，缠枝宝相花，缠枝菊，缠枝石榴等带有具体内容的样式。缠枝纹和卷草纹（唐草纹）有共同的构图方式，但它们之间最大的不同在于卷草纹通常不出现花卉或果实而仅有枝茎、草蔓或叶子，缠枝纹具有较强的写实性而卷草纹则更加抽象。拐子纹之所以又称为拐子龙，是因为这种纹样类型是在缠枝纹的基础上，以龙头为起端，保持龙头的基本造型，将龙身变成纵横、曲折、拐弯的缠枝纹而组成的。拐子纹中的龙一般称为草龙，纹样应用中多加入如意纹来组成祥云，以衬托龙的腾飞感，可以说，拐子纹就是一种由龙变形的植物纹样（图 6-47）。

粤东客家民居装饰中的拐子纹，以龙这一动物的形态加上各种具有循环、缠绕特点的藤萝卷草植物作为纹样的原型，所构成的这种写意纹样活泼生动，很有针对性和象征意义，如拐子龙“福”字窗，龙形与文字有机结合，形象饱满，造型独特（图 6-48）。充分利用纹样本身生动的图像语言来表达装饰的意义，是客家民居槅扇运用拐子纹比较普遍的重要原因。梅县松口承德楼有四扇天井槅扇，每扇槅心以拐子纹为基本构图，中间由三段饱满有力的弧线组成了一个“如意”

大埔西河和平村杨氏州司马第

兴宁宁新李和美资政第

兴宁叶南磐安围

梅县隆文镇坑美村宝谦楼

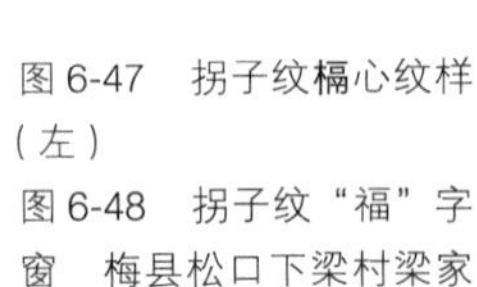

图 6-47 拐子纹槅心纹样（左）

图 6-48 拐子纹“福”字窗 梅县松口下梁村梁家围（右）

形的“窗”,“窗”内雕有一个“幸”字。“窗”的面积占了槅心三分之一强，“窗”的上下雕刻有对称的缠枝纹，烘托出一对经过变形处理的蝙蝠形象，两只喻义“福”的蝙蝠与槅扇中心突出的“幸”字，构成了一幅完整的、典型的传统祈福纹样（图6-49）。由文字和动物纹样结合构成图像来表达某种意义，是比较有创意和比较少见的纹样装饰手法。在“幸”字槅扇木雕中，蝙蝠张开的翅膀托着石榴，表现“榴开百子”，寓意多子多福，石榴的点缀不仅加强了纹样的节奏感，恰好又补充了图像的象征意义。①

图6-49 “幸”字窗 梅县松口下梁村梁家围

大埔百侯侯南村杨氏家祠的上堂梁架上，有一幅通花木雕，雕刻的纹样就是典型的拐子纹（图6-50）。两个龙头汇合在罩的中间，各朝一方。龙头纹饰基本保留了龙形，将龙身的变形与几何纹、缠枝纹交织一起，既像是植物藤蔓缠绕，又像是巨龙腾云驾雾，线条自然流畅，构图疏密均衡，具有极高的审美价值，而且运用“拐子纹”图有“拐”与“贵”谐音，有“贵子”的寓意。

图6-50 拐子纹通花木雕 大埔百侯侯南村杨氏家祠上堂

① 《北史》卷五十六的《魏收传》中记载：齐安德王延宗纳赵郡李祖收女为妃。后来帝赴李宅宴会，而妃母宋氏送上二个石榴于帝面前，众人不解其意，帝抛出，李祖收说：石榴多子，帝王新婚，妃母欲其子孙众多。帝闻后大喜，赐赏李祖收锦绢二匹。这个故事用石榴表示子福的意思。石榴花也表示吉祥，所以为许多吉祥装饰引用。

（二）博古纹：器皿、文字

客家民居的建筑装饰除了在屋脊出现有博古纹外，槅扇装饰及其他装饰构件也普遍运用。博古纹饰的流行与宋徽宗收藏在宣和殿的古代器皿有关，王黼等编绘刻版的三十卷《宣和博古图》成为了后人崇尚“传统文化”的一个范本。宋代的理学思想和士大夫观念随着大批南下的北方汉人在闽、粤、赣交界地区传播，历史上粤东潮汕和客家地区的许多宗族，他们在追溯祖源时，总是刻意地与“宋”沾上点关系，以示他们的祖先源于中原衣冠贵族，与宋代理学在意识和观念上有着千丝万缕的关系。这种“士大夫”的思想反映在建筑的装饰中，就是将古代器皿如花瓶、鼎炉、乐器、书画、古文字、盆景花卉等作为装饰的题材，构成“博古花卉”纹样，以此标榜他们的列祖列宗出身名门，代表着正统的中原文化。

建于清代康熙中期的梅县松口大夫第一经堂，围屋中堂与上堂之间的天井前有两组共四扇的槅扇，上下绦环板雕刻的是拐子纹，槅心为黑底金木浮雕（图6-51）。浮雕的纹样是画框式的系列博古纹构图，四个博古纹样中间各开一个画窗，四幅图像均以花瓶为主体，但并没有完全运用象征“四季平安”的梅花、牡丹、荷花和菊花来配搭，而是用富有特定象征意义的物件表现特定的主题。在第

图 6-51　博古纹槅扇　梅县松口镇一经堂

一幅纹样中，插在瓶中的是荷，瓶后面有一如意，右下角还有一个精致的木盒，三个物件显然在暗示着什么。从中国古代神话故事中可以得知，画面中的“荷”音谐手持荷花的“和圣”，“盒”音携手捧宝盒的 “合圣”，“荷”与“盒”成为特殊的吉祥物，隐喻中国古代传说中的“欢喜”二神，加上如意即为“和合如意”，寓意合好、和睦与幸福。由于菊花在农历九月盛开，民间通常以菊花喻“长长久久”，因此，第二个画面瓶内的菊花自然是象征长久与长寿。第三和第四幅的纹样中，两个瓶内都插有孔雀的尾翎，很显然是在隐喻“官禄”。清代官员的冠服制中，一品官的官帽配有珊瑚与孔雀的尾翎，而这一组的两幅图像都出现了孔雀尾翎和象征珊瑚的“壶”，而且，第四幅纹样中的花瓶还插有红杏，瓶的后面露出“书经”，即《尚书》，红杏通常表现的是进士及第，而《尚书》则隐喻官名。可见，这四扇博古纹槅心要表现的是“福”、“寿”和“禄”。从第二幅图像中的青铜器“爵”到第三、四幅中的孔雀尾翎、壶、红杏和《尚书》等，说明这四幅博古纹重点要表现的是“禄”，通过系列纹样中各种吉祥物的巧妙组合，实现了这些意义的表达。

关于一经堂建筑的宗族背景，据《松口李氏家谱》记载，一经堂为松口李氏仲穆房派第十六世所建。仲穆房派的第十二世李士淳为明朝万历己酉（1609 年）科举人，崇祯元年（1628 年）戊辰会魁，后为钦点翰林。[①] 其后一百多年间，松口李氏宗族繁盛，科举业发展，经济雄厚，至清雍正初的 1723 年为止，李氏宗族先后有 48 人于科举获得成功，在明清两朝出任文职者多达 123 人，武职者 13 人。[②] 由此可见，一经堂的装饰纹样在客家山区这一特定的历史环境条件下显示出了特殊的意义，其意义存在于运用这些纹样的时代及松口李氏宗族之中，沿着李氏宗族发展的线索追溯，我们能够尝试重构李氏宗族的谱系结构，尝试回到历史的情境中去体验客家建筑装饰的文化意义，尝试对隐藏于装饰纹样中的图像意义作解释。

① （清）康熙.程乡县志. 广东省中山图书馆出版，1993：125.

② 李氏宗族自李士淳之后，族人在科举或仕途的成功，是否与清代科举及吏治腐败相关，有待考究。房学嘉. 粤东古镇松口的社会变迁[M]. 广州：花城出版社，2002：54-55.

图 6-52　门头书卷“吉庆满堂”　梅县松口承德楼

文字装饰是纹样的一种特殊形式，在粤东客家民居中较多应用于建筑的“堂号”、门簪或门头的“书卷”装饰（图 6-52）。文字本非图案，但却常常被运用于装饰。文字运用于装饰的第一种方式是将文字书写得错落有致，犹如花纹；第二种方式是将文字作图案化布局，组成某一种器皿或具象的图形；第三种方式是将一个单字作为基本形重复构成，如福字纹、寿字纹，还有万字纹、双喜纹等。梅县松口承德楼的横屋花厅槅扇（图 6-53），槅心就是由文字构成的青铜器皿造型，裙板上则是以文字装饰的纹样。其中共有四种字体，基本的内容是对甲骨文和青铜器上的铭文作解释，刻意表达屋主的知书识礼、高雅廉洁。

图 6-53　文字装饰　梅县松口承德楼

（三）几何纹样：直棂纹、万字纹

几何纹样[①] 是人类最古老的装饰，也是最具世界性的装饰。阿洛瓦·里格尔关于几何形的装饰风格的研究被认为最有权威性。首先，里格尔的研究表明，几何装饰图形并非在地球上的某一地域产生然后再发展、传播到其他地区的，而是全世界的各个地方都在一定的历史时期内不约而同地自发产生的，在各地区的原始部族中，甚至可以发现他们使用着相同的几何图形，世界各地越来越多的考古挖掘证明了这一观点。其次，里格尔论证了很多抽象的几何纹样如何来自现实具象的形态，从而进一步证实了几何图形以及几何纹样和动植物纹饰一样源于客观世界，是人类从对自然世界的认识和掌握中得到的。另外，里格尔还认为，几何纹样的起源并不仅限于编织。“根据节奏和对称原则而构成的直线形几何图案，看起来的确最适合编织这个较简单的艺术类型，但这并不意味着这些图案原本就是非编织技术莫属。”“虽然我们常常倾向于把几何化的形象，比如迪皮隆花瓶或者原始部族的艺术品上的形象，理解为产生于编织技术的，据说是最早的几何风格的余迹，但这是不正确的。相反，几何化的形象和纯粹的几何形体一样，都是一个艺术过程的产物——这个艺术过程已经越过了任何一个原始阶段，它本身绝不原始。”[②] 因此，不论是哪个历史时期，也不论是在世界的哪个地区，几何纹样一直伴随着建筑、用具、饰品等装饰艺术。我们不能简单地因几何纹是抽象的纹样而认为它们是纯艺术的装饰，抽象的形态同样能够表达具体的观念。

我国明代计成的《园冶》认为古代的户槅“多于方眼而菱花者，后人减为柳条槅，俗呼‘不了窗’也。兹式从雅……”[③] 此书虽为造园所著，但书中列举了几十幅“图式”说明槅扇的设计和制作，并且认为在槅扇中运用了“柳条槅”，无论数量增减，无论成为什么样式，纹样各不相同，“亦尊雅致”，说明以木条制成的各式槅扇纹样因为雅致而被广泛运用（图 6-54）。除“柳条式”处，书中还列举出了“束腰式”、“风窗式”、“冰裂式”等纹样，还有栏杆、门窗、漏砖墙、

① 纹样以表现形式可分为自然形纹样和几何形纹样两大类，自然形纹样包括动物、植物、人物、器物、自然景物等题材；几何形纹样以方形、圆形、菱形、三角形、多边形等几何形体为基本元素构成纹样。

② 阿洛瓦·里格尔．风格问题——装饰艺术史的基础 [M]．刘景联，李薇蔓译．长沙：湖南科学技术出版社，1999：20-21.

③（明）计成．园冶注释 [M]．北京：中国建筑工业出版社，1988：114.

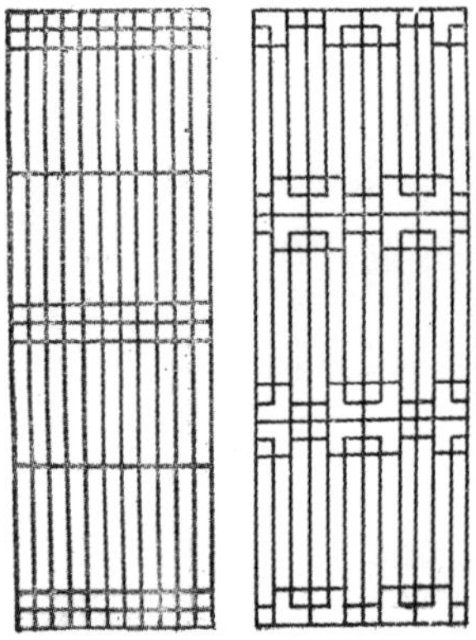

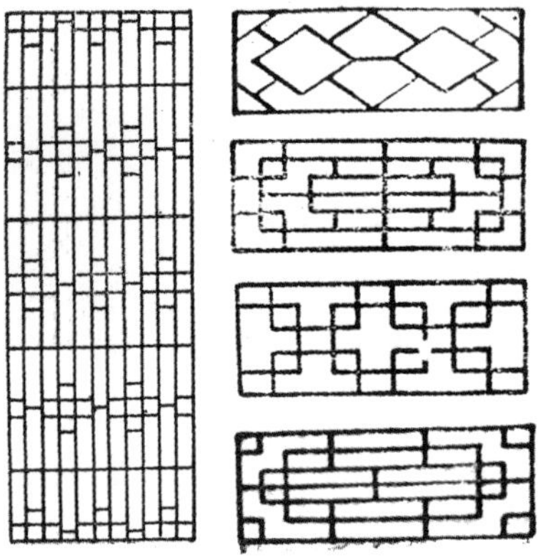

图 6-54 直棂纹槅扇纹样 计成《园冶注释》(左)
图 6-55 几何槅扇纹样 计成《园冶注释》(中)
图 6-56 直棂纹槅扇 梅县松源镇宏穆堂(右)

铺地等一百多个“图式”，基本上都是抽象的几何式纹样(图 6-55)。客家围屋内槅扇纹样的构成方式很多可以在计成列举的“图式”里找到“出处”。

几何纹样的图像复杂多样，但运用在客家围屋的槅扇上则主要包括直棂纹、万字纹、回纹和四方连续等。

直棂纹就是计成在《园冶》所说的“柳条式”。直棂门、窗、槅早在汉代就已经出现，是最古老而且经济性和功能性极强的隔断方式。直棂纹的槅扇是粤东客家民居槅扇的常见形式(图 6-56)。

目前还没有依据来说明为什么万字纹会在客家地区普遍运用。“卐”是一个极其古老而且流传很广的符号，装饰图形的“卍”字大多是右旋：“卐”(佛家大多认为应以右旋为准，因为佛教以右旋为吉祥，佛家举行各种佛教仪式都是右旋进行的)。关于“卐”纹的原型有各种各样的说法(图 6-57)。西方的百科全书称其为“Gammadion”。关于“卐”的来源引起了很多学者从不同角度的探究。里格尔认为，像万字符这样的符号最初肯定和自然的实际原型有关系，因为所有原始宗教都有感性的特点，因而，自然形体在艺术中的几何风格化必定先于符号的形成。[1] 陆思贤认为，这一类的纹样是太极璇玑的原始图像。[2] 赵国华认为，万字纹由“蛙肢纹变形为‘雷纹’”，“具有象征女性生殖器的意义”。[3] 何新认为，“十”和“卍”原代表太阳，与太阳有相似的象征意义，是太阳崇拜母题的表达。[4] 作为一种符号，过去一直以为“卍”是与佛教的传入一样来自印度，但考古的发现证明，“卍”和“卐”符号“分别出土于甘肃、青海以及广东、内蒙古的新石器遗址中，其时代距今在六七千年以上”。[5] “卍”字在梵文中意为“吉祥之所集”，印度人使用“卍”，一般与“毗瑟奴”和“湿婆”[6] 联系在一起。万字符还出现在佛祖的身上，当它出现在释迦牟尼胸前时，佛教认为“卍”象征的是“瑞相”，是汇集他思想的心脏。有的研究认为，“卍”在中国最初是道教的教徽并可见于道教创始人老子和其

图 6-57 “卐”字纹的原型

① 阿洛瓦·里格尔. 风格问题——装饰艺术史的基础 [M]. 刘景联、李薇蔓译. 长沙：湖南科学技术出版社，1999：21.
② 陆思贤. 神化考古 [M]. 北京：文物出版社，1995：234-259.
③ 赵国华. 生殖文化崇拜论 [M]. 北京：中国社会科学出版社，1990：200-201.
④ 何新. 诸神的起源 [M]. 北京：三联书店，1986：4-5.
⑤ 同上。
⑥ 毗瑟奴(梵文 Visnu)婆罗门教和印度教的主神之一，即守护神、善神。湿婆(梵文 Siva)，婆罗门教和印度教的主神之一，即毁灭之神、苦行之神，又是舞蹈之神。《提婆涅槃论》说，整个世界就是湿婆的身体，虚空是头，地是身。并认为湿婆与梵天、毗瑟奴三者代表宇宙的创造、保存、毁灭。

他道教圣人的手掌之中。[1] 中国佛教对“卍”字的翻译也不尽一致，北魏的菩提流支在《十地经论》中把它译成“万”字，唐代玄奘等人将它译成“德”字，强调佛的功德无量，武则天长寿二年（693 年）把它确定为“万”字，意思是“吉祥万德之所集”等。可以肯定，万字纹和它的文字解释一样，表示吉祥、福德。

万字纹在客家围屋装饰中应用广泛，不仅在木制的槅扇，而且在石窗、下水口及其他部位也大量作为装饰（图 6-58）。万字纹由“卐”字形作为基本元素组成纹饰，因此，客家民居槅扇“卐”形几何纹样可以归纳为两种基本的构成方式：一是以“卐”形为中心，四端纵横引申出线条，应用万字纹演变组成不同的平面形态（图 6-59）；二是以“卐”为构成单元，组成二方连续和四方连续纹样，如万字锦、万字纹、万字拐、万不断、万字曲水等，寓意吉祥、万寿无疆等含义（图 6-60）。粤东饶平新丰润丰楼槅扇的槅心纹样，以上下各两个“卐”形为“点”，各从四个方向引出“线”将上下连接，中间突出一个“亞”字形组成槅心（“亞”形的原型是龟，强调长寿的寓意）（图 6-61）。

几何图形的基本元素有方形、圆形、菱形、三角形、多边形等，这些元素通常要通过一定方式的组织才能构成完整的纹样。连续纹样[2] 可以归纳成二方和四方两种连续纹样（图 6-62）。二方连续的纹样以两端连绵不断构成线状的形态，如回纹，民间称“富贵不回头”。四

梅县丙村温公祠

梅县隆文坑美村宝谦楼

图 6-58 万字纹石窗

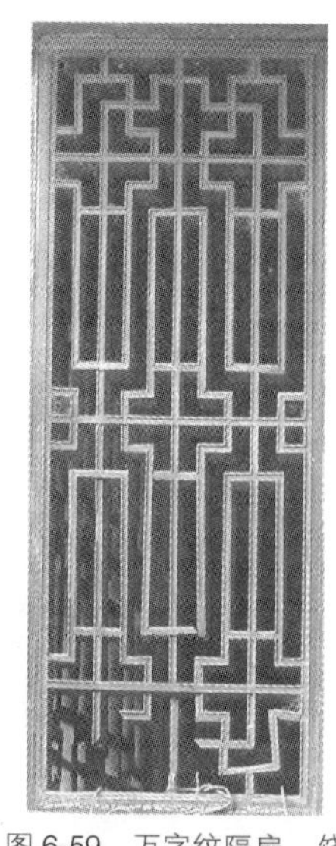

图 6-59 万字纹隔扇 饶平新丰润丰楼

图 6-60 以“卐”形构成的四方连续作为绦环板 兴宁宁新老逢昌

① 詹姆斯·霍尔. 东西方图形艺术象征词典 [M]. 韩巍等译. 北京：中国青年出版社，2000：10.

② 连续纹样包括二方连续和四方连续。

图 6-61 以“卐”为元素构成“亞”形纹样 饶平新丰润丰楼

图 6-63 由三种纹样组合的槅扇 梅县隆文坑美村宝谦楼

图 6-62　几何连续纹样窗花　蕉岭北磜石寨村（左）
图 6-64　几何连续纹样窗花　梅县隆文坑美宝谦楼（中）
图 6-65　石刻麒麟装饰　大埔百侯侯南村杨氏家祠（右）

方连续可以朝四个方向无限延伸，构成面的形态。蕉岭北磜石寨村内的槅扇的几何纹样构成的方法就是在水平和垂直的田字格上，每隔一个相交位置做一个造型，通过正负形的互相对比，在人的视觉里形成“花”的图像（图 6-62）。梅县隆文坑美宝谦楼中花厅的槅扇，由三组槅心组成，每一组槅心是两个相同的纹样：中间为拐子纹，两边是四方连续的几何纹，最外两扇是二方连续的几何纹（图 6-63）。其中四方连续的纹样的槅心应用了正方形和由四个花瓣变化的菱形这两个基本元素，两个元素之间错落交叉，以纵向和横向直线贯穿。这一纹样的精彩之处在于通过线将每个正方形的四个角连接，不仅构成了完整的“如意”四方连续纹样，还使纹样增加了两个新的视觉图形：八角形和田字形。民间俗称八角形为“龟背形”，象征长寿（图 6-64）。最外两边槅心的设计运用了相同的原理，将一组四个元素的组合摆在槅心的中间，将二分之一的组合分配在槅心的上下，各自引出平均分列的直线连接，形成了有节奏感的二方连续。

（四）适合纹样

槅扇内的装饰基本上都可以称之为适合纹样，既可以是系列的，也可以是独立的。适合纹样[①]就是把纹样组织在一个限定的外形轮廓中，因为有圆形、方形、三角形、多边形等各种格式的框架，内容有抽象、具象甚至带有故事的情节性，所以适合纹样构图的形式很多样，有中轴对称和自由结构两种。适合纹样运用于建筑装饰，更多是针对特定的空间而特殊设计。大埔百侯侯南村杨氏家祠，正门口上面左右两边各有一个方形的石雕，尺寸约为 800 毫米 ×800 毫米，内容是回首麒麟，石刻利用火纹将麒麟与边框连接形成疏密对比，麒麟动态生动，构图饱满（图 6-65）。

客家围屋槅扇的环板和裙板一般不透空，多雕刻具象图形，每一块板都是一个独立的纹样，但它们之间通常又形成一个系列的装饰图像。梅县隆文镇圩

① 适合纹样是独立纹样的其中一种形式，同类的还有单独纹样、带状纹样、角隅纹样。单独纹样相对的是连续纹样。

图 6-66　金木雕适合纹样槅扇　梅县隆文文琳庄

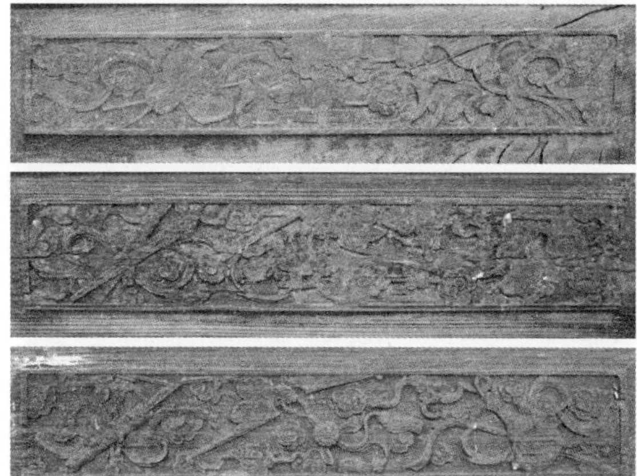

图 6-67　浅木浮雕刻画“暗八仙”纹样　兴宁叶南磐安围（左）

图 6-68　金玉满堂 年年有余　梅县松口下梁村梁家围的安定堂（右）

场北面的文琳庄建于清末民初，是三堂六横的围龙屋（现仅有一围龙）。室内有多组金木雕槅扇，每一单元都相对独立而又相互联系地成为了系统的独立纹样，其中的一组画面还带有明显的情节性（图 6-66）。事实上，槅扇的绦环板运用独立纹样能更加集中和直接地表现装饰的吉祥意义。如兴宁叶塘磐安围的龙厅槅扇门，四扇槅心都是直棂式的简单几何形，腰部绦环板却以浅木浮雕刻画“暗八仙”纹样：汉钟离的蕉叶扇、张果老的渔鼓、韩湘子的玉箫、铁拐李的宝葫芦、吕洞宾的玉版、曹国舅的宝剑、蓝采和的花篮、何仙姑的荷花。每个绦环板表现两件宝物，寓意求仙得道，贵人指引（可惜其中一件已经毁坏）（图 6-67）。梅县松口下梁村的安定堂，中堂与上堂天井之间有四件槅扇，其中绦环板的纹样是鱼。客家围屋的装饰纹样中鱼形并不多，原因之一可能是“鱼”字的客家话发音为“en”，“年年有余”这一吉祥语用客家话表达，就变得没有那么直接了，“鱼”和“余”的谐音关系只有受过“国文”教育的人才能用“官话”来理解。尽管如此，在安定堂的槅扇绦环板中，鱼的造型活泼生动，一对畅游，一对亲昵，还有一对是金鱼（还有一件已经毁坏），不仅寓意“年年有余”，而且还“金玉满堂”（图 6-68）。

四、围龙屋的柱础图像

（一）“柱式”与柱饰

西方建筑史和美术史中的“古典主义”植根于希腊、罗马，即西方古典时代的文化。古典主义的建筑语言从希腊、罗马之后，自文艺复兴直至20世纪几乎遍布整个文明世界。[①]尽管“古典”这一概念在不同的语境中有各种具体的含义，但至少在建筑的表面，我们有一套基本的识别标准对它进行描述。“一座古典建筑，它的装饰构件直接或间接地采用了古典世界的建筑语汇，这些构件是极易识别的，如以标准手法制作的五种柱式，以标准手法处理的门和窗及山墙端部，还有用于这一切构件上的标准类型的脚线。”[②]就像给建筑穿上了“制服”，其中五种“柱式”、门窗、山墙和脚线为“古典”这一抽象的概念标注了具体的特征。西方最早描述“柱式”的人是维特鲁威（Marcus Vitruvirus Pollio），这位活跃于公元前46～前30年的罗马建筑师和工程师，通过他献给罗马教皇的《建筑十书》，为后世汇集和保存了丰富的古典建筑的法则，是西方古代唯一流传至今的一部有关造型艺术——建筑、绘画和雕塑的专著。在他的十卷论著中的第三、第四卷里描述了爱奥尼（Ionic）、多立克（Doric）、柯林斯（Corinth）和托斯卡纳（Tuscan）柱式[③]，之后，该专著便一直作为罗马及后世建筑师的参考书。[④]文艺复兴时期的阿尔伯蒂在维特鲁威著作的基础上，根据对罗马遗址的研究又命名了混合柱式（Compsite）。从维特鲁威到阿尔伯蒂，“柱式”构成了西方古典建筑学核心范畴的重要概念。[⑤]

柱子在西方古典建筑中，诸如柱头的雕饰、柱础的饰线、柱身的卷杀曲线及凹槽的功能不在于它的装饰意义，而在于它已成为了构成建筑古典主义风格的一个重要的识别特征。建筑师以及工匠必须严格按照一套规范来完成“柱式”的制作，不能将其看做是单纯的装饰而任意发挥个人的艺术才华。所以，至文艺复兴之前，所有建筑几乎都没有留下建筑师和工匠的名字，而且在古典时代，与文学相比，建筑的手工（manual）特性使从业者被视为工匠而远不及诗人和艺术家的地位高尚，就连维特鲁威——我们今天视为传播古典主义建筑的第一人，同样是名不见经传，无人知其生平，甚至被认为“不是一个伟大的天才，没有文学天赋……没有建筑天赋。”[⑥]

然而在中国，建筑的柱子并没有被认为是建筑风格辨认和分期的主要依据，按照梁思成先生的观点，中国古建筑的斗栱才是最伟大的“柱式”。[⑦]中国古建筑的柱础则因为具有丰富的雕刻装饰图像，与各个历史时期的艺术风格有千丝万缕的关系，因而是装饰艺术史研究的范畴。

（二）围龙屋柱础的功能及演变

围龙屋的横屋和围龙都是采用了墙承重的结构方式，因此，围龙屋一般只在堂屋使用柱子。客家围屋的柱础一般选用石材，因为石头的材料性能具有不透水、防腐和防蛀能力强的优点。早期客家建筑的柱身基本上是用木，清中期以后，随

① 建筑、雕塑、绘画等造型艺术中的“古典主义”原则，在中世纪哥特艺术风格和二十世纪的现代主义两个时期几乎中断。

② John Summerson，*The Classical Language of Architecture*. 建筑的古典语言[M]. 张欣玮译. 杭州：中国美术学院出版社，1994：1.

③ 这是维特鲁威《建筑十书》中论述三种柱式的顺序。

④ 在中世纪，维特鲁威的这部著作以手稿的形式传播，到了文艺复兴时期的1486年，该书才首次以印刷本形式在罗马出现。从那时起，该著经过多次编辑和迻译，几个世纪以来一直被看做是有关古典建筑的权威观点。比维特鲁威稍后的老普林尼(Pliny the Elder, 23/4—79 AD)所著的《博物志》(*Historia Naturalis*, 77 AD)一书中关于罗马建筑方面的内容，也大部分采自维特鲁威的著作，而普林尼的著作，又成为了艺术史学科中最早的文献来源。阿尔贝蒂(Leon Battista Alberti, 1404—1472)所著的《建筑十书》(*De re aedificatoria*, 1443—1452)，以及帕拉第奥(Andrea Palladio, 1508—1580)的《建筑四书》(*I Quattro libri dell' archtettura*, 1570)，从写作模式到专业术语的确定都无疑显露出维特鲁威的延续。作为古典建筑的经典，《建筑十书》的影响一直及至巴洛克和新古典主义时期，构成了古典建筑学核心范畴的基础。

⑤ 在西方建筑史和美术史中，“柱式”是判断历史风格的一个重要依据。奥尼恩斯（C.T.Onions）编的《牛津英语词源辞典》（*The Oxford Dictionary of English Etymology*,1966）中关于style的释义里，提及以“y”拼写的stylus源自一个错误的看法：stylus指的是希腊stulos柱（column）。对于这种传统说法，美国著名的艺术史家乔治·库布勒（George Kubler, 1912生）予以批评：“stylos的派生形式涉及圆柱形式，与动词δτνλω有关，从而关系到地中海古建筑”。“《牛津英语词典》的编写者们时不时地把拼写中

大埔百侯受枯堂

梅县松口世德堂

梅县丙村温公祠

梅县松口下梁村梁家围

图 6-69 早期（明万历之前）围龙屋的柱础

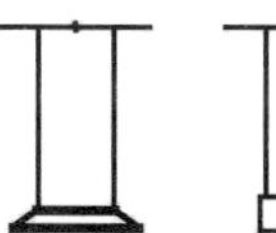

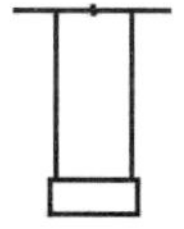

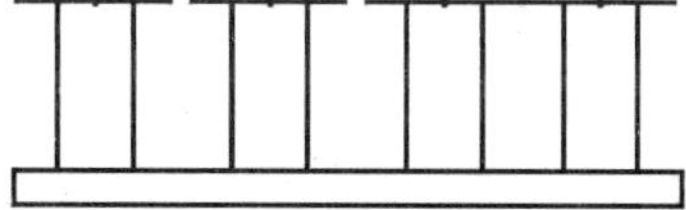

图 6-70 木柱身与石柱础“接地”的过渡

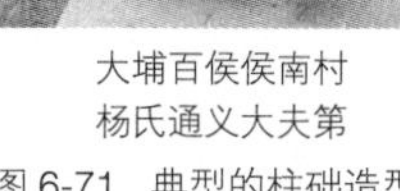

大埔百侯侯南村
杨氏通义大夫第

兴宁宁新东升围

大埔湖寮龙岗绳
武堂

梅县梅城寿山公祠

图 6-71 典型的柱础造型

着围屋建造方式的改变，柱身逐步改用石材。一些早期（明代）的围屋，由于年代久远，木柱身也逐步在维修中被石柱所更换。

柱础的演变首先经过了从暗柱础到明柱础的重大进步，不仅提高了柱础功能的优越性，而且柱础还具有了装饰性的审美价值（图 6-69）。建于明代早期的围屋，如梅县三角地梁氏义孚堂、大埔百侯侯南村的杨氏家祠、梅县松口世德堂和大埔百侯受枯堂等建筑，都可以从中看出柱础刚刚从地面之下提升到地面之上的演变。在这个阶段，柱础还没有任何的装饰，仅仅是作为木柱身“接地”的过渡（图 6-70），后来柱础才逐渐成为木柱身不可缺少的承托构件。客家围屋的柱础一般不高，基本上在 50 厘米以下。柱础的功能为柱子的装饰提供了可能，客家围屋柱子的装饰和变化主要就集中于柱础的造型上，而柱身的变化仅仅是方和圆以及粗和细的不同，只有极个别围屋的柱子有柱身线条的变化（如鼓形、八角形、花瓣形等）。

客家围屋的柱础形体简洁，造型种类不多（图 6-71），但在一个种类下面却有很多不同的细节。

在田野调研中我们发现，粤东客家围屋建筑的柱础造型及运用具有一定的随意性和无序性。但关于柱式运用的基本原则，还是可以概括为以下几个方面：

1. 柱础造型的变化与柱子所处的空间位置有关。

2. 柱础的造型与客家宗族的特征有关。

的 Y 变体当作‘毫无意义’，并且错以为‘拉丁文的 stilus 是柱子的转写形式’。他们全然不顾上下两千多年中古典建筑艺术的基础，即建筑术语的大宗素材”。事实是，我们在西语里见到只有英语（style）和法语（style）中用“y”拼写，而意大利语（stile）、西班牙语（estilo）和德语（stil）都拼作“i”。按照库布勒的解释，除了拼法差异之外，stylos 的派生形式涉及圆柱形，它与空间艺术有着词源上的直接联系。据此解释，style 的双重词源表明它的真正本义也有两个，而且这两种词源的传统也都源远流长。实际的情形则是，stilus 的文学关联意义早已掩盖了古希腊术语的建筑意义。然而，维特鲁威（Vitruvius, 1st century BC）在《建筑十书》（*De architectura*）的第三、四书里，牢固地建立了希腊词 stylos 的派生术语大家族的空间性一面。他根据奥古斯都时代建筑师的用法，意指希腊罗马世界中三种柱式之间的比例差和表现门类。由此而来，stylos 的希腊词源家族始终属于空间组织艺术，而派生自 stilus 的拉丁家族，却一贯维系着时间形式艺术。

⑥ John Summerson. *The Classical Language of Architecture*. 建筑的古典语言 [M]. 张欣玮译. 杭州：中国美术学院出版社，1994：3.
文艺复兴时期的阿尔贝蒂曾批评过维特鲁威的《建筑十书》：“他的风格完全没有修饰，他的这种写法，对拉丁人来说像是希腊文，而对希腊人来说则像是拉丁文。但是，从他的著作本身来看，他写的既不是希腊文，也不是拉丁文，他也许从未写过什么东西，至少没有为我们写作，因为我们无法理解他。”

⑦ 梁思成认为，中国建筑之“柱式”（Order）是斗栱、檐柱、柱础。梁氏根据对山西应县佛宫寺木塔所作的研究，总结出该建筑物共有不同组合形式的斗栱共 56 种，因此称它们为研究中国建筑的一套最好的标本。
梁思成. 图像中国建筑史 [M]. 梁从诫译. 天津：百花文艺出版社，2001：81，216.

3. 与围屋建造的历史年代有关。

4. 柱础之间造型的变化与工匠手中所掌握的样式及柱式制作过程中的创造性有关。

由于柱础的造型变化及运用过程中的随意性和无序性，给围屋柱式的研究带来了一定的困难。

（三）粤东客家民居柱础的分类

粤东客家围屋的柱础造型可以分为：圆鼓形、四方形、八角形和覆钟形。

1. 圆鼓形（图 6-72）
2. 四方形（图 6-73）
3. 八角形（图 6-74）
4. 覆钟形（图 6-75）

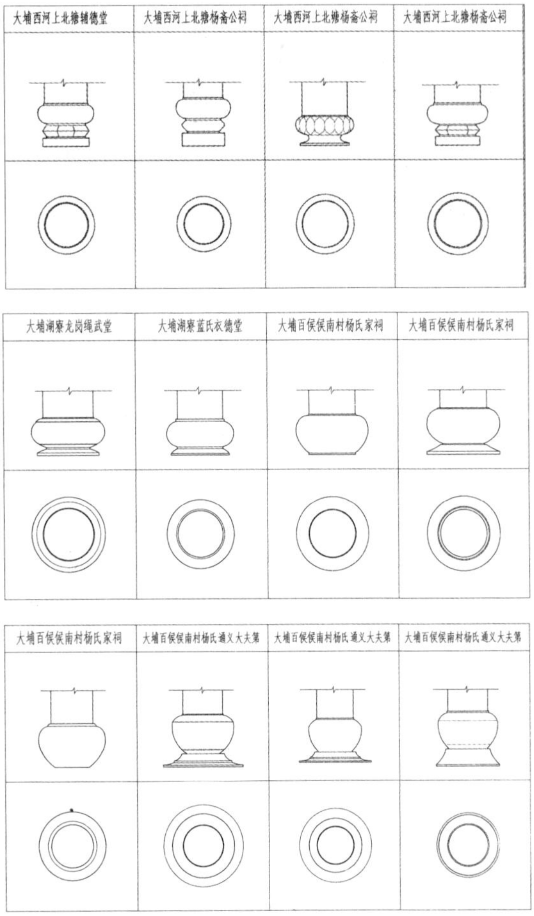

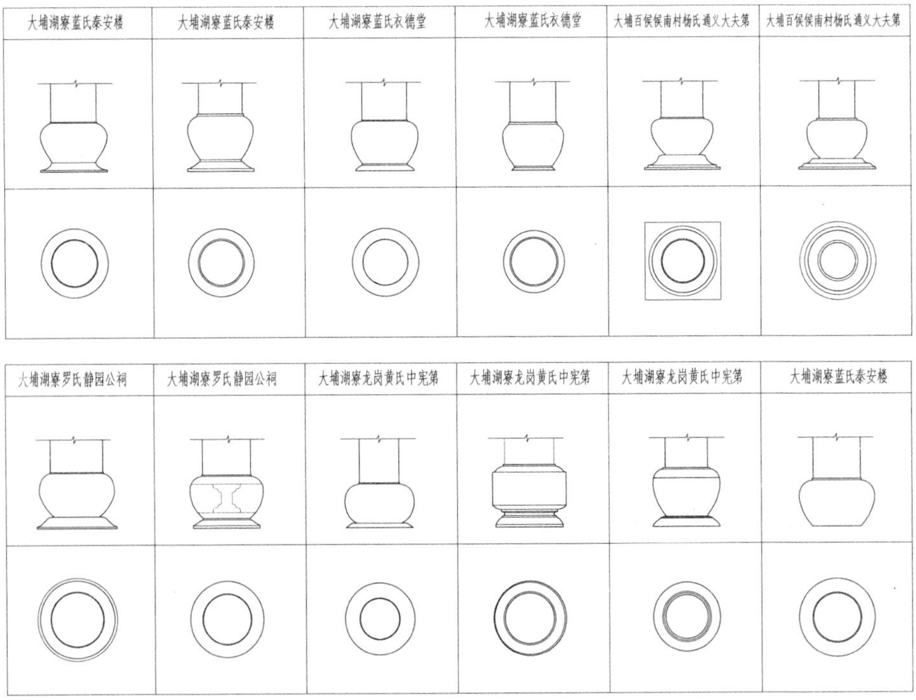

大埔西河上北塘辅德堂
大埔西河上北塘杨斋公祠
大埔西河上北塘杨斋公祠
大埔西河上北塘杨斋公祠
大埔湖寮龙岗绳武堂
大埔湖寮蓝氏衣德堂
大埔百侯侯南村杨氏家祠
大埔百侯侯南村杨氏家祠
大埔百侯侯南村杨氏家祠
大埔百侯侯南村杨氏通义大夫第
大埔百侯侯南村杨氏通义大夫第
大埔百侯侯南村杨氏通义大夫第
大埔湖寮蓝氏泰安楼
大埔湖寮蓝氏泰安楼
大埔湖寮蓝氏衣德堂
大埔湖寮蓝氏衣德堂
大埔百侯侯南村杨氏通义大夫第
大埔百侯侯南村杨氏通义大夫第
大埔湖寮罗氏静园公祠
大埔湖寮罗氏静园公祠
大埔湖寮龙岗黄氏中宪第
大埔湖寮龙岗黄氏中宪第
大埔湖寮龙岗黄氏中宪第
大埔湖寮蓝氏泰安楼

图 6-72　圆鼓形的各种柱础

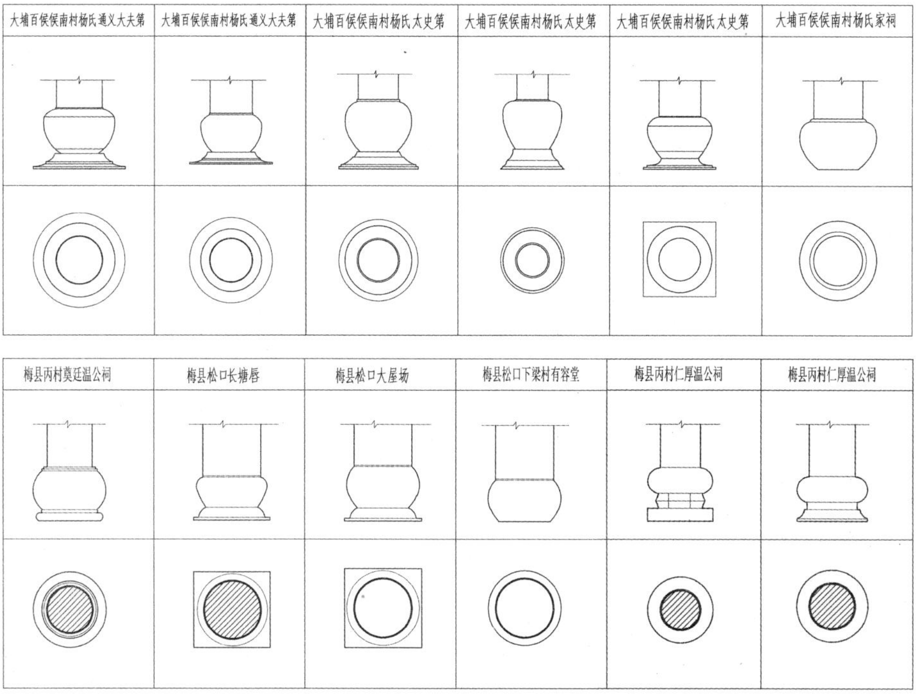

大埔百侯侯南村杨氏通义大夫第	大埔百侯侯南村杨氏通义大夫第	大埔百侯侯南村杨氏太史第	大埔百侯侯南村杨氏太史第	大埔百侯侯南村杨氏太史第	大埔百侯侯南村杨氏家祠

梅县丙村莫廷温公祠	梅县松口长塘唇	梅县松口大屋场	梅县松口下梁村有容堂	梅县丙村仁厚温公祠	梅县丙村仁厚温公祠

图 6-72（续）

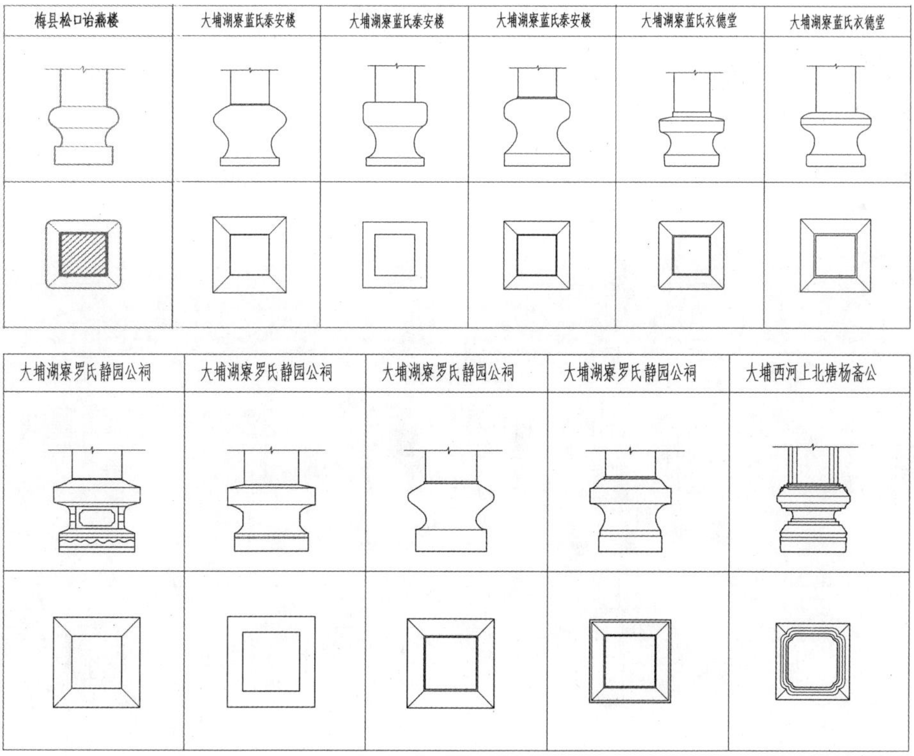

梅县松口诒燕楼	大埔湖寮蓝氏泰安楼	大埔湖寮蓝氏泰安楼	大埔湖寮蓝氏泰安楼	大埔湖寮蓝氏衣德堂	大埔湖寮蓝氏衣德堂

大埔湖寮罗氏静园公祠	大埔湖寮罗氏静园公祠	大埔湖寮罗氏静园公祠	大埔湖寮罗氏静园公祠	大埔西河上北塘杨斋公

图 6-73 四方形柱础

图 6-73（续）

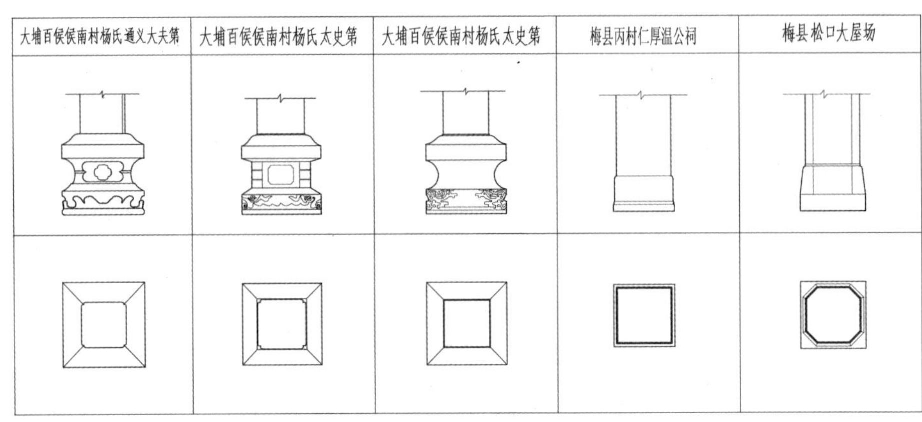

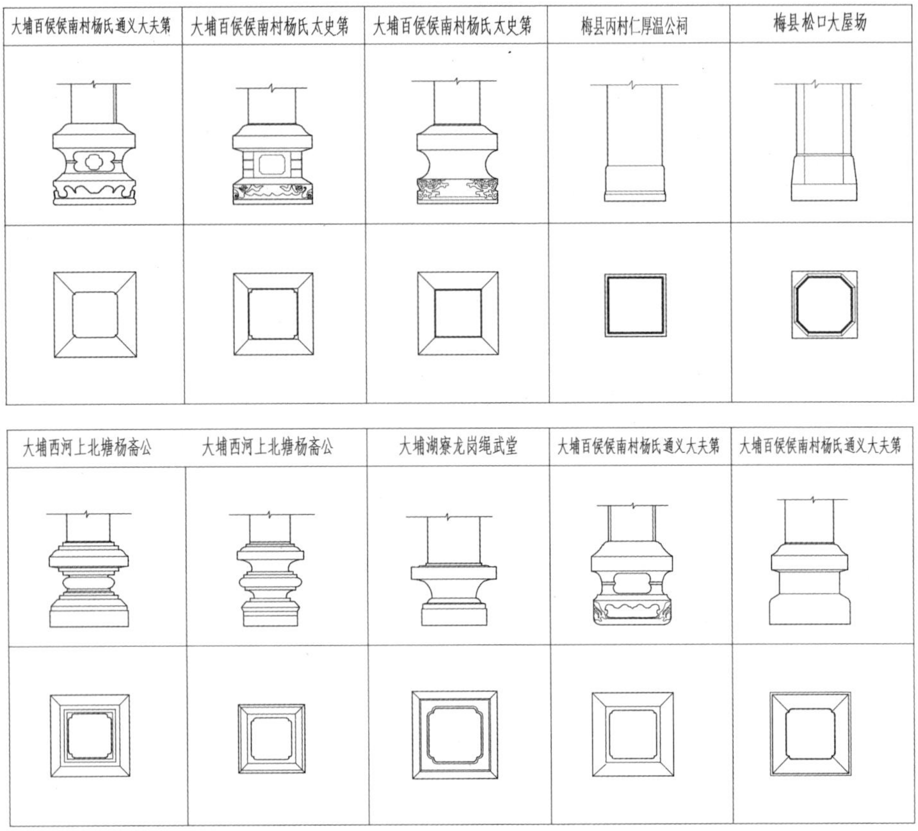

大埔百侯侯南村杨氏通义大夫第
大埔百侯侯南村杨氏太史第
大埔百侯侯南村杨氏太史第
梅县丙村仁厚温公祠
梅县松口大屋场
大埔西河上北塘杨斋公
大埔西河上北塘杨斋公
大埔湖寮龙岗绳武堂
大埔百侯侯南村杨氏通义大夫第
大埔百侯侯南村杨氏通义大夫第

图 6-74 八角形柱础

梅县松口世德堂
梅县松口花园楼
梅县松口石柱堂
梅县松口一经堂
大埔西河上北塘辅德堂
大埔西河上北塘辅德堂

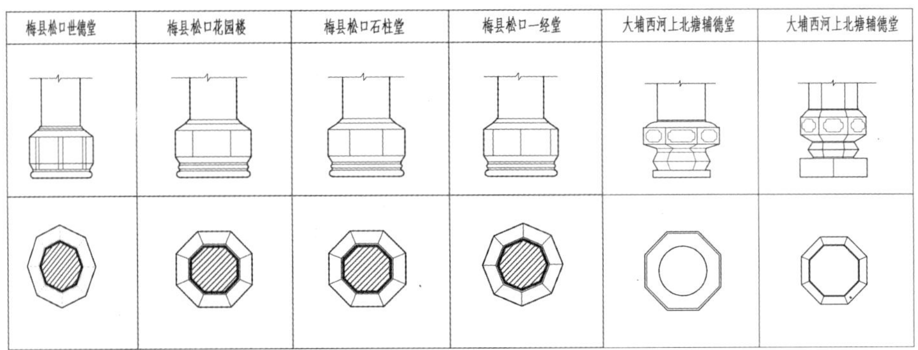

图 6-75 覆钟形柱础

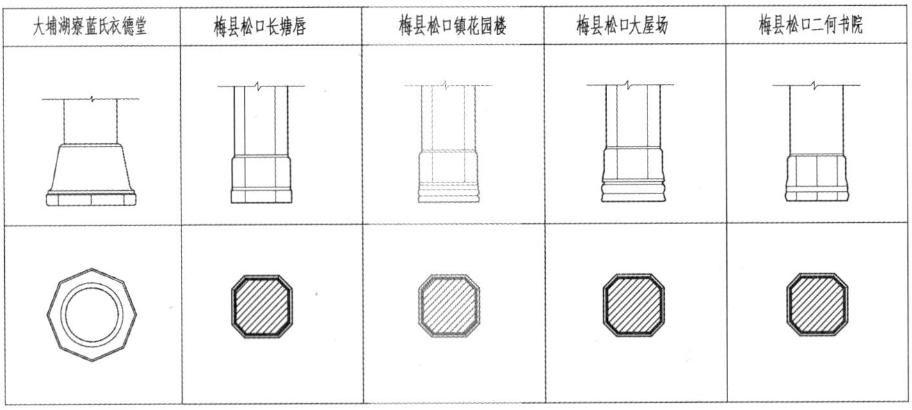

大埔湖寮蓝氏衣德堂
梅县松口长塘唇
梅县松口镇花园楼
梅县松口大屋场
梅县松口二何书院

梅县松口某李屋　大埔湖寮蓝氏泰安楼　蕉岭北礤石寨村方楼　梅县梅城寿山公祠　梅县隆文坑美村宝谦楼

图 6-76　四方形柱础在不同围屋中的运用

（四）柱式运用的特点

1. 柱式之间的关系

（1）柱础的造型种类不多，但每一种类下面却有很多不同的细节。粤东客家围屋的柱础造型比较复杂，很多柱础的造型都不同，甚至在同一围屋内每个都有不同的变体。但将它们归纳分类，我们就会发现很多造型实际上都是某种类型的细节变化（图 6-76）。

（2）同一种造型的不同纹样。有很多柱础的造型基本一样，但所雕刻的画面不同。总的来说，客家围屋的柱础比较朴素，只有“少量较华丽的柱础”①，无装饰纹样的柱础占大多数。

① 吴庆洲. 中国客家建筑文化 [M]. 武汉：湖北教育出版社，2008：147.

2. 同一围屋内运用柱式的关系

围屋内部柱础造型的变化与柱子所处的空间位置有关，主要有以下几个特征：

（1）祖龛的柱式是独立的：围屋内柱式的运用经常会有重复，但无论堂屋内部运用了多少种柱式或者如何重复，祖龛两旁的柱式一定是独立的（图 6-77）。图中 A 柱式为祖堂祖龛两边的柱子，这一对柱子不会与其他的柱式重复，以保证堂屋的等级性。

（2）以空间单位来统一柱式：柱式的重复往往以某一个单元性的空间为基础，形成围合或者序列。如大埔湖寮静园公祠中，中堂的六根柱子是同一柱础的柱式（D 柱式），中堂与下堂之间，天井前后对应的八根柱子选择了相同的柱础造型，形成了单元空间的完整性，而且门廊的四根柱子和这八根柱子也是相同的柱础（B 柱式）。

（3）与堂屋中轴线平行的柱式竖向统一：从大埔湖寮静园公祠的柱式运用中还可以发现，与中轴线平行的天井两边的竖向柱子，统一为一种柱

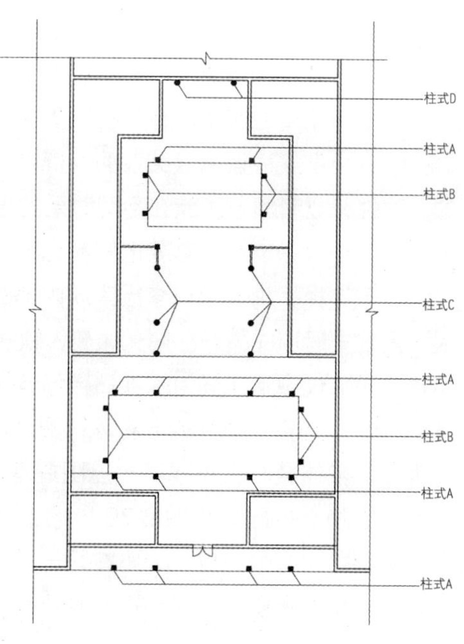

图 6-77　堂屋柱式分布图：大埔湖寮静园公祠

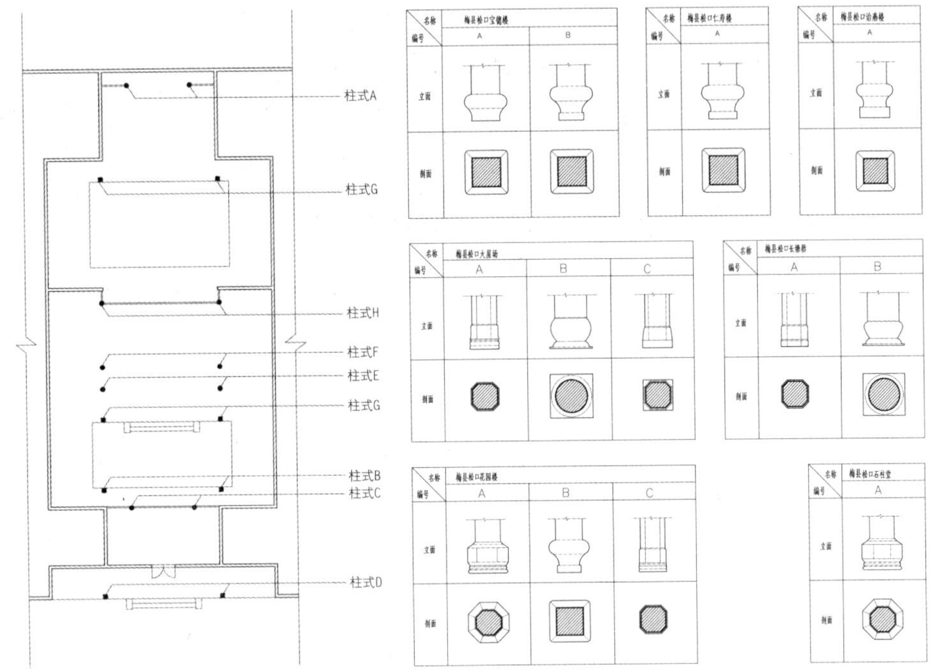

图 6-78　堂屋柱式分布图：大埔百侯侯南村杨氏通义大夫第（左）
图 6-79　松口李氏七座围屋的柱式比较（右）

式（C 柱式）。

（4）在柱式的基本形基础上变化：大埔百侯侯南村杨氏通义大夫第的堂屋为三进三堂，加上门外的柱子，有九对十八根，共有八种样式。可以将八种样式中的柱式分成两类，一类是四方形柱式，另一类是圆鼓形柱式。两类柱式下面的每一个柱础都仅仅有一些线条或比例上的变化。究其原因，是因为客家围屋使用柱子不多，主要集中在堂屋，所以工匠希望尽可能地在其中显示工艺的技巧，或者是因为没有比较严格的标准规范，工匠的随意发挥导致了制作上的手工差别（图 6-78）。

3. 同一宗族围屋之间的柱式关系

我们很期望在客家围屋的柱式运用中找到更多规律性的因素，尤其是在客家地区这一个高度注重宗族关系的族群中，同一宗族的建筑之间是否有着柱式运用的一致性，或者同一宗族在不同时期的建筑是否有着柱式运用的延续性。

（1）同一宗族相同年代的围屋比较

我们选择了梅县松口李氏宗族内部的围屋作一个比较，以说明在同一宗族围屋之间柱式运用的关系。明代太史、钦点翰林李士淳（1585 ~ 1665 年）的侄子李椅，于清代顺治年间为宗族后代修建了十座大屋（有两座建筑已经毁坏，一座不明），我们选择了现存的七座进行测绘，包括有长塘唇、源远楼、石柱堂、诒燕楼、仁寿楼、宝德楼和大屋场。七座围屋基本是在清顺治年间约十几年之内建造的，地点同在梅县的松口（图 6-79）。我们将这七座围屋中的柱式运用作一个比较，通过对柱式图像的分析，七座在同一时期完成的围屋中，有三个柱式分别在其中的几个围屋中出现。用得比较普遍的是“圆鼓形柱式”，在长塘唇、花园楼、诒燕楼、

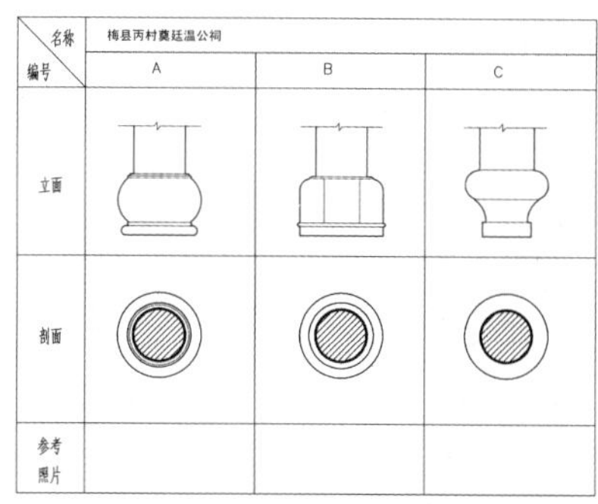

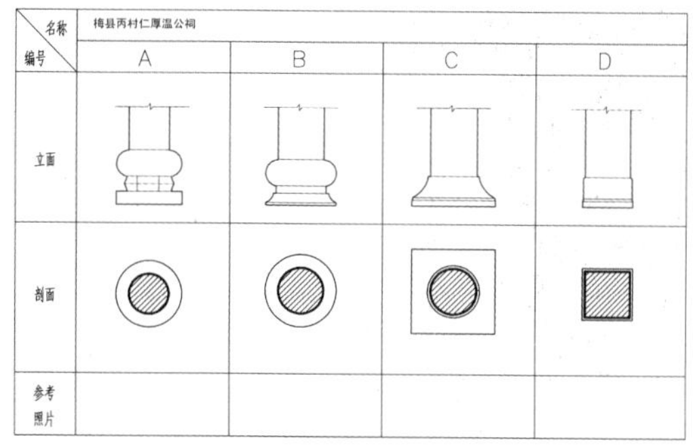

图 6-80　仁厚温公祠与奠廷温公祠比较

仁寿楼和宝德楼这五座围屋中均有运用，而且还是宝德楼唯一的柱式。其次是“覆钟形柱式”和“八角形柱式”，也分别在七座围屋中的两三个围屋中出现。“圆鼓形柱式”不仅较多地出现在松口李氏宗族的围屋中，也同时在当地的其他围屋中运用。根据这些现象可以初步判断，圆鼓形柱式在当时应是一个流行的样式，而且在整个清代所建的围龙屋中都是比较普遍运用的柱式，代表了同一时代的同一宗族之间在建筑中运用柱式所具有的一致性。

（2）同一宗族不同年代的围屋比较：

仁厚温公祠与奠廷温公祠，是梅县丙村相隔 1 公里之遥的两座标准围龙屋，前者的开基祖十二世斯润，生于明嘉靖庚子十九年（1540 年），卒于明万历己酉三十七年（1609 年），与后者的开基祖十三世以仁是父子关系，仅相隔一代。对比这两座围龙屋的堂屋柱式可以发现，两座围龙屋的建造年代相差约 20 多年[1]，虽是同一宗族，但柱式之间好像找不到形态上的关系。仁厚祠的“D 柱式”代表的是客家围龙屋早期的柱础造型，即与木柱同直径，没有造型的变化（图 6-80）。“C 柱式”的造型似乎还没有完全脱开覆盆式柱身与柱础的关系，而奠廷祠的柱础已经非常成熟，尤其是“A 圆鼓形柱式”和“C 圆斗形柱式”已经与后来围龙屋最常用的柱式相差无几。这一比较的结果是否能够说明柱式在同一宗族不同年代的围屋中不具有延续性？

以上两个田野材料，第一个比较的结果表明，同一时代同一宗族之间的围屋有着柱式运用的一致性，第二个比较的结果表明，柱式在同一宗族不同年代的围屋中不具有延续性。但是，如果我们对以上的第一个比较继续地深入研究，保留围屋之间的地理空间关系而改变原比较中的时间关系，将时间往前及往后各推移一代人，关于同一宗族在不同时期柱式运用的延续性问题，所得出的结果与第二个比较的结论就可能完全相反。

在松口，李氏宗族还有很多不同年代建造的围屋建筑可供研究选择，其中一座是李士淳（十二世）所建的二何书院，另一座是李椅（十三世）所建的围龙屋世德堂，还有十六世所建的一经堂。将这三座围屋与七座围屋（十五世）一起比较，围屋建造的时间跨度就包含了从明代万历至清代康熙年间的 60 多年，涉及了同一宗族五代人之间的建筑关系。在第一个柱式的比较中，七座围屋运用到的覆钟

① 没有充分的依据证明“奠廷温公祠”建设的准确年代，包括围龙屋内的长者也不甚清楚。

图 6-81　覆钟形柱式图 二何书院（左）
图 6-82　八角形柱式图 世德堂（右）

形和八角形两种柱式，都可以在围屋主人的上代先辈建筑中找到蓝本：覆钟形柱式来自二何书院（图 6-81），八角形柱式来自世德堂（图 6-82），都是约 40 多年前明代万历年间柱式的延续，而且，八角形柱式（图 6-83）在一经堂还在继续使用。覆钟形柱式（图 6-84）和八角形柱式在七座围屋中的出现说明，同一宗族在不同时期的围屋中，具有柱式运用的延续性，这显然与仁厚和奠廷两个温公祠的柱式比较结果完全不同。

当然，我们不能就取这么一两个田野材料，以图说明一个带普遍性的命题。但是，无论我们是否认为这些田野材料具有普遍性，实际上都无法最终解释柱式在宗族和历史中被选择运用的规律和原则。究竟是什么因素促成和推动了同一宗族之间柱式运用的一致性和延续性呢？可以肯定地说，是匠师。

（五）匠师与围屋柱式的传播

明代计成在《园冶》"兴造论"中说："世之兴造，专主鸠匠，独不闻三分匠、七分主人之谚乎？非主人也，能主之人也。古公输巧，陆云精艺，其人岂执斧斤

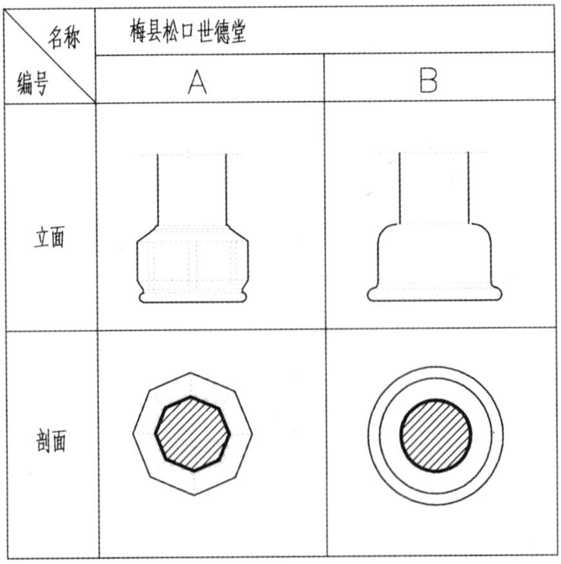

名称 编号	梅县松口世德堂	
	A	B
立面		
剖面		

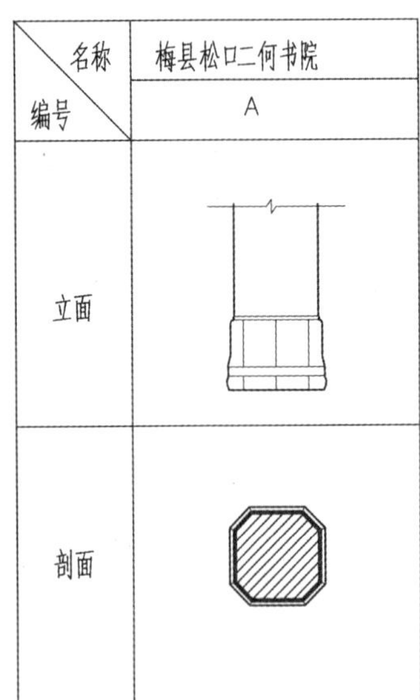

图 6-83　覆钟形柱式　二何书院（左）
图 6-84　八角形柱式　世德堂（右）

者哉？若匠惟雕镂是巧，排架是精，一梁一柱，定不可移，俗以‘无窾之人’呼之，甚确也。故凡造作，必先相地立基，然后定其间进，量其广狭，随曲合方，是在主者，能妙于得体合宜，未可拘率。假如基地偏缺，邻嵌何必欲求其齐，其屋架何必拘三、五间，为进多少？半间一广，自然雅称，斯所谓‘主人之七分’也，第园筑之主，犹须什九，而用匠什一，何也？园林巧于‘因’、‘借’，精在‘体’、‘宜’，愈非匠作可为，亦非主人所能自主者，须求得人，当要节用。”计成这里所谓的“主人”不是指建筑物的拥有者，而是指主持建筑的策划人，即建筑师，而“匠”是指只懂得按样式模仿、无需创造力的人。我们所说的“匠师”概念，实际上是计成《园冶》中的“主人”的概念，包括了具备有创造能力、设计能力和掌握制作技艺的技术群体。《考工记》记载的“攻木之工”有：轮、舆、弓、庐、匠、车、梓。这里的“匠”指的是掌握等级制度、规划设计，职掌丈量、定平、定向、尺度等高级技术，地位超过奴隶并且指挥劳作的匠师。在传统的建筑营造行业，匠师实际上更多是指一种行业群体的组合，作为中国古代社会建筑营造行业中的手工技艺群体，在古代封建正统史学里是没有任何地位的。

就客家地区而言，完成围屋建造的一般有三方面的人员：屋主、风水师、匠师。匠师在此指参与围屋建筑营造的各类技术人才，包括大师傅[①]（有时可能是风水师本人），土作师傅：泥水和瓦工，木作师傅：大木和小木。有些特殊的工种一般按需要来组织，如围屋内装饰构件的制作：木雕、灰雕、油漆（含画）、石制构件等。[②]基本的工作程序可以分解为：①屋主提出围屋的房间数量和规模；②风水师按地形选址并定下围屋的基本格式；③匠师（在此指主管营建的大师傅）按屋主和风水师的意图画出平面图，并在场地画线定位；④建造中各工种按约定俗成的工艺方法完成各个局部。和古代中国所有的建筑一样，客家围屋没有留下他们的姓名，但实际上，匠师是围屋建筑真正的创作者和营建者，围屋的样式、建筑的观念、技术的传承都离不开一代代匠师的经营。

柱子的制作属于一种专门的技术工种，石艺匠师的技艺和流通是柱式的运用与传播的重要原因。客家地区“打石头”[③]的工匠基本上不是本地人，据老一辈的工匠回忆，石匠多数来自福建泉州惠安和广东五华。[④]他们通常有一定的业务地区范围，形成独立的技艺行帮组织。每一个行帮或每个石匠都掌握了一定数量的柱子样式，按照“大师傅”的指挥，决定在哪个位置采用哪种样式的柱子。由此可以推断：石匠有一定的组织性，有共同熟悉的柱式样稿和制作的方法；石匠掌握的柱式和制作的技能为祖传的谋生手艺，柱式随工匠一代代的传承而逐步演变；石匠有一定的业务活动范围，柱式跟随石匠在相对的地区流行。可见，石匠与时间、空间共同构筑了柱式运用和传播的网络，也正是由于石匠的行帮经营性质，柱式缺乏统一的造型标准和规范，在实际应用的过程中，行帮与行帮之间、石匠个体之间技艺的参差不齐，导致了客家围屋中柱式运用的无序性和随意性。

① 客家的建筑工地，非技术性的劳工成为“小工”或“杂工”，其他人统称为“师傅”或“大工”，“大师傅”是技术水平最高，安排和指挥大、小工工作，监察工程质量的人。

② 客家地区历史以来油漆师傅就是一门独立行业的手艺人，客家人称油漆为“油床画花”，因为油漆包含了雕刻和绘画的技艺。这类手艺人不一定懂木工，但地位和收入比木工高。同样，木雕、灰雕和打石工一般都是独立的工种。

③ 客家人对石匠的称谓。

④ 泉州因盛产花岗石，不仅为粤东和台湾等地输出石料及制品，泉州的石匠也活跃在闽南、粤东一带，还流通至台湾。闽粤台地区的民居营建中有很多工艺上的共通技术，因此建筑的样式、装饰的风格也有很多共通的因素。

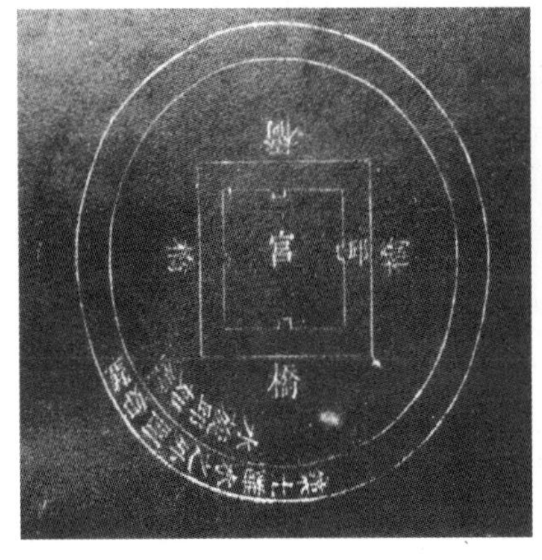

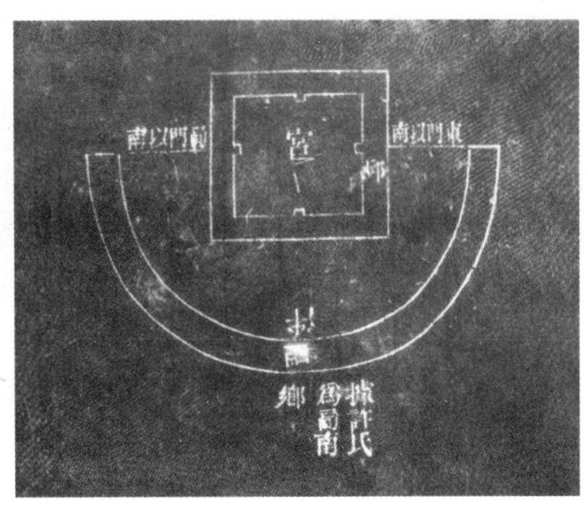

图 6-85 《群经宫室图》辟雍图（选自孙宗文《中国建筑与哲学》）（左）
图 6-86 《群经宫室图》泮宫图（选自孙宗文《中国建筑与哲学》）（右）

五、围龙屋的水塘图像

所有围龙屋的前半部都有禾坪和与化胎、围龙相呼应的半圆形池塘。事实上，不仅客家围屋，很多南方的民居前面都有水塘，因为水塘具有日常生活的功能，如养鱼、洗涤、灌溉和消防等。因此，围龙屋的水塘不像化胎或者五行石等属于精神意义上的建筑组成部分，水塘是具有使用功能，与日常生活密切相关的生活场所。不过，有一点必须引起我们的关注，那就是，所有的围龙屋前均有水塘，而且每一个水塘都被有意识地做成规整的半圆形，与半圆形化胎同于围龙屋的中轴线上呈对称关系。民居中的两个半圆形关系似乎只有客家围屋甚至是围龙屋独有。可见，围龙屋前的半圆形水池显然具有了超越建筑功能以外的象征意义。

《诗·鲁颂·泮水》中有这样的诗句："明明鲁侯！克明其德。即作泮宫，准夷枚服。矫矫虎臣，在泮献囚。"诗中提到的泮宫，其功用在《礼记·礼器》篇中有记载："故鲁人将有事于上帝，必先有事于泮宫。"泮宫，又称为鲁泮宫，是鲁僖公建造在泮水边作为祭祀用的礼制建筑，兼有大学的功能，即兼祭祀和大学功能于一体的宫殿（图 6-85）。还有，《诗·鲁颂·之什》第三篇《泮水》中有："思乐泮水，薄采其芹……思乐泮水，薄采其藻……思乐泮水，薄采其茆……翩彼飞鸮，集与泮林。"泮亦作"頖"，泮水是水名，为学宫前的水池，亦称泮池，泮林是指泮水边的树林。泮水原为鲁泮宫之水，其遗址在今山东曲阜城之南。之所以谓泮，出自郑元笺的《鲁颂》："泮之言半也，半水者盖东西门以南通水，以北无水也。"由此可见，"泮"因建筑的平面形状得名，泮池一般设于学宫大成门正前方，是一个外圆内直的半圆形水池（图 6-86），泮池亦成了"泮宫之池"，后世学宫遂相沿此式。泮池是儒家思想"孔泽流长"的象征，是地方官学的代表，后人将读书人入学叫做"入泮"。"思乐泮水，薄采其芹"，意指当时士子中了秀才须到孔庙祭拜，同时在泮池中摘采水芹等插在帽缘上以示文才。之后，"泮"的意义逐渐与科举、官禄联系在一起。

如果说泮池是古代地方官学孔庙形制中不可缺少的构筑元素，那么，围龙屋的堂与半圆形水池以及屋后的树林，对于客家族群的文化渊源同样具有特殊的意义。“祠宅合一”是客家围屋的基本特点之一，围龙屋的堂屋、半圆池、树林位于同一中轴线上，建筑平面呈前后递进、逐级递升关系。围龙屋的堂是客家人聚族而居的公共空间，既是祭祀祖先、宗族议事的神圣之地，也是乡间办学、攻读圣贤的学堂。宗族内凡考取功名，被朝廷爵禄封侯的荣誉牌匾全部展示于堂内，并在半圆形水池周围树立石雕旗杆以示荣耀。客家围龙屋中的池—堂—林这一建筑递进关系，在其他地区的传统民居建筑中极为罕见（图6-87）。[①] 可以说，围龙屋建筑前面的半圆形水塘和建筑后的风水林，与《诗经》中多次提到的泮水和泮林之间，具有基本吻合的环境图像，围龙屋的建筑形态与学宫前的泮池、泮林在建筑平面图像上基本一致，它们在建筑平面图像上如此相似，这种同构关系绝非偶然。

图 6-87　围龙屋的围龙与水塘的对应关系 兴宁宁新某围龙屋（兴宁市文化局提供）

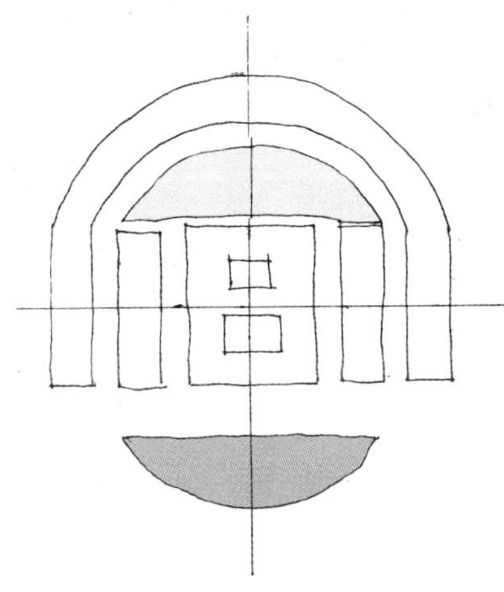

图 6-88　围龙屋的围龙与水塘的对应关系

图 6-89　泮池　兴宁学宫

在贫穷的粤东山区客家民居中，崇文重教、耕读并举、子弟入泮这种观念不仅体现在建筑装饰的题材和形式上，从建筑的平面图像中就已经开始经营了。如围龙屋的建筑形态构成中，建筑的主体是以堂为中心的堂、横屋的组合，堂屋之后是化胎及围龙，其中另外两个重要的构成元素是围龙屋的堂屋前的半圆形水池和屋后面的一片树林。关于围龙屋前半圆形的水池，研究者一般从两个方面进行解释，一是阴阳呼应的太极关系，二是日常生活及消防的实用功能。但是，围龙屋的建筑平面构成更让我们联想到由孔庙延续而来的中国传统学宫的建筑图像（图6-88）。“兴宁学宫”是粤东地方官学的代表性建筑（图6-89），兴宁学宫始建于宋嘉定年间，明洪武四年重建，现存的棂星门、泮池、东西两庑和大成殿为清同治时期遗物。学宫的建筑主体大成殿内，至今悬挂着清康熙皇帝御笔“万世师表”金匾。因此，围龙屋的建筑图像不能不认为与“泮”的历史意义有着文化上的关联，甚至可以认为，这个半圆形水塘的原型来自学宫门前的泮池（图6-90）。

时间和空间永远是研究传统装饰艺术的两个明确的坐标，只有遵循由文化构成的空间、时间坐标才能还原图像本身的意义，实现对它们的历史阐释。明、清两朝是客家族群发展壮大的历史时期，也是围龙屋发展的鼎盛阶段。在这几百年中，围龙屋建筑元素的构成关系极为稳定，而且成为了粤东客家围屋的主要建筑

① 围龙屋前面的半圆形池塘周边，客家人通常种植芹、葱、蒜等菜，儿童入学或新学年开始，家中长者会煮这几种菜给他们吃，祈求学生勤（芹）快、聪（葱）明、精算（蒜），求日后科举及第，金榜题名。

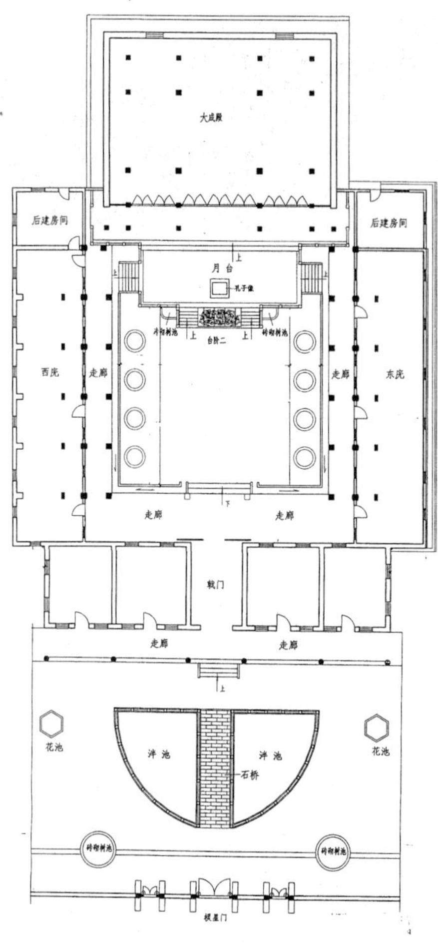

图 6-90 兴宁学宫平面图（选自吴庆洲《中国客家建筑文化》插图）

类型。[①] 我们不禁会问，为什么粤东客家人聚居地区，在这一特定的空间环境、在这一特定的历史时期，会选择这种特定的居住形态？客家族群这种特定的建筑形式和建筑装饰，显然在传达一种我们最初观察时无法确定的潜在观念。围龙屋的堂、半圆形水池、屋后的树林、螃蟹、芦苇、狮子这些约定俗成的题材，与"泮宫"、"泮池"、"泮林"、"黄甲"、"传胪"、"权力"等象征意义以及科举及第、金榜题名、升官进爵、福禄寿喜这些观念和思想之间，作为表象、内容和意义之间的相互关系，历史地存在于客家文化的整体系统和结构中。我们的研究应该更多地集中在社会的历史（而不是装饰的历史）关系上，才能够从围龙屋所产生的社会、文化和历史情境中阐释建筑形态及建筑装饰所隐藏的潜在意义，并且确定这些意义可能存在的场合，理解客家人数百年中形成的隐喻性思维。"图像学家正是靠着对这些原典的熟悉和对绘画的熟悉，从两边着手，架起一座桥梁，沟通图像和题材之间的鸿沟。这样，解释就是重建业已失传的证据，而且，这条证据不仅要能帮助图像学家确定图像所再现的故事，他们还希望根据那一特定的上下文来弄清这则故事的意义。"[②] 这说明建筑的意义就是建造者想表达的意思，每一个意思都是可以解释和证明的，解释者所做的就是尽其所能确定作者的意图。

客家族群生活在粤东的贫困山区，历史上一直以宗族聚居的方式生存、生产、壮大。由于粤东客家人的聚居地区"无平原之陌，其田多在山间"[③]，水陆交通不便，资源贫乏，故客家人历史上以农为主而不精于商贸。对于具有中原文化传承的客家族群而言，科举之径成为了客家人的唯一出路，正所谓"万般皆下品，唯有读书高"。因此，粤东客家人极为注重教育，从明代起，这一区域区已建有不少学堂和学宫，几乎所有男丁都接受过不同程度的教育。曾经在清代嘉应州（今梅州市）传教二十多年的法国传教士赖里查斯，在其 1901 年编写的《客法词典》序言中写道："在嘉应州这个不到三四十万人的地方，我们可以看到随处是学校。一个不到三万人的城中，便有十余间中学和数十间小学，学生的人数几乎超过城内居民的一半。在乡下的每一个村落，尽管那里只有三五百人，至多亦不过三五千人，

① 历史人文地理学认为，粤东客家族群由于生活在相对封闭的山区，具有较稳定的文化结构。客家围屋自明代以来，已经形成相对规范的形制。构成围龙屋建筑的基本要素，按照空间次序可以归纳为：半圆形水池，禾坪，堂、横屋，化胎，围龙，树林。这些元素依次排列于中轴线上，左右对称。

② 贡布里希．象征的图像[M]．上海：上海书画出版社，1990：6.

③ 乾隆．嘉应州志．

便有一个以上的学校……按人口的比例来说，不但全（中）国没有一个地方可以和它相比，就是较之欧美各国也毫不逊色。”[①] 清末翰林、香港中文大学中文系首任系主任赖际熙曾编辑《崇正同仁系谱》一书，据该书“选举”卷的详细统计，粤东北境内的客家诸县，明代共考出进士 67 名，举人 654 名，而到了清代，进士已有 187 名，举人更是增至 1278 名，差不多比明代翻了一番。明代中期才正式建县的偏僻山邑大埔，清代出了 33 位进士、194 位举人。同处粤东北山区的兴宁县，明代嘉靖年间编修的县志还说这里是“习儒者少”，至清代，该县则出了 10 位进士、83 位举人。[②] 这一比例显然不亚于当时文化教育发达、才子辈出的江南地区（图 6-91）。可见，苦读、入泮、金榜题名对于客家山区这一特定的历史和环境有着特殊的意义，其意义存在于围龙屋建造的那个时代及各种环境条件之中，只有沿着这一线索追溯，我们才能够重新回到历史的情境中去体验客家建筑的文化意义，尝试对历史的重构和实现对隐藏于建筑平面及装饰图像中的意义的解释。无疑，解读意义是建筑史的图像学研究的关键，意义不仅超越了建筑的功能，也超越了图像具体表达的内容。

图 6-91　朝廷赐封的金匾
梅县梅城寿山公祠

① 程志远．客家源流与分布．外国人对客家人的评价．286-291.

② 王东．社会结构与客家人教育 [M]．武汉：湖北教育出版社，2001：127.

本章小结

客家围屋的装饰在历史中形成了特定的图像意义，这些复杂的意义所依附的题材需要图像学的阐释与追寻。对于装饰图像意义的研究，应当基于对客家文化的理解，尝试确定整体图像在其发生期中所具有的从属或象征意义。围龙屋的屋脊、山墙、水塘、室内的槅扇和柱式等，是围龙屋具有明确建筑功能的构件，在满足了基本的建筑功能之外，往往通过谐音、类比、同构以及一些故事情节等方式，赋予这些构件特定的象征意义。

围龙屋的建筑脊饰文化渊源可以追溯到闽、粤边界地区的生殖崇拜文化、图腾崇拜文化、巫术及宗教文化。卷草纹是围龙屋屋脊的主要造型母题，由于纹样本身所具备的太极图像特点，不仅符合建筑屋顶的装饰功能，也符合客家族群生生不息的进取精神。

围龙屋和其他客家民居一样，极为注重五行原理在建筑中的运用。山墙一方面满足了建筑的防火隔断功能，同时又被赋予了五行的意义，但是粤东客家围屋在山墙五行元素的体现方面远不及粤东潮汕民居，原因是围龙屋更注重屋内五行石所包含的五行意义。

柱础的造型很多，但实际上都是几种柱式类型下的细节变化。围屋内部柱础造型的变化与柱子所处的空间位置有关，而且，同一宗族的建筑之间柱式运用还具有一致性，同一宗族在不同时期的建筑也有着柱式运用的延续性。

围龙屋的槅扇同时具有门、窗和墙的功能，槅心、环板和裙板一般做成精美的木雕，既满足了通风采光的实用功能，也起到了装饰的作用，我们将其归纳为拐子纹、博古纹、几何纹和适合纹样四个装饰类别。槅扇装饰一般都是表现福、禄、寿、喜等祈福纳吉的内容，这些装饰中的每一个图像都有着特定的文化内涵和表现意义，隐喻着深厚的中国传统观念意识。

水塘具有日常生活的功能，但所有围龙屋前的水塘均有意识地做成规整的半圆形。围龙屋建筑前面的半圆形水塘和屋后的风水林，与传统学宫前的泮池、泮林在图像上具有同构的关系。可以认为，这个半圆形水塘的原型就是学宫门前的泮池。“泮”的意义与科举、官禄联系在一起，具有超越建筑功能以外的象征意义。

建筑的功能构件与装饰图像的图像统一，其中隐含着深厚的中国吉祥文化内涵以及客家族群纳福的意识观念。追溯粤东客家围龙屋建造的那个时代及各种条件，我们才能够从围龙屋所产生的社会、文化和历史情境中阐释建筑形态及建筑装饰所隐藏的潜在意义，尝试通过对历史的重构确定这些意义可能存在的场合，理解客家人数百年中形成的隐喻性思维，实现对隐藏于建筑装饰意义的图像学解释。

结束语

关于建筑史的图像学意义，尼古劳斯·佩夫斯纳（Sir Nikolaus Pevsner, 1902-1983）在他的《建筑类型史》（*A History of Building Types*,1976）中认为："建筑的风格是建筑史的问题，建筑的功能是社会史的问题。"[①] 研究民居建筑，建筑史和社会史是并行的学术途径，两者中任何一个的缺失，对于传统居住的研究都将是片面的。几百年前的聚居建筑，为我们留下了客家族群传统观念思想的痕迹，同时也为我们提供了对建筑的功能及对功能以外的象征意义做深入研究和分析的可能。

① Nikolaus Pevsner, *A History of Building Types*. Princeton,N. J.: Princeton University Press, 1976.

客家作为一个独特的族群，是南迁汉人与当地土著进行文化融合的结果。客家文化中既有中原文化的基因，也呈现出独特的族群面貌。客家人聚居在粤、赣、闽交界区域的落后山区，自然环境有"八山一水一分田"之说，山脉之间形成的大小盆地便是客家人的聚居村落。在被中原文化融合之前及之后的相当长时期内，粤、闽、赣边界这些地区的文化经济都相当落后，根本无法与北方和江淮地区相比，而且这些地区居住着苗、瑶、僚、峒、畲（宋之后）等"土著"。面对山多田少的农业环境，面对有限的经济资源，面对与土著间的冲突等制约生产力发展的不利因素，客家人不仅要建立具有血缘的家族共同体，而且还必须争取更多的资源，拓展更大的生存空间，才能保证宗族繁衍扩大。

客家围屋建筑形态具有深厚的中国传统文化根基，可以归纳为，由方、圆两个基本要素，以阴阳对应、向心围合的方式组合而成，代表远祖的堂屋永远是围龙屋的中心。"慎终追远、崇敬祖宗"是围龙屋居住空间形态的哲学根源，"礼制"观念在围龙屋的等级形式中得以充分地体现，具有独特的儒家文化意义。作为多神崇拜的客家人，将传统中原的儒家文化和道家文化与当地的巫术结合，把祭祀仪式归之为人伦正礼，以其教治化民。因此，客家围屋的建筑构成，各类祭祀活动的法事方式，充分反映了客家人的心理定势、价值取向。

一、宗族观念对客家聚落的形成、建筑形态的选择都有着根本性的影响

在宗族观念的影响下，客家聚居村落往往由具有共同血缘关系的群体为了生存、生产、生活，在历史过程中逐步发展形成。同姓自然村或多个自然村构成的聚落是客家人宗族聚居的重要形式。客家人的宗族聚落可以从两个方面去认识，一个是"聚族而居"，另一个是"析居而聚"。

1. "聚族而居"的宗族聚居方式，明显的表现是累世同堂聚居在一个建筑内。这种聚居观念是围龙屋有机扩展的内在原因。围龙屋的构成元素可以归纳为堂屋、

横屋、围龙、化胎、禾坪、水塘、风水林等，这些元素之中，堂屋是固定不变的建筑核心，堂屋不仅在位置上是围龙屋的中心，更是围龙屋“宅祠合一”的建筑特征，堂屋安放的祖先神龛是宗族拜祭的场所。围龙屋的横屋和围龙是活跃的可变元素。横屋和围龙随着宗族繁衍的居住功能的需要，可以作水平和垂直方向的发展，横屋以堂屋为基础朝两边延伸，作横向的水平扩张，围龙则是在围龙屋的中轴线上，对应横屋环绕化胎作同圆心的叠加，形成具有独特意义的向心围合的居住空间形态。横屋和围龙的扩展最终成就了由堂屋、横屋再加围龙构成的大型聚居建筑。

2. “析居而聚”是客家族群重要的聚居形态，是客家人为了适应客家山区环境而形成的新的聚落样式。凡诸子长大成人，都必然会分家析产，让家族向外扩张，因此而形成以开基祖围龙屋为中心在一定区域范围内的分散发展。客家族群的宗族聚落图像，不是以“面”的方式存在，而是“点”与“线”的连接，点代表围龙屋建筑，线代表了宗族发展的脉络，而宗族发展的脉络反过来又是宗族祭祖的路线。

3. “跳跃式迁徙”是客家族群外殖的一种移民方式。围龙屋的建筑样式随着客家人的外殖而扩散，但在新的族群文化地域环境下，围龙屋的建筑风格必然会与当地族群的文化融合而产生风格变异。围龙屋建筑所具有的象征意义也随着新聚居地建筑文化的融合而逐渐消失。最基本的表现是化胎形态和通廊式房间布局的退让。

二、围龙屋非功能性的建筑元素构成了崇拜的图像

奉信风水、多神崇拜是客家族群面对恶劣自然环境的必然反应，客家地区的山川地貌使风水的观念有了形象的依托，客家人强烈的生存和发展渴求，恰好又为客家地区风水术的盛行提供了客观的可能。客家人将求耕地、求宅地、求科举等理想寄希望于风水，因此，风水观念对于客家村落的形成和围屋的建造起着重要的作用。风水术不仅使围龙屋建筑保持稳定的形制及世代延续成为可能，而且为围龙屋的功能性和非功能性的建筑构成赋予了图像的崇拜意义。

1. “龙”即龙的崇拜和龙的气脉。建筑学界对“围龙屋”有“围拢屋”、“围垅屋”和“围陇屋”等不同的称谓，三个不同的表述有着不同的意义指向，但都没有真正指出围龙屋中“龙”的意义。首先,围龙屋与龙的图像关系并不存在“形似”,围龙屋的“龙”与古时闽粤一带的蛇崇拜以及围龙屋建筑风水术中的“龙脉”和“龙气”有着重要的关联。围龙屋建筑形态中龙的观念，是从中原南迁而来的汉民对传统的龙崇拜意识与闽、粤一带的蛇崇拜意识的融合。而且，围龙屋内部有不少重要的建筑节点都与“龙”的崇拜有关,很多祭祀仪式也与龙的气脉有关,“龙”和建筑中贯穿的龙脉、龙气一起构成了围龙屋这一整体的建筑意义。

2. 化胎是生殖崇拜的偶像。化胎是客家围屋最具特点的建筑构成元素，也是围龙屋不具备实用功能的建筑造型。围龙屋化胎的神圣性体现在它的形态图像

及在历史中演变的过程上。化胎的造型实际上就是十月怀胎的女性腹部，化胎崇拜本身蕴涵着女阴崇拜、母性崇拜、地母崇拜和生殖崇拜的意识。早期（明代万历前后）的化胎有封闭的高墙围护，但后来高墙逐渐萎缩直至消失（清代末期），化胎与道路之间围墙的演变过程反映了生殖崇拜意识的变化，也显示出了客家族群由弱小逐渐壮大的历史。客家人对宗族延续的生殖崇拜意识牢牢地凝固在了围龙屋的建筑构成上。

3. 五行石是龙神崇拜的符号。与化胎连在一起的是位于化胎基部的“五行石”，作为一个对化胎的生殖崇拜和祖堂的祖宗崇拜起连接作用的“崇拜”物，五行石以图像的符号形式表达了抽象的五行概念。围龙屋的五行石一般以“木、火、土、金、水”相生序的次序排列，土居中为基本的原则，五行石“土居中”的概念来自中国古老的“尚土”传统，强调的是运动中的和谐，和谐中的发展。围龙屋的五行石图像尽管在历史中存在着“误读”，但是，五行石的符号意义却逐步替代了它的图像形态。

三、围龙屋功能性的建筑构件具有深厚的象征意义

建筑的功能构件与装饰图像的有机统一隐含着深厚的中国吉祥文化的内涵以及客家族群纳福的意识观念。追溯粤东客家围龙屋建造的那个时代及各种条件，我们能够从围龙屋所产生的社会、文化和历史情境中阐释建筑形态及建筑装饰所隐藏的象征意义。尝试通过对历史的重构，确定这些意义可能存在的场合，理解客家人在数百年里形成的隐喻性思维，实现对隐藏于建筑装饰中的意义的图像学解释，将帮助我们对围龙屋作进一步理解。

1. 水塘、化胎和山墙等的隐喻意义。围龙屋堂屋前后两个具有阴阳呼应关系的半圆形体，我们可以肯定，它的形态与中国的“太极”图像有关。围龙屋的屋后还有称为“风水林”的一片树木植被，和水塘一样具有日常生活的功能。由于所有围龙屋前的水塘均有意识地做成规整的半圆形，与具有生殖崇拜意义的化胎形成对应，而且围龙屋建筑前面的半圆形水塘和屋后的风水林，在图像上与传统学宫前的泮池、泮林存在着一定的同构关系，因此，围龙屋半圆形水塘的原型实际上就是学宫门前的泮池。围龙屋水塘隐含“泮”的意义，与科举、官禄联系在一起，具有超越建筑功能以外的象征意义。

山墙是围龙屋建筑的具有功能性的结构构件，山墙一方面满足了建筑的防火隔断功能，同时，围龙屋还根据建筑的不同方位，在山墙上做与之呼应的“金、木、水、火、土”等各种具有五行属性的造型，因此，山墙又同时被赋予了五行的意义。围龙屋建筑的功能性构件中隐含着深层图像意义，通过深入的分析解读才能理解和体会。解读意义是建筑史的图像学分析的关键，意义不仅超越了建筑的功能，也超越了图像具体表达的内容。

2. 建筑装饰图像的象征意义。围龙屋的建筑脊饰的文化渊源，可以追溯到闽、粤边界地区的图腾崇拜文化、生殖崇拜文化、巫术及宗教文化。卷草纹是围龙屋

屋脊的主要造型母题，纹样本身所具备的太极图像特点，不仅符合建筑屋顶的装饰功能，也符合客家族群生生不息的进取精神。屋脊的“嵌瓷”装饰工艺，表明了在粤、闽、台三地之间的文化传播与互动。

围龙屋的内部装饰饱含着祈福的意识，其中槅扇是最具有代表性的装饰构件，槅心、环板和裙板一般做成精美的木雕。我们将槅扇的装饰手法归纳为拐子纹、博古纹、几何纹和适合纹样四个装饰类别。槅扇同时具有门、窗和墙的功能，既满足了通风采光的实用功能，又起到了装饰的作用，更重要的是槅扇装饰图像所表现的福、禄、寿、喜等祈福纳吉的内容，这些装饰中的每一个图像都有着特定的文化内涵和表现意义，隐喻着深厚的传统观念意识。

本文采用图像学研究的方法，旨在追寻出围龙屋在满足日常生活的功能之外的建筑视觉形态中的社会文化意义。由于功能主义一直在建筑史研究中居于主导地位，因此，它的类型学研究更倾向于图像学的方法，而且显然就是形式分析与图像学研究的结合。毫无疑问，建筑无论中外古今都属于视觉艺术的范畴，正如拉斯金所说：“伟大民族以三本书合成其自传：记载行为之书、记载言论之书和记载艺术之书。欲理解其中一部，必以其他两部为基础，但尤以艺术之书最值得信赖。”[①] 因此，建立在对建筑具体形态进行“深描”分析基础上的图像学研究，也就是一种更为确切的方法。希望本文的研究能够为解读围龙屋建筑形态的深层次意义提供切实的帮助。

① 范景中．美术史的形状．杭州：中国美术学院出版社，2003．

主要参考文献

1. 马克思，恩格斯．马克思恩格斯选集．北京：人民出版社，1972.
2. E·潘诺夫斯基．视觉艺术的含义．傅志强译．沈阳：辽宁人民出版社，1987.
3. 贡布里希．艺术与错觉．范景中等译，湖南：湖南科学技术出版社，1999.
4. 贡布里希．象征的图像．上海：上海书画出版社，1990.
5. 贡布里希．贡布里希论设计．长沙：湖南科学技术出版社，2001.
6. 贡布里希．艺术与错觉．林夕，李本正，范景中译．长沙：湖南科学技术出版社，1999.
7. 贡布里希．秩序感．范景中，杨思梁，徐一维译．长沙：湖南科学技术出版社，1999.
8. 阿洛瓦·里格尔．风格问题——装饰艺术史的基础．刘景联，李薇蔓译．长沙：湖南科学技术出版社，1999.
9. 鲁道夫·阿嗯海姆．艺术与视知觉．腾守尧，朱疆源译．成都：四川人民出版社，1998.
10. 詹姆斯·霍尔．东西方图形艺术象征词典．韩巍等译．北京：中国青年出版社，2000.
11. John Summerson．*The Classical Language of Architecture*．建筑的古典语言．张欣玮译．杭州：中国美术学院出版社，1994.
12. 温尼·海德·米奈．艺术史的历史．李建群等译．上海：上海人民出版社，2007.
13. 埃米尔·马勒．图像学：12 世纪到 18 世纪的宗教艺术．梅娜芳译．杭州：中国美术学院出版社，2007.
14. 迈克尔·安·霍丽．帕诺夫斯基与美术史基础．易英译．长沙：湖南美术出版社，1992.
15. 恩斯特·克里斯，奥托·库尔茨．关于艺术家形象的传说、神话和魔力．邱建华，潘耀珠译．杭州：浙江美术学院出版社，1990.
16. 曹意强．麦克尔·波德罗等．艺术史的视野——图像研究的理论、方法与意义．杭州:中国美术学院出版社，2007.
17. 邵宏．美术史的观念．杭州：中国美术学院出版社，2003.
18. 中国美术全集编辑委员会．中国美术全集·绘画编．墓室壁画．北京：文物出版社，1989.
19. 辛华泉．空间构成．哈尔滨：黑龙江美术出版社，1992.
20. 雷圭元．中国图案做法初探．上海：上海人民出版社，1979.

21. 王树村．中国吉祥图集成．河北人民出版社，1992.

22. 王抗生，蓝先琳．中国吉祥图典．沈阳：辽宁科学技术出版社，2004.

23. 王绍周．中国民族建筑．南京：江苏科学技术出版社，2004.

24. 郑军．民间吉祥图案．北京：工艺美术出版社，2005.

25. 许道丰．中华民俗吉祥图案．北京：气象出版社，2005.

26. 张德宝，庞先健，完颜绍元，郭永生．中国吉祥图像解说．上海：上海书店出版社．1997.

27. 卡斯腾·哈里斯．建筑的伦理功能．申嘉，陈朝晖译．北京：华夏出版社．2007.

28. 阿摩斯·拉普卜特．宅形与文化．常青，徐菁，李颖春，张昕译．北京：中国建筑工业出版社，2007.

29. 阿摩斯·拉普卜特．建成环境的意义——非言语表达方法．黄兰谷等译．北京：中国建筑工业出版社，2003.

30. 阿摩斯·拉普卜特．文化特性与建筑设计．常青，张昕，张鹏译．北京：中国建筑工业出版社，2004.

31. 梁思成．图像中国建筑史．梁从诫译．天津．百花文艺出版社，2001.

32. 刘敦桢．中国古代建筑史．北京：中国建筑工业出版社，1984.

33. 刘敦桢．中国住宅概说．天津．百花文艺出版社，2004.

34. 吴庆洲．中国客家建筑文化．武汉：湖北教育出版社，2008.

35. 吴庆洲．建筑哲理、意匠与文化．北京：中国建筑工业出版社，2005.

36. 吴庆洲．中国军事建筑艺术．武汉：湖北教育出版社，2006.

37. 程建军．孔尚朴．风水与建筑．南昌：江西科学技术出版社，1992.

38. 程建军．中国风水罗盘．南昌：江西科学技术出版社，1999.

39. 程建军．燮理阴阳——中国传统建筑与周易哲学．北京：中国电影出版社，2005.

40. 陆元鼎．民居史论与文化．广州：华南理工大学出版社，1995.

41. 陆元鼎．中国民居建筑．广州：华南理工大学出版社，2003.

42. 陆元鼎．中国客家民居与文化．广州：华南理工大学出版社，2001.

43. 吴良镛．广义建筑学．北京：清华大学出版社，1989.

44. 彭一刚．传统村镇聚落景观分析．北京：中国建筑工业出版社，1994.

45. 萧默．中国建筑艺术史．北京：文物出版社，1999.

46. 王绍周．中国民族建筑．南京：江苏科学技术出版社，1999.

47. 孙宗文．中国建筑与哲学．苏州：江苏科学技术出版社，2000.

48. 林丛华．缘与源——闽台传统建筑与历史渊源．北京：中国建筑工业出版社，2006.

49. 王青．中国古代风水术．北京：北京师范大学出版社，1993.

50. 何晓昕，罗隽．风水史．上海：上海文艺出版社，1995.

51. 江晓原．历史上的星占学．上海：上海科技教育出版社，1995.

52. 张复合．贾珺副主编．建筑史论文集．第 17 辑．北京：清华大学出版社，2003.

53. 黄汉民．客家土楼民居．福州：福建教育出版社，1995.

54. 黄崇岳，杨耀林．客家围屋．广州：华南理工大学出版社，2006.
55. 杨耀林，黄崇岳．南粤客家围．北京：文物出版社，2001.
56. 潘安．客家民系与客家聚居建筑．北京：中国建筑工业出版社，1998.
57. 余英．中国东南系建筑区系类型研究．北京：中国建筑工业出版社，2001.
58. 戴志坚．闽海民系民居建筑与文化研究．北京：中国建筑工业出版社，2003.
59. 戴志坚．闽台民居建筑的渊源与形态．福州：福建人民出版社，2003.
60. 林嘉书．土楼与中国传统文化．上海：上海人民出版社，1995.
61. （明）计成．园冶．北京：中国建筑工业出版社，1988.
62. 侯幼彬．中国建筑美学．哈尔滨：黑龙江科学技术出版社，1997.
63. 路秉杰．广东梅州传统民居实测图集．1996.
64. 莫里斯·弗里德曼．中国东南的宗族组织．刘晓春译．上海：上海人民出版社，2000.
65. 乔治·E·马尔库斯，米开尔·M·J·费彻尔．作为文化批评的人类学．王铭铭，蓝达居译．北京：生活·读书·新知三联书店，1998.
66. 马林诺夫斯基．文化论．费孝通等译．北京：中国民间文艺出版社，1987.
67. 费孝通．乡土中国——血缘和地缘．上海：生活·读书·新知三联书店，1985.
68. 费孝通．江村经济——中国农民的生活．北京：商务印书馆，2001.
69. 林惠祥．文化人类学．北京：商务印书馆，1934.
70. 林耀华．义序的宗族研究（附：拜祖）．北京：生活·读书·新知三联书店，2000.
71. 藤井明．聚落探访．宁晶译．王昀校．北京：中国建筑工业出版，2003.
72. 王铭铭．社会人类学与中国研究．桂林：广西师范大学出版社，2005.
73. 王铭铭．西学“中国化”的历史困境．桂林：广西师范大学出版社，2005.
74. 陈支平，周雪香主编．华南客家族群追寻与文化印象．合肥：黄山书社，2005.
75. 麻国庆．走近他者的世界．北京：学苑出版社，2002.
76. 叶舒宪，彭兆荣，纳日碧力戈．人类学关键词．桂林：广西师范大学出版社，2006.
77. 纳日碧力戈．人类学理论的新格局．北京：社会科学文献出版社，2001.
78. 史凤仪．中国古代的家族与身份．北京：社会科学文献出版社，1999.
79. 胡希张，莫日芬，董励，张维秋．客家风华．广州：广东人民出版社，1997.
80. 黄淑娉．广东族群与区域文化研究．广州：广东高等教育出版社，1999.
81. 黄淑娉．广东族群与区域文化研究调查报告集．广州：广东高等教育出版社，1999.
82. 周大鸣．中国的族群与族群关系．南宁．广西民族出版社，2002.
83. 周大鸣等．当代华南的宗族与社会．哈尔滨：黑龙江人民出版社，2003.
84. 何国强．围屋里的宗族社会——广东客家族群生计模式研究．南宁：广西民族出版社，2002.
85. （法）劳文格（John Lagerwey）．客家传统社会．北京：中华书局，2005.
86. 房学嘉．客家源流探奥．广州．广东高等教育出版社，1994.
87. 房学嘉，宋德剑，周建新，肖文评．客家文化导论．广州：花城出版社，2002.

88. 房学嘉．围不住的围龙屋——记一个客家宗族的复甦．广州：花城出版社，2002.
89. 房学嘉．围不住的围龙屋——粤东古镇松口的社会变迁．广州：花城出版社，2002.
90. 宋德剑等．民间文化与乡土社会——粤东丰顺县族群关系研究．广州：花城出版社，2002.
91. 周建新等．民间文化与乡土社会——粤东梅县五大圩镇考察研究．广州：花城出版社，2002.
92. 李小燕．客家祖先崇拜文化——以粤东梅州为重点分析．北京：民族出版社，2005.
93. 朱洪，李筱文．广东畲族古籍资料汇编．中山大学出版社，2001.
94. 罗香林．客家源流考．北京：中国华侨出版公司，1989.
95. 罗香林．客家研究导论．上海：上海文艺出版社出版，1933.
96. 刘佐泉．客家历史与传统文化．郑州：河南大学出版社，1991.
97. 张卫东，王洪友主编．客家研究．上海：同济大学出版社，1989.
98. 谢栋元．客家方言研究．广州：暨南大学出版社，2002.
99. 程志远．客家源流与分布．香港：香港天马图书有限公司，1994.
100. 谢重光．客家源流新探．福建：福建教育出版社，1995.
101. 谢重光．客家形成发展史纲．广州：华南理工大学出版社，2001.
102. 谢重光．畲族与客家福佬关系史略．福州：福建人民出版社，2002.
103. 吴泽主编．客家学研究．第二辑．上海：上海人民出版社，1990.
104. 谭其骧．长水集．北京：人民出版社，1987.
105. 曾昭璇．岭南史地与民俗．广州：广东人民出版社，1994.
106. 中国科学院《中国自然地理》编委会．中国自然地理·历史自然地理．北京：科学出版社，1982.
107. 司徒尚纪．岭南历史人文地理——广府、客家、福佬民系比较研究．广州：中山大学出版社，2001.
108. 葛剑雄等．中国移民史．福州：福建人民出版社，1992.
109. 葛剑雄．葛剑雄自选集．南宁：广西师范大学出版社，1999.
110. 吴松弟．中国移民史．第四卷．福州：福建人民出版社，1997.
111. 孔永松，李小平．客家宗族社会．福州：福建教育出版社，1997.
112. 龚伯洪．广府文化源流．广州．广东高等教育出版社，1999.
113. 张光直．考古学——关于其若干基本概念和理论的再思考．沈阳：辽宁教育出版社，2002.
114. 张光直．美术、神话与祭祀．沈阳：辽宁教育出版社，2002.
115. 梁启超．先秦政治思想史．北京：中华书局、上海书店，1986.
116. 李文治，江太新．中国宗法宗族制和族田义庄．北京：社会科学文献出版社，2000.
117. 河北省博物馆文物管理处．河北省出土文物选集．北京：文物出版社，1980.
118. 陈世松．“移民与客家文化”国际学术研讨会文集．桂林：广西师范大学出版社，2005.

119. 黄挺．潮汕文化教育源流．广州：广东高等教育出版社，1997.
120. 黄挺，陈占山．潮汕史．广州：广东人民出版社，2001.
121. 蔡绍彬，释光信．潮州城区古坊志．香港：香港东方文化中心出版，1997.
122. H·J·德伯里．人文地理——文化、社会与空间．北京：北京师范大学出版社，1989.
123. 李约瑟．中国古代思想史．陈立夫等译．南昌：江西人民出版社，1999.
124. 李约瑟．中国古代科学．李彦译．上海：上海书店出版社，2001.
125. 李小娟．走向中国的日常生活批评．北京：人民出版社，2005.
126. 沈克宁．建筑现象学．北京：中国建筑工业出版社，2008.
127. 胡塞尔．生活世界现象学．倪梁康，张廷国译．上海：上海译文出版社，2005.
128. 衣俊卿．现代化与日常生活批判．北京：人民出版社，2005.
129. 韦政通．伦理思想的突破．台湾：台湾水牛图书出版公司，1987.
130. 王玉波．中国古代的家．北京：商务印书馆，1995.
131. 徐杰舜．雪球——汉民族的人类学分析．上海：上海人民出版社，1999.
132. 于希贤．法天象地．北京：中国电影出版社，2006.
133. 刘志雄，杨静荣．龙与中国文化．北京：人民出版社，1992.
134. 王维堤．龙凤文化．上海：上海古籍出版社，2000.
135. 王东．中国龙的新发现．北京：北京大学出版社，2000.
136. 吴勤生，林伦伦．潮州文化大观．广州，花城出版社，2001.
137. 闻一多．神话与诗．上海：华东师范大学出版社，1997.
138. 何星亮．中国图腾文化．北京：中国社会科学出版社，1992.
139. 陆思贤．神话考古．北京：文物出版社，1995.
140. 赵国华．生殖文化崇拜论．北京：中国社会科学出版社，1990.
141. 何新．诸神的起源．上海：三联书店，1986.
142. 钱穆．中国文化史导论．北京：商务印书馆，1994.
143. 犹他家谱协会，沙其敏，钱正民．中国族谱与地方志研究．上海：上海科学技术文献出版社，2003.
144. 陈代光．中国历史地理．广州：广东高等教育出版社，2002.
145. 冈田宏二．中国华南民族社会史研究．赵令志，李德龙译．民族出版社，2002.
146. 汪毅夫．客家民间信仰．福州：福建教育出版社，1995.
147. 孙尚扬．宗教社会学．北京：北京大学出版社，2001.
148. 渡边欣雄．汉族的民俗宗教．周星译．天津：天津人民出版社，1998.
149. 张紫晨．中国巫术．上海：生活·读书·新知三联书店，1990.
150. 黄志环．大埔县姓氏录．大埔县地方志丛书．2001.
151. 广东省大埔县地名委员会．广东省大埔县地名志．广东省地图出版社，1987.
152. 梅县地方志编纂委员会．梅县志．广州：广东人民出版社，1995.
153. 五华县地方志编纂委员会．五华县志．广州：广东人民出版社，1991.
154. 平远县地方志编纂委员会．平远县志．广州：广东人民出版社，1993.

155. 兴宁县地方志编纂委员会．兴宁县志．广州：广东人民出版社，1992.
156. 蕉岭县地方志编纂委员会．蕉岭县志．广州：广东人民出版社，1992.
157. 大埔县地方志编纂委员会．大埔县志．广州：广东人民出版社，1992.
158. 丰顺县地方志编纂委员会．丰顺县志．广州：广东人民出版社，1995.
159. 陈子贤．兴宁文物志．兴宁县文物志编辑委员会，1985.
160. 清·康熙．程乡县志．广东省中山图书馆出版，1993.
161. 清·乾隆．乾隆嘉应州志．广东省中山图书馆古籍部出版，1991.
162. 清·光绪．嘉应州志．
163. 清·康熙．潮州府州志．
164. 清·乾隆．潮州府州志．
165. 清·顺治．潮州府州志．
166. 汉书．中华书局 .1962.
167. 晋书．中华书局 .1972.
168. 旧唐书．中华书局 .1975.
169. 新唐书．中华书局 .1975.
170. 梁书．中华书局 .1973.
171. 宋史．中华书局 .1985.
172. 太平广记．中华书局 .1961.
173. 太平御览．河北教育出版社，1994.
174. 通典．中华书局，1988.
175. 永瑢等．四库全书总目．中华书局，1965.
176. 罗勇．客家与风水术．客家研究辑刊 .1997.
177. 罗勇．略论客家文化的形成及其多元因素．赣南师范学院学报，1998.
178. 梁景和．中国传统家族文化的特征．松辽学刊．1997.
179. 吴松弟．客家南宋源流说．房学嘉主编．客家研究辑刊 .1998.
180. 赵桐茂，张工梁等．中国人免疫球蛋白同种异型的研究：中华民族起源的一个假说．遗传学报 .1991.
181. 谢重光．客家先民与土著的斗争与融合．1996.
182. 丘菊贤，杨东晨．中原汉人南迁与客家述评．河南大学学报，1990.
183. 郑定，马建兴．论宗族制度与中国传统法律文化．法学家 .2002.
184. 浦永春．从家族的观点看．浙江大学学报．1997.
185. 梁景和．中国传统家族文化的特征．松辽学刊 . 1997.
186. 黎虎．客家聚族而居与魏晋北朝中原大家族制度——客家居处方式探源之一．北京师范大学学报 .1995.
187. 万方珍．清前期江西棚民的入籍及土客籍的融合和矛盾．江西大学学报．1985.
188. 弗里德里克·巴斯．族群与边界 . 高崇译．广西民族学院学报（哲学社会科学版）．1999.

189. 李新魁．广东闽方言形成的历史过程．广东社会科学，1987.
190. 吴庆洲．防洪防匪的大宅——光仪大屋．小城镇建设，2001.
191. 周建新．风水：传统社会中宗族的生存策略——粤东地区的实证分析．客家研究辑刊 .1999.
192. 刘晓春．三僚村风水文化考察．客家研究辑刊 .2006.
193. 濮阳市文物管理委员会等．河南濮阳西水坡遗址发掘简报．文物，1988.
194. 王吉怀．宗教遗存的发现和意义．考古与文物，1992.
195. 张小聪．活着的客家“龙”．客家研究辑刊，2006.
196. 胡化凯．五行说的数学论证．科学技术与辩证法，1990.
197. 钱翰．略说五行之“五”．北京师范大学学报（社会科学版），2007.
198. 李东、许铁铖．空间、制度、文化与历史叙述——新人文视野下传统聚落与民居建筑研究．建筑师，2005.

后　记

十年前，我慕名投考华南理工大学建筑学院吴庆洲先生的博士，蒙先生不弃，收为门下弟子，跟随先生研究建筑历史与理论。甫一入学，先生就嘱我专心研究客家围屋，并以客家贤达的身份寄予我厚望。记得当时我是欣然领命，作为客家人的我，成长于客家地区，幼年曾住过围龙屋，很多建筑细节记忆犹新，这个课题我自然可以胜任。然而，当我进入研究阶段，才发现事情远非我想象的那么简单。我受客家文化的熏陶而长大，却对客家文化一知半解，熟悉围龙屋的细节，却并不理解其建筑意义。本来司空见惯的事和物突然变得如此陌生，令我一度陷入迷茫与困惑之中。先生一再嘱我善用所长，坚持田野调查，注意以“他者”的眼光，从文化的角度去观察和分析。惭愧的是，我生性愚钝，研究进展缓慢。而先生居然不催，任我悠悠攻了八年。现在想来，固然惭愧，但因此常能跟随先生左右，却是多么幸运！先生儒雅风范、温和宽厚令我敬仰；先生学贯中西、治学严厉令我汗颜。

写作过程中，华南理工大学的程建军教授、唐孝祥教授、田云生教授、陈建新教授、马怀英女士，广州大学的董黎教授等，不吝赐教、热诚点拨。尹定邦教授、邵宏教授、田春博士一直关心我的写作，常常催促，急迫的程度较我还巨。

在收集材料的过程中，兴宁市文化部门的刘卫星、肖熙正、黄洪亮，梅州市博物馆的谢继，嘉应学院的房学嘉、郑杰，丰顺县的吴东亮等单位和个人，均曾给予我热情的帮助，无私地提供了很多宝贵的资料。吴文洁、陈炜炫、陈国兴、姜涛、傅昕、张健、吕绍藩、吴艳、陈鸿雁、吴锦江、梁励韵、徐茵、易敏、许媛媛、李光、潘力、陈瀚、陈哲蔚、杜肇铭、周羽、刘怿、黄晞、张鹏等同学，都曾在不同的时段和我一起到粤东、粤北、闽西等地调研及测绘，付出过辛勤的工作。

借本书出版的机会，向他们以及所有帮助过我的朋友致以深深谢意！同时期待同行的批评指正。

感谢华南理工大学的陆元鼎教授，感谢中国建工出版社《岭南建筑丛书》编审唐旭女士。

吴卫光
二〇一〇年十一月三日于广州珠江南岸